高等职业院校基于工作过程项目式系列教材
企业级卓越人才培养解决方案“十三五”规划教材

Illustrator CC 2019
案例化教程

天津滨海迅腾科技集团有限公司　编著

天津大学出版社
TIANJIN UNIVERSITY PRESS

图书在版编目(CIP)数据

Illustrator CC 2019案例化教程 / 天津滨海迅腾科技集团有限公司编著. —天津：天津大学出版社，2019.9（2021.8重印）

高等职业院校基于工作过程项目式系列教材 企业级卓越人才培养解决方案“十三五”规划教材

ISBN 978-7-5618-6484-5

Ⅰ.①I… Ⅱ.①天… Ⅲ.①图形软件－高等职业教育－教材 Ⅳ.①TP391.412

中国版本图书馆CIP数据核字(2019)第167792号

ILLUSTRATOR CC 2019 ANLIHUA JIAOCHENG

主　编：徐　鉴　邓先春

副主编：樊　凡　张曼莉　李晓璇

陶健林　吕　艳　廖向斌

出版发行　天津大学出版社

地　　址　天津市卫津路92号天津大学内(邮编:300072)

电　　话　发行部:022-27403647

网　　址　www.tjupress.com.cn

印　　刷　廊坊市海涛印刷有限公司

经　　销　全国各地新华书店

开　　本　185mm×260mm

印　　张　14.5

字　　数　362千

版　　次　2019年9月第1版

印　　次　2021年8月第2次

定　　价　75.00元

高等职业院校基于工作过程项目式系列教材
企业级卓越人才培养解决方案“十三五”规划教材
编写委员会

杨　峰　山东胜利职业学院
成永江　东营科技职业学院
刘文娟　德州职业技术学院
杜卫东　枣庄职业学院
常中华　青岛职业技术学院
刘　磊　临沂职业学院
董红兵　威海海洋职业学院
李秀敏　烟台汽车工程职业学院
宋　军　山西工程职业学院
刘月红　晋中职业技术学院
田祥宇　山西金融职业学院
赵　娟　山西旅游职业学院
陈　炯　山西职业技术学院
范文涵　山西财贸职业技术学院
李艳坡　河北对外经贸职业学院
杨海源　衡水职业技术学院
娄志刚　唐山科技职业技术学院
刘少坤　河北工业职业技术学院
尹立云　宣化科技职业学院
孟敏杰　许昌职业技术学院
李庶泉　周口职业技术学院
周　勇　四川华新现代职业学院
周仲文　四川广播电视大学
邱　林　天府新区通用航空职业学院
贺国旗　陕西工商职业学院
夏东盛　陕西工业职业技术学院
景海萍　陕西财经职业技术学院
许国强　湖南有色金属职业技术学院
许　磊　重庆电子工程职业学院
谭维齐　安庆职业技术学院
董新民　安徽国际商务职业学院
孙　刚　南京信息职业技术学院
李洪德　青海柴达木职业技术学院

基于产教融合校企共建产业学院创新体系简介

基于产教融合校企共建产业学院创新体系是天津滨海迅腾科技集团有限公司联合国内几十所高校，结合数十个行业协会及1 000余家行业领军企业的人才需求标准，在高校中实施十年而形成的一项科技成果，该成果于2019年1月在天津市高新技术成果转化中心组织的科学技术成果鉴定中被鉴定为国内领先水平。该成果是贯彻落实《国务院关于印发国家职业教育改革实施方案的通知》（国发〔2019〕4号）的深度实践，开发出了具有自主知识产权的"标准化产品体系"（含329项具有知识产权的实施产品）。从产业、项目到专业、课程，形成了系统化的操作实施标准，构建了具有企业特色的产教融合校企合作运营标准"十个共"，实施标准"九个基于"，创新标准"七个融合"等全系列、可操作、可复制的产教融合系列标准，取得了高等职业院校校企深度合作的系统性成果。该成果通过企业级卓越人才培养解决方案（以下简称解决方案）具体实施。

该解决方案是面向我国职业教育量身定制的应用型技术技能人才培养解决方案，是以教育部—滨海迅腾科技集团产学合作协同育人项目为依托，依靠集团的研发实力，通过联合国内职业教育领域相关的政策研究机构、行业、企业、职业院校共同研究与实践获得的方案。本解决方案坚持"创新校企融合协同育人，推进校企合作模式改革"的宗旨，消化吸收德国"双元制"应用型人才培养模式，深入践行基于工作过程"项目化"及"系统化"的教学方法，形成工程实践创新培养的企业化培养解决方案，在服务国家战略——京津冀教育协同发展、中国制造2025（工业信息化）等领域培养不同层次的技术技能型人才，为推进我国实现教育现代化发挥了积极作用。

该解决方案由初、中、高三个培养阶段构成，包含技术技能培养体系（人才培养方案、专业教程、课程标准、标准课程包、企业项目包、考评体系、认证体系、社会服务及师资培训）、教学管理体系、就业管理体系、创新创业体系等，采用校企融合、产学融合、师资融合"三融合"的模式在高校内共建大数据（AI）学院、互联网学院、软件学院、电子商务学院、设计学院、智慧物流学院、智能制造学院等，并以"卓越工程师培养计划"项目的形式推行，将企业人才需求标准、工作流程、研发规范、考评体系、企业管理体系引进课堂，充分发挥校企双方的优势，推动校企、校际合作，促进区域优质资源共建共享，实现卓越人才培养目标，达到企业人才招录的标准。本解决方案已在全国几十所高校实施，目前形成了企业、高校、学生三方共赢的格局。

天津滨海迅腾科技集团有限公司创建于2004年，是以IT产业为主导的高科技企业集团。集团业务范围覆盖信息化集成、软件研发、职业教育、电子商务、互联网服务、生物科技、健康产业、日化产业等。集团以科技产业为背景，与高校共同开展"三融合"的校企合作混合所有制项目。多年来，集团打造了以博士研究生、硕士研究生、企业一线工程师为主导的科研及教学团队，培养了大批互联网行业应用型技术人才。集团先后荣获全国模范和谐企业、国家级高新技术企业、天津市“五一”劳动奖状先进集体、天津市“AAA”级劳动关系和谐企业、天津市“文明单位”、天津市“工人先锋号”、天津市“青年文明号”、天津市“功勋企业”、天津市“科技小巨人企业”、天津市“高科技型领军企业”等近百项荣誉。集团将以“中国梦，腾之梦”为指导思想，深化产教融合，坚持围绕产业需求，坚持利用科技创新推动生产，坚持激发职业教育发展活力，形成“产业 + 科技 + 教育”生态，为我国职业教育深化产教融合、校企合作的创新发展作出更大贡献。

前　言

Illustrator 是由 Adobe 公司开发的一款集矢量图形绘制、文字处理、图形高质量输出于一体的图形软件。自推出以来，其强大的功能和人性化的界面深受设计人员和艺术家的青睐。Adobe Illustrator 广泛应用于印刷、Web、视频和移动设备等领域，数以百万计的设计人员和艺术家利用 Adobe Illustrator 进行各类内容的艺术设计，从 Web 图标到产品包装，再到书籍插图和广告牌等。

这一突破性的矢量图形应用程序一直处于业内领先地位，每天有超过六百万幅图像通过 Illustrator 创作，包括徽标、图标、汽水瓶上的图形和城市公交车上的图案等。作为 Adobe Creative Cloud 创意应用软件的重要组成部分之一，Illustrator 一直在不断推陈出新，最新版本的 Illustrator CC 2019 在之前版本的基础上，提供了更丰富的功能、更简洁的界面和更便捷的操作。

本书全面讲解了 Illustrator CC 2019 平面设计与应用技法。全书共 6 章，知识模块包含 Illustrator CC 快速入门、图形的绘制及文字工具、对象的基础操作及管理、填充和描边、对象的高级操作和效果的应用，内容涉及软件的常用工具、面板与命令。本书对 Illustrator 的基本图形绘制方法、复杂图形的创建方法、艺术效果的制作方法以及对文本排版方式与图表创建方法进行了透彻的讲解，以“基于工作过程（含系统化）”的思路进行编写，每章安排多个“企业级项目”实训案例。

本书为零基础读者量身定制，深入浅出地对 Illustrator CC 2019 的各项操作功能进行了详细的讲解，并以“天津滨海迅腾科技集团”为依托，以“企业级项目”为背景，在知识点中穿插大量实际应用的企业级项目实训案例，开展基于工作过程（含系统化）的案例教学。项目案例覆盖多种设计载体、多种设计风格，可轻松应对平面设计师的各种设计需求。本书主要特点是基于工作过程（含系统化）的“企业级”系列实战项目介绍全书知识点，使读者在实际项目操作中轻松、快速地学习并熟练运用 Illustrator CC 2019。本书是针对全国职业院校教学改革创新需要编写的企业级卓越人才培养解决方案“十三五”规划教材，适合职业院校学生使用。

本书由徐鉴、邓先春任主编，由樊凡、张曼莉、李晓璇、陶健林、吕艳、廖向斌共同担任副主编。徐鉴负责统稿，邓先春负责全面内容的规划、编排。具体分工如下：第一章由樊凡编写，张曼莉负责全面规划；第二章由张曼莉编写，李晓璇负责全面规划；第三章由陶健林编写，樊凡负责全面规划；第四章由樊凡编写，吕艳、廖向斌负责全面规划；第五章由吕艳编写，樊凡、张曼莉负责全面规划；第六章由廖向斌编写，樊凡负责全面规划。

本书理论内容简明扼要、通俗易懂、即学即用；实例操作讲解细致，步骤清晰，在本书中，操作步骤后有相对应的效果图，便于读者直观、清晰地看到操作效果，牢记书中的操作步骤。

天津滨海迅腾科技集团有限公司

2019 年 8 月

目　录

第 1 章　Illustrator CC 快速入门

学习目标

- 了解 Illustrator CC 的功能。
- 认识 Illustrator CC 的操作界面。
- 掌握各个面板的使用方法。
- 掌握软件的安装与卸载方法。
- 掌握文档的基本操作。

引言

Illustrator 是由 Adobe 公司开发的一款集矢量图形绘制、文字处理、图形高质量输出于一体的图形软件。本章主要讲解 Illustrator CC 2019 的功能、操作界面、各个面板的功能、软件的安装与卸载以及文档的基本操作。

1.1　初识 Illustrator

Illustrator 自面世以来，其强大的功能和人性化的界面深受设计人员和艺术家的青睐。Illustrator 广泛应用于印刷、Web、视频和移动设备等领域（如图 1-1 和图 1-2 所示），数以百万计的设计人员和艺术家利用 Illustrator 进行各类内容的艺术设计，从 UI 界面到产品包装，再到书籍插图和广告牌等。

图 1-1

图 1-2

这一突破性的矢量图形应用软件一直处于业内领先地位，每天有超过六百万幅图像通过 Illustrator 创作，包括徽标、UI 图标、各类产品包装和城市户外广告上的图案等。作为

Adobe Creative Cloud 创意应用软件的重要组成部分之一，Illustrator 一直在不断推陈出新。最新版本的 Illustrator CC 2019（如图 1-3 所示）在之前版本的基础上，提供了更丰富的功能、更简洁的界面和更便捷的操作。本书是以 Illustrator CC 2019 为基础来讲解的。

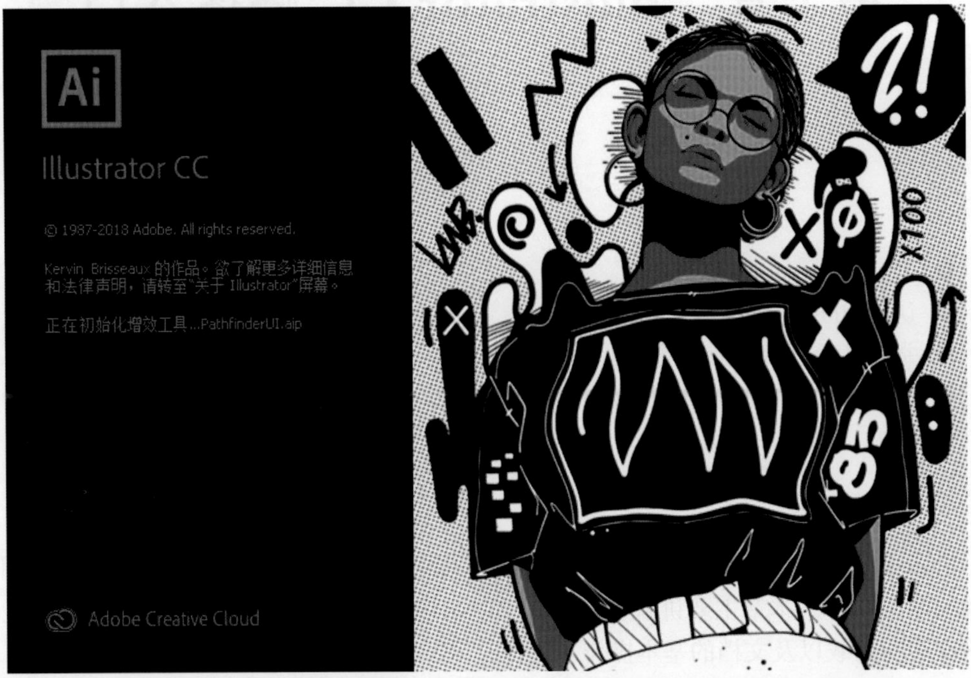
Ai
Illustrator CC
© 1987-2018 Adobe. All rights reserved.
Kervin Brisseaux 的作品。欲了解更多详细信息和法律声明，请转至"关于 Illustrator"屏幕。
正在初始化增效工具...PathfinderUI.aip
Adobe Creative Cloud

图 1-3

1.2 Illustrator 的应用领域

作为一款出色的矢量图形绘制软件，Illustrator 被广泛应用于诸多领域。

1. 标志设计

标志（logo），是生活中人们用来表明某一事物特征的记号。现如今，标志更是承载着企业的无形资产，是企业综合信息传递的重要媒介。标志作为企业 VI 视觉识别系统的最主要部分，在企业形象传递过程中，应用最广泛、出现频率最高，同时也是最关键的元素，如图 1-4 所示。

CNTV
中国网络电视台
CHINA NETWORK TELEVISION
Coca-Cola
可口可乐
Mercedes-Benz

图 1-4

2.VI 设计

VI（Visual Identity）设计，即企业 VI 视觉识别系统（如图 1-5 所示）是企业 CI 识别系统（包括理念识别，简称 MI；行为识别，简称 BI；视觉识别，简称 VI）的重要组成部分。企业可以通过 VI 设计实现多重目的：对内可提高员工的认同感、归属感，加强企业凝聚力；对外可树立企业的整体形象，整合资源，有利于传递企业信息及强化受众对企业的认知。

LOREM
DOLORE SIT AMET
LOREM IPSUM DOLOR SIT AMET

图 1-5

3. 画册设计

画册是图文并茂的一种理想表达形式，作为企业文化特质的展示平台，主要是为企业在公关交往中起到宣传的作用，为市场营销活动服务，如图 1-6 和图 1-7 所示。

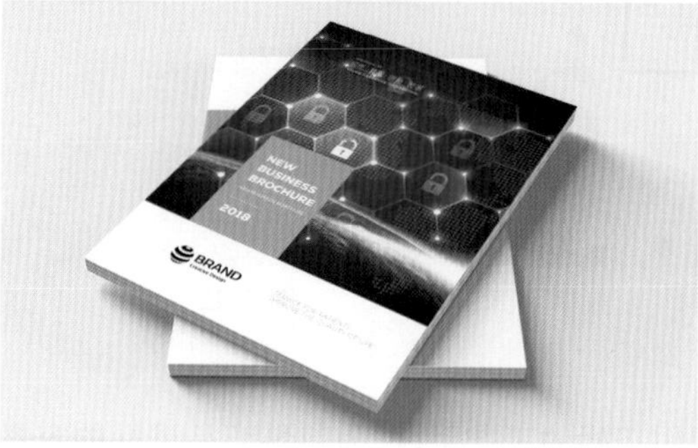
NEW BUSINESS BROCHURE
2018
BRAND

图 1-6

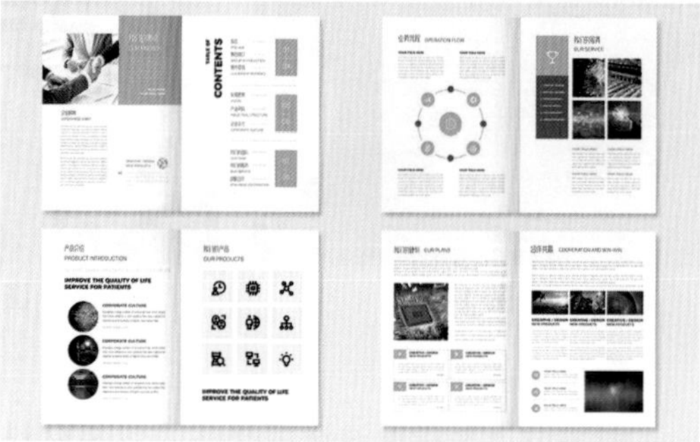
CONTENTS

图 1-7

4. 插画设计

插画的概念非常广泛。今天通行于国内外市场的商业插画包括出版物配图、卡通吉祥物、影视海报、游戏人物设定及游戏内置的美术场景设计、广告、漫画、绘本、贺卡、挂历、装饰画、包装等多种形式，统称为插画，如图 1-8 和图 1-9 所示。

日本の旅

图 1-8

日本の旅
JAPAN TRAVEL

图 1-9

5. 海报设计

海报的作用是为某项活动做前期的广告和宣传，是人们极为常见的一种招贴形式，多用于电影、戏剧、比赛、文艺演出等活动。海报的语言要求简明扼要，形式要做到新颖美观，如图 1-10 至图 1-12 所示。

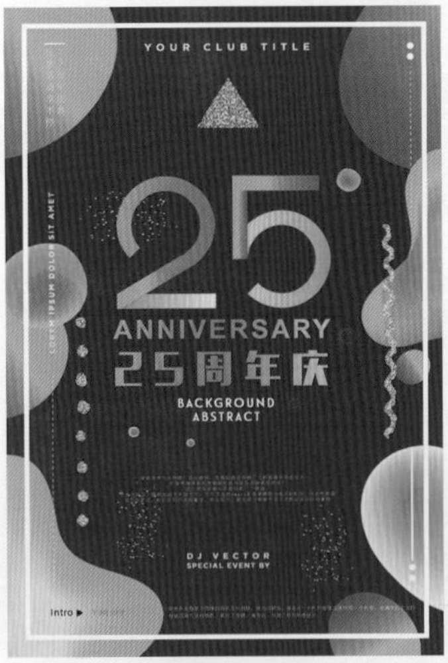
YOUR CLUB TITLE
25
ANNIVERSARY
25周年庆
BACKGROUND
ABSTRACT
DJ VECTOR
SPECIAL EVENT BY
Intro

图 1-10

致我们即将逝去的青春
恰同学少年
2017
同学会
QIA TONG XUE
SHAO NIAN
TONG XUE HUI
永不散场的青春盛宴

图 1-11

Let's go
"这个春天带着家人畅游欧洲"
SPRING EUROPEAN TOUR
春季欧洲游
欧洲之行、阖家乐逍遥

图 1-12

6. 包装设计

包装设计是指通过选用合适的包装材料，运用巧妙的工艺手段，为包装商品进行的容器结构造型和包装的美化装饰设计，如图 1-13 和图 1-14 所示。

Corn
Healthy
Healthy

图 1-13

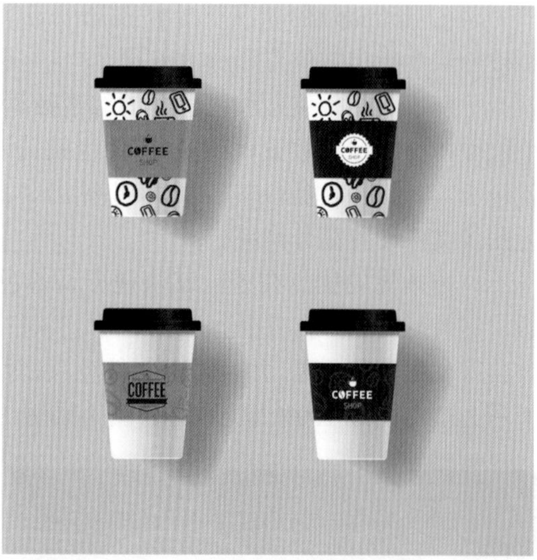
COFFEE
COFFEE
COFFEE
COFFEE

图 1-14

7.GUI 设计

图形用户界面（Graphical User Interface，简称 GUI，又称图形用户接口），是指采用图形方式显示的计算机操作用户界面，如图 1-15 和图 1-16 所示。

GUI 设计是本书讲解的重点，书中会大量列举如何利用 Illustrator CC 2019 制作各种矢量图形、图标及交互界面的整体视觉效果。

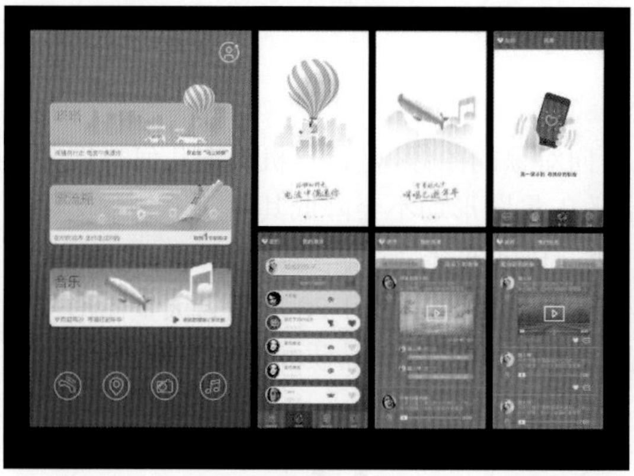

图 1-15

music
food
weather
Video
编号：8273517　红动中国 (www.redocn.com)　201703241419633

图 1-16

1.3　图形图像与色彩的基础知识

在图形图像设计领域，根据表示方式的不同，可将图形图像分为两种，一种是位图图像，另一种是矢量图形。学习和使用 Illustrator CC 2019 之前，有必要对这些概念进行一些了解。

1.3.1 位图图像

位图（bitmap）图像又称栅格图形或点阵图，是由点（像素）排列表示的图形，每个像素都被分配了指定的位置和颜色信息，这也是这种图形被称为位图的原因。

分辨率表示单位面积内包含的像素数量。位图图像的大小与分辨率有关，分辨率越高，单位面积内的像素数量就越多，图像也就越清晰；相反，分辨率越低，单位面积内的像素数量就越少，图像质量也就越差。如果想输出高品质的位图图像，那么在进行图像设计之前应该为图像文件设置高分辨率。

位图图像的优点在于能够表现丰富的色彩变化并产生逼真的效果，如数码相机拍摄的照片、扫描的图像等，并且很容易在不同软件之间交换使用。它的缺点是图像在旋转或缩放时会产生失真的现象，并且输出文件较大，对内存和硬盘空间容量的需求也比较高。图 1-17 所示为位图图像 100% 显示效果，图 1-18 所示为位图图像放大 500% 的局部显示效果。

图 1-17

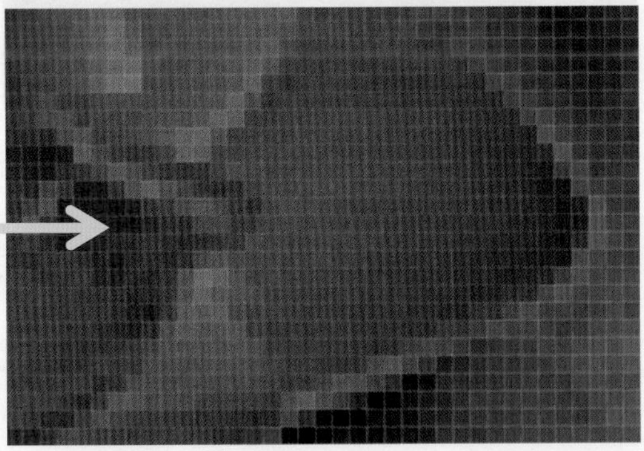

图 1-18

1.3.2 矢量图形

矢量图形（vector graphics）又称向量图或面向对象的图像，是计算机根据几何特性并且运用数学公式计算生成的图形，移动、缩放或更改矢量图形均不会降低其品质。矢量文件中的图形元素被称为对象，每个对象都是一个自成一体的实体，它具有颜色、形状、轮廓、大小和屏幕位置等属性。图 1-19 所示为矢量图形 100% 显示效果，图 1-20 所示为矢量图形放大 500% 后的局部显示效果，可以看到矢量图形在放大许多倍后，其品质并没有下降。

图 1-19

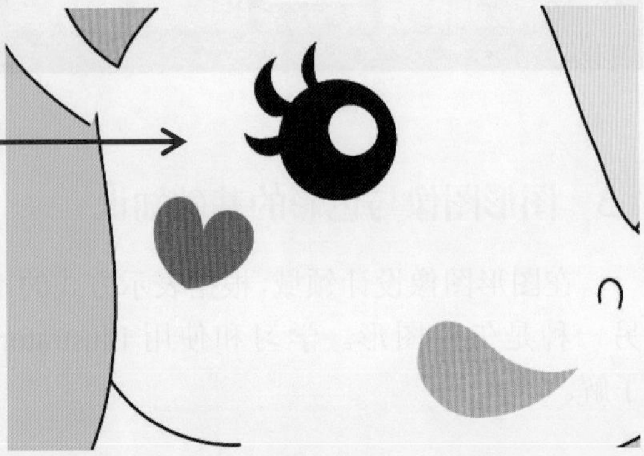

图 1-20

矢量图形与分辨率无关，以任意分辨率在输出设备上打印都不会影响清晰度，并且文件占用空间极小，因此特别适合制作在各种输出媒体中按照大小使用的图稿，如 UI 交互设计、VI 视觉设计等。它的缺点是不易制作色彩变化丰富的图像，而且绘制的图形不能像照片一样精确逼真地描绘自然景象。Adobe Illustrator、CorelDRAW、CAD 等都是矢量图形绘制软件。

1.3.3　文件格式

Illustrator CC 2019 支持多种文件格式，包括 DWG、DXF、BMP、CSS、SWF、JPG、PCT、PSD、SVG、PNG、TGA、TIF、WMF、TXT 和 EMF 等，如图 1-21 所示。另外，AI、PDF、EPS、AIT、SVG 和 SVGZ 格式是 Illustrator CC 2019 的源文件格式，它们可以保留所有的 Illustrator 数据，如图 1-22 所示。Illustrator CC 2019 支持的文件格式详见表 1-1。

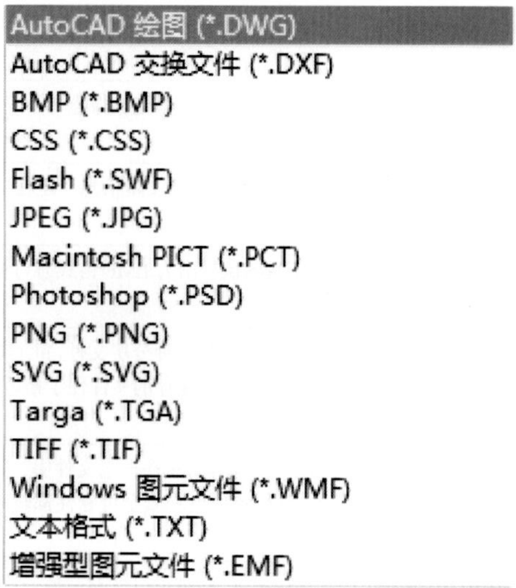
AutoCAD 绘图 (*.DWG)
AutoCAD 交换文件 (*.DXF)
BMP (*.BMP)
CSS (*.CSS)
Flash (*.SWF)
JPEG (*.JPG)
Macintosh PICT (*.PCT)
Photoshop (*.PSD)
PNG (*.PNG)
SVG (*.SVG)
Targa (*.TGA)
TIFF (*.TIF)
Windows 图元文件 (*.WMF)
文本格式 (*.TXT)
增强型图元文件 (*.EMF)

图 1-21

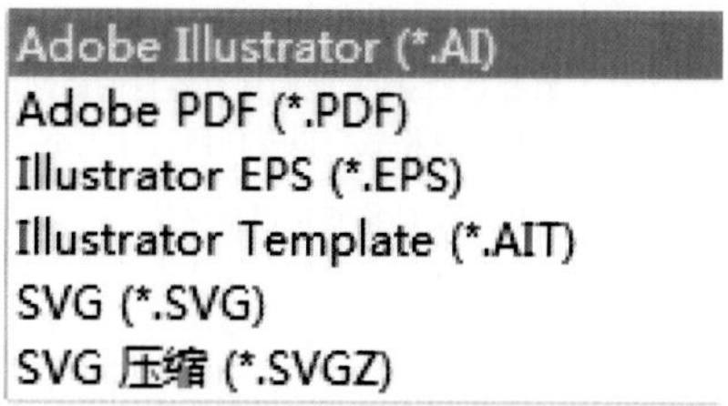
Adobe Illustrator (*.AI)
Adobe PDF (*.PDF)
Illustrator EPS (*.EPS)
Illustrator Template (*.AIT)
SVG (*.SVG)
SVG 压缩 (*.SVGZ)

图 1-22

表 1-1

格式名称	描述
DWG	电脑辅助设计软件 AutoCAD 以及基于 AutoCAD 的软件保存设计数据所用的一种专有文件格式
DXF	Autodesk 公司开发的用于 AutoCAD 与其他软件之间进行 CAD 数据交换的文件格式，是一种开源的 CAD 数据文件格式
BMP	bitmap（位图）的简写，它是 Windows 操作系统中的标准图像文件格式，能够被多种 Windows 应用程序所支持。特点是几乎不进行压缩，所以包含的图像信息较丰富，但占用磁盘空间过大
CSS	一种用来表现 HTML（标准通用标记语言的一个应用）或 XML（标准通用标记语言的一个子集）等文件样式的计算机语言。CSS 不仅可以静态地修饰网页，还可以配合各种脚本语言动态地对网页各元素进行格式化。
SWF	Macromedia 公司（现已被 Adobe 公司收购）的动画设计软件 Animate 的专用格式，是一种支持矢量和点阵图形的动画文件格式，被广泛应用于网页设计、动画制作等领域。通常也被称为 Flash 文件

续表

格式名称	描述
JPG	文件后辍名为“.jpg”或“.jpeg”，是最常用的图像文件格式，能够将图像压缩在很小的储存空间，是一种有损压缩格式，能用最少的磁盘空间得到较好的图像质量
PCT	作为在应用程序之间传递图像的中间文件格式，被广泛应用于 macOS 图形和页面排版应用程序中。PCT 格式支持具有单个 Alpha 通道的 RGB 图像和不带 Alpha 通道的索引颜色、灰度和位图模式的图像
PSD	软件 Photoshop 的专用格式。它里面包含有各种图层、通道、遮罩等多种设计的样稿，以便于下次打开文件时可以修改上一次的设计。在 Photoshop 所支持的各种图像格式中，PSD 的存取速度比其他格式快很多，功能也很强大；但其不足之处在于文件较大，和其他软件的交互性较差
PNG	目前保证最不失真的格式。它存储形式丰富；同时能把图像文件压缩到极限以利于网络传输，但又能保留所有与图像品质有关的信息；并且显示速度很快，只需下载 1/64 的图像信息就可以显示出低分辨率的预览图像；除此之外，PNG 还支持透明图像的制作
TGA	一种图形、图像数据的通用格式，是计算机生成图像向电视转换的一种首选格式
TIF	Mac 中广泛使用的图像格式。它的特点是图像格式复杂、存储信息多。正因为它存储的图像细微层次的信息非常多，所以图像占用磁盘空间也较大
WMF	Windows 中常见的一种图元文件格式，属于矢量文件格式。它具有文件短小、图案造型化的特点，整个图形常由各个独立的组成部分拼接而成，其图形往往较粗糙
TXT	TXT 是微软在操作系统上附带的一种文本格式，是一种最常见的文件格式，主要存储文本信息。现在的操作系统大多使用记事本等程序保存。大多数软件可以查看，如记事本、浏览器等
EMF	被 Windows 应用程序广泛用作导出矢量图形数据的交换格式，Illustrator 将图稿导出为 EMF 格式时可栅格化一些矢量数据
AI	一种矢量图形文件，是 Illustrator 默认的输出格式。与 PSD 文件格式相同，AI 也是一种分层文件，每个对象都是独立的，他们具有各自的属性，如大小、形状、轮廓、颜色、位置等。以这种格式保存的文件便于修改，这种文件格式可以在任何尺寸大小下按最高分辨率输出
PDF	PDF 文件格式可以将文字、字形、格式、颜色及独立于设备和分辨率的图形图像等封装在一个文件中。该文件格式还可以包含超文本链接、声音和动态影像等电子信息，支持特长文件，集成度和安全可靠性都较高。这种文件格式在各个操作系统中都是通用的
EPS	主要用于矢量图像和光栅图像的存储。EPS 格式采用 PostScript 语言进行描述，并且可以保存其他一些类型信息，例如多色调曲线、Alpha 通道、分色、剪辑路径、挂网信息和色调曲线等，因此 EPS 格式常用于印刷或打印输出
AIT	将文件保存为模板，可以在创建新文件时使用这个模板
SVG	基于 XML 的一种可缩放矢量图形，由万维网联盟进行开发的一种开放标准的矢量图形语言，可任意放大图形显示，边缘异常清晰，生成的文件很小，下载很快，适合用于设计高分辨率的 Web 图形页面
SVGZ	SVG 的压缩版，导出后可以直接用浏览器观看

1.3.4 颜色模式

颜色模式是指将某种颜色表现为数字形式的模型，或者可以理解为是一种记录图形图像颜色的方式。在 Illustrator 中执行“窗口 / 颜色”命令，打开“颜色”面板，单击面板右上角的☰按钮，在打开的面板菜单中可以选择一种颜色模式，如图 1-23 及表 1-2 所示。

颜色
颜色参考
K
8.2
%
隐藏选项
灰度(G)
RGB(R)
HSB(H)
CMYK(C)
Web 安全 RGB(W)
反相(I)
补色(M)
创建新色板(N)...

图 1-23

表 1-2

颜色模式	描述	图例
灰度	只有灰度信息而没有彩色信息，灰度取值范围为 0%（白色）~100%（黑色）	
RGB	RGB 模式由红（Red）、绿（Green）和蓝（Blue）3 种基本颜色组成。每一种颜色都有 256 种不同的亮度值。该模式主要用于屏幕显示	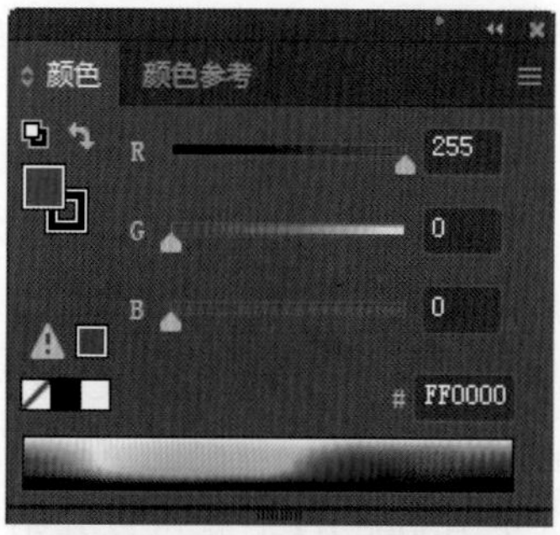
HSB	以人类对颜色的感知为基础，描述了颜色的 3 种基本特性，即色相（H）、饱和度（S）和明度（B）。其中：H 用来描述颜色，如红色、橙色或绿色，取值范围为 0°　~360°；S 代表了色相的鲜艳程度，取值范围为 0%（灰色）~100%（完全饱和颜色）；B 是指颜色的相对明暗程度，取值范围为 0%（黑色）~100%（白色）	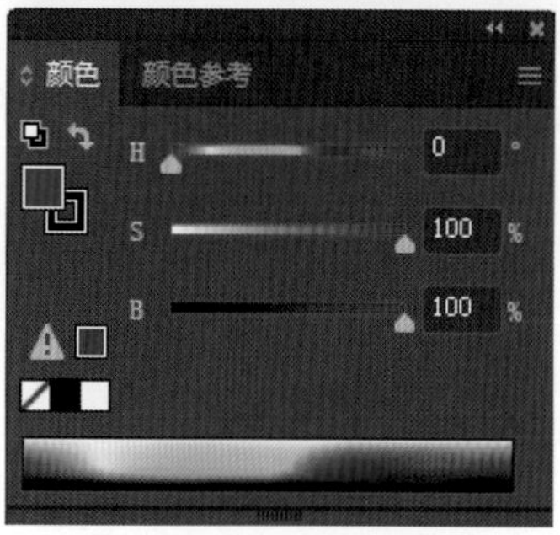

续表

颜色模式	描述	图例
CMYK	CMYK 模式由青（Cyan）、品红（Magenta）、黄（Yellow）和黑（Black）4 种基本颜色组成。它是一种印刷模式，被广泛应用在印刷的分色处理上	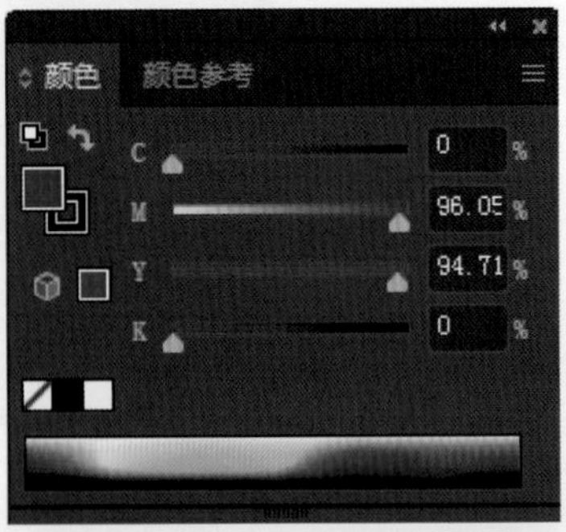颜色 颜色参考 C 0 % M 96.05 % Y 94.71 % K 0 %
Web 安全 RGB	Web 安全 RGB 模式提供了可以在网页中安全使用的 RGB 颜色。这些颜色在所有系统的显示器上都不会发生变化	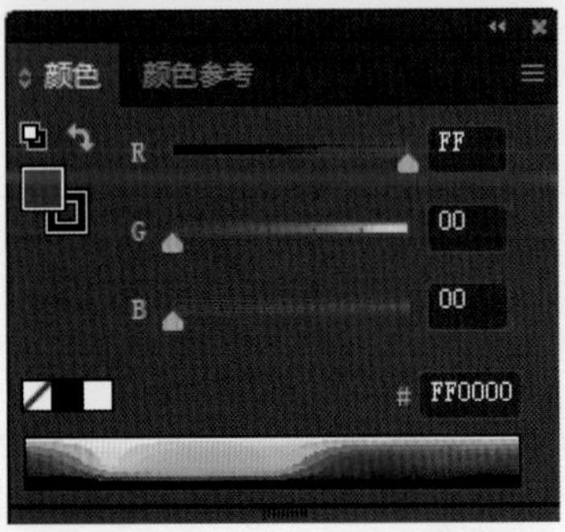颜色 颜色参考 R FF G 00 B 00 # FF0000

1.4 Illustrator 的安装与卸载

在学习 Illustrator CC 2019 之前，首先要学会正确安装与卸载该软件的方法，其过程并不复杂，与 Adobe 公司的其他软件大体相同。

1.4.1 Illustrator CC 2019 的安装

Adobe 已进入云时代，该公司旗下的软件需要用户在注册登录后，采用“云端”付费的方式获得使用权限。在下载使用 Illustrator CC 2019 之前，先到 Adobe 官方网站（www.adobe.com）下载 Adobe Creative Cloud，其图标如图 1-24 所示。启动 Adobe Creative Cloud 后，用户需登录自己的 Adobe ID，如果没有 Adobe ID，可先免费注册一个，如图 1-25 所示。登录 Adobe ID 后就可以开始安装 Creative Cloud，安装完毕即可在列表中看见 Adobe 的各类软件，如图 1-26 所示。用户在 Creative Cloud 中可以选择付费购买软件，或者在未付费的前提下，体验一个月期限的软件免费试用。

图 1-24

Creative Cloud 安装程序
安装 Creative Cloud
使用 Adobe 帐户登录
登录
注册
或使用以下帐户登录
Facebook
Google

图 1-25

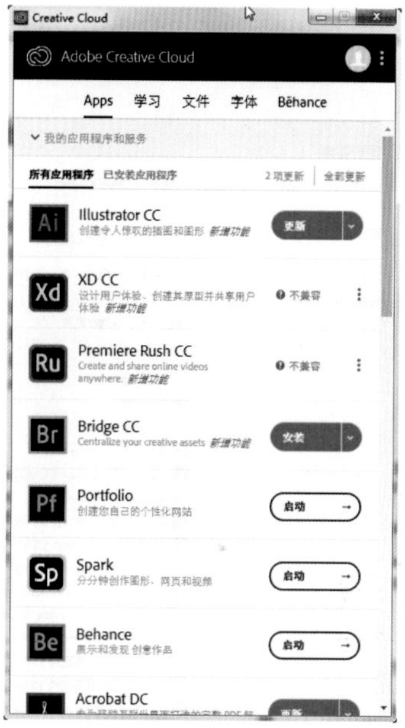
Creative Cloud
Adobe Creative Cloud
Apps
学习
文件
字体
Behance
我的应用程序和服务
所有应用程序
已安装应用程序
Illustrator CC
更新
XD CC
不兼容
Premiere Rush CC
Create and share online videos anywhere.
不兼容
Bridge CC
Centralize your creative assets
安装
Portfolio
创建您自己的个性化网站
启动
Spark
启动
Behance
启动
Acrobat DC

图 1-26

1.4.2 Illustrator CC 2019 的卸载

卸载 Illustrator CC 2019 的方法很简单。以 Windows10 操作系统为例，单击计算机屏幕左下角的“开始”按钮，在“开始”菜单中选择“Windows 系统”卷展栏里的“控制面板”命令，在打开的控制面板中单击“卸载程序”图标，如图 1-27 所示；在弹出的窗口中右击 Adobe Illustrator CC 2019 选项，选择“卸载 / 更新”命令，即可进入卸载程序将其卸载，如图 1-28 所示。除此之外，还可以通过软件管家一类的第三方软件进行卸载。

控制面板
控制面板
调整计算机的设置
查看方式: 类别
系统和安全
查看你的计算机状态
通过文件历史记录保存你的文件备份副本
备份和还原(Windows 7)
网络和 Internet
查看网络状态和任务
选择家庭组和共享选项
硬件和声音
查看设备和打印机
添加设备
调整常用移动设置
程序
卸载程序
用户帐户
更改帐户类型
外观和个性化
时钟、语言和区域
添加语言
更换输入法
更改日期、时间或数字格式
轻松使用
使用 Windows 建议的设置
优化视觉显示

图 1-27

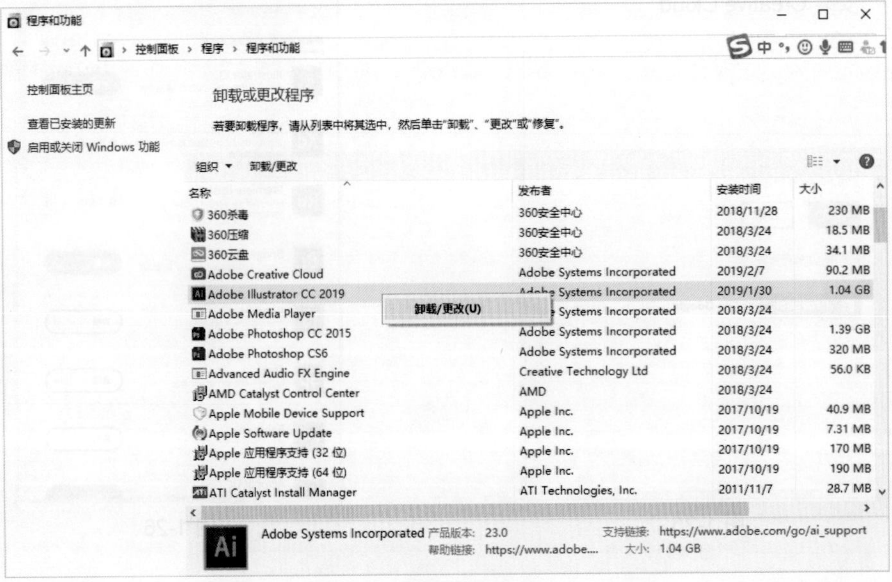
程序和功能
控制面板 › 程序 › 程序和功能
控制面板主页
查看已安装的更新
启用或关闭 Windows 功能
卸载或更改程序
若要卸载程序，请从列表中将其选中，然后单击"卸载"、"更改"或"修复"。
组织 卸载/更改
名称 发布者 安装时间 大小
360杀毒 360安全中心 2018/11/28 230 MB
360压缩 360安全中心 2018/3/24 18.5 MB
360云盘 360安全中心 2018/3/24 34.1 MB
Adobe Creative Cloud Adobe Systems Incorporated 2019/2/7 90.2 MB
Adobe Illustrator CC 2019 Adobe Systems Incorporated 2019/1/30 1.04 GB
卸载/更改(U)
Adobe Media Player Adobe Systems Incorporated 2018/3/24
Adobe Photoshop CC 2015 Adobe Systems Incorporated 2018/3/24 1.39 GB
Adobe Photoshop CS6 Adobe Systems Incorporated 2018/3/24 320 MB
Advanced Audio FX Engine Creative Technology Ltd 2018/3/24 56.0 KB
AMD Catalyst Control Center AMD 2018/3/24
Apple Mobile Device Support Apple Inc. 2017/10/19 40.9 MB
Apple Software Update Apple Inc. 2017/10/19 7.31 MB
Apple 应用程序支持 (32 位) Apple Inc. 2017/10/19 170 MB
Apple 应用程序支持 (64 位) Apple Inc. 2017/10/19 190 MB
ATI Catalyst Install Manager ATI Technologies, Inc. 2011/11/7 28.7 MB
Adobe Systems Incorporated 产品版本: 23.0 支持链接: https://www.adobe.com/go/ai_support
帮助链接: https://www.adobe.... 大小: 1.04 GB

图 1-28

1.5 熟悉 Illustrator CC 操作界面

图形在绘制过程中需要用到不同工具、不同命令以及不同面板中的选项，所以在系统学习 Illustrator CC 2019 之前，有必要对其工作环境有所认识。

1.5.1 Illustrator CC 2019 界面布局

Illustrator CC 2019 的操作界面由菜单栏、属性栏、标题栏、工具栏、绘图窗口、状态栏、面板堆栈等多个部分组成，如图 1-29 所示。用户可以根据需要自由调整常用组件的摆放位置。

菜单栏
属性栏
标题栏
工具栏
绘图窗口
状态栏
面板堆栈

图 1-29

● 【菜单栏】：几乎提供了 Illustrator CC 2019 的所有操作命令，包括“文件”“编辑”“对象”“文字”“选择”“效果”“视图”“窗口”和“帮助”9 个菜单命令。

● 【属性栏】：用来设置所选对象的属性，选择不同的工具或选择不同的对象时出现的选项也不同。

● 【标题栏】：打开文件后，显示当前文档的名称、格式、窗口缩放比例和颜色模式等信息。

● 【工具栏】：集合了绘图时需要的大部分工具。默认状态下工具栏嵌在屏幕的左侧，用户可根据需要将其拖动到任意位置。

● 【绘图窗口】：所有图形的绘制、编辑都是在该窗口中进行的，可以通过缩放操作对其尺寸进行调整。

● 【状态栏】：用来显示当前文档的视图缩放比例和状态信息。

● 【面板堆栈】：该区域主要用于放置各个命令面板。通过单击该区域的面板按钮，可以切换面板的展开或折叠状态。

1.5.2　预设工作区

在使用 Illustrator CC 2019 进行设计时，既可以采用系统提供的预设工作区，也可以按照自己的需求自定义工作区。首先按照自己的实际需求设置好界面布局，然后执行“窗口 / 工作区 / 新建工作区”命令，如图 1-30 所示，最后在弹出的对话框中设置新工作区的名称，单击“确定”按钮即可，如图 1-31 所示。

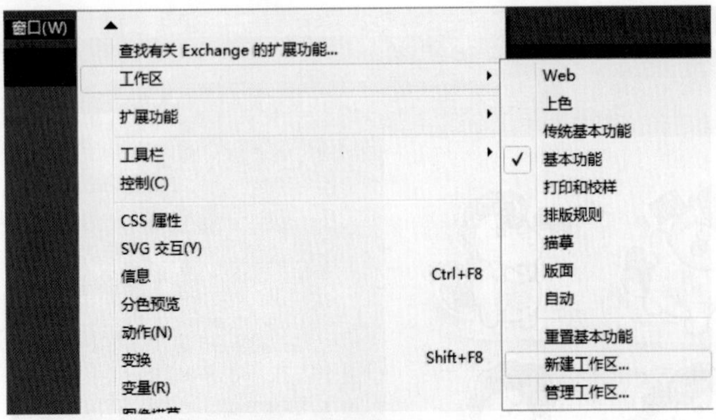
窗口(W)
查找有关 Exchange 的扩展功能...
工作区
扩展功能
工具栏
控制(C)
CSS 属性
SVG 交互(Y)
信息
Ctrl+F8
分色预览
动作(N)
变换
Shift+F8
变量(R)
Web
上色
传统基本功能
基本功能
打印和校样
排版规则
描摹
版面
自动
重置基本功能
新建工作区...
管理工作区...

图 1-30

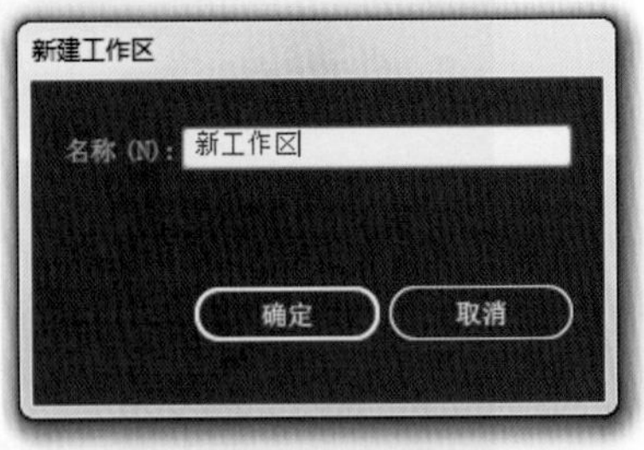
新建工作区
名称 (N)：
新工作区
确定
取消

图 1-31

1.5.3 菜单栏

了解完 Illustrator CC 2019 界面布局之后，下面简单介绍一下菜单栏部分，如图 1-32 所示。根据不同的功能和类别划分，Illustrator CC 2019 将各种命令集成在 9 个命令菜单下，可单击任意菜单项在弹出的下拉菜单中选择所需命令。

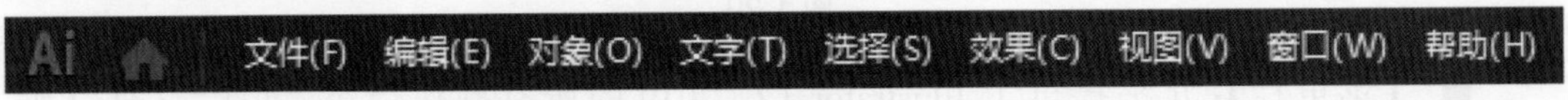
Ai
文件(F)
编辑(E)
对象(O)
文字(T)
选择(S)
效果(C)
视图(V)
窗口(W)
帮助(H)

图 1-32

● 【文件】：包含了文档的新建、打开、关闭、存储、存储为、置入、导出、文档设置、打印、退出等常用基本操作命令，如图 1-33 所示。

● 【编辑】：集成了文档绘制过程中所用到的各种编辑操作命令，如复制、粘贴等；另外还有文档和软件程序的预设参数等命令，如图 1-34 所示。

● 【对象】：集成了针对所有图形对象所执行的变换、排列、编组等操作命令，如图 1-35 所示。

● 【文字】：集成了所有对点文字、区域文字和路径文字的操作命令，如图 1-36 所示。

● 【选择】：主要功能是处理与选取相关对象的命令，如图 1-37 所示。

● 【效果】：主要是针对矢量图形和位图进行各种效果处理，还可以在“外观”面板中直接修改已添加的效果，从而使图形效果在原有的基础上更加丰富，如图 1-38 所示。

● 【视图】：主要是针对操作界面的风格、其他组件的显示、隐藏以及画板缩放等进行设置，如图 1-39 所示。

● 【窗口】：主要针对已经打开的文档的窗口进行排列、显示方式等的设置，及各种面板的显示隐藏，还可选择或创建个人需要的工作区，如图 1-40 所示。

● 【帮助】：帮助菜单为 Illustrator CC 2019 的用户提供软件各功能的使用方法及注册和激活等产品信息，如图 1-41 所示。

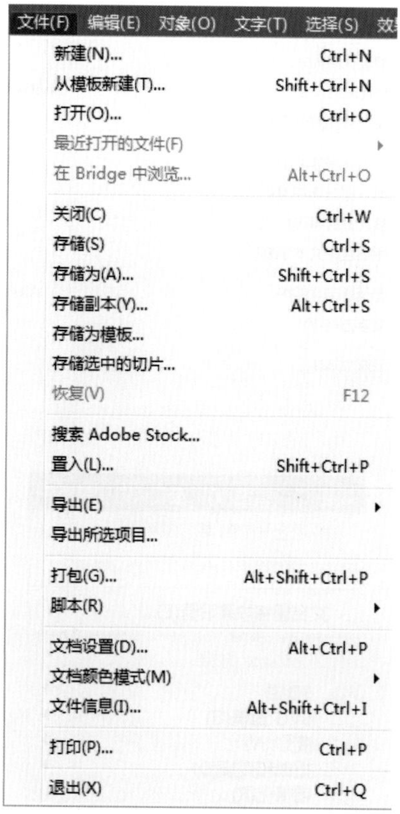
文件(F) 编辑(E) 对象(O) 文字(T) 选择(S)
新建(N)... Ctrl+N
从模板新建(T)... Shift+Ctrl+N
打开(O)... Ctrl+O
最近打开的文件(F)
在 Bridge 中浏览... Alt+Ctrl+O
关闭(C) Ctrl+W
存储(S) Ctrl+S
存储为(A)... Shift+Ctrl+S
存储副本(Y)... Alt+Ctrl+S
存储为模板...
存储选中的切片...
恢复(V) F12
搜索 Adobe Stock...
置入(L)... Shift+Ctrl+P
导出(E)
导出所选项目...
打包(G)... Alt+Shift+Ctrl+P
脚本(R)
文档设置(D)... Alt+Ctrl+P
文档颜色模式(M)
文件信息(I)... Alt+Shift+Ctrl+I
打印(P)... Ctrl+P
退出(X) Ctrl+Q

图 1-33

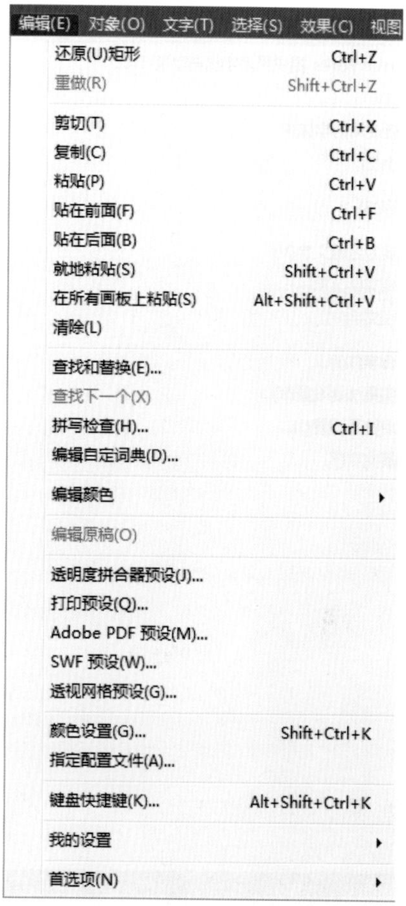
编辑(E) 对象(O) 文字(T) 选择(S) 效果(C) 视图
还原(U)矩形 Ctrl+Z
重做(R) Shift+Ctrl+Z
剪切(T) Ctrl+X
复制(C) Ctrl+C
粘贴(P) Ctrl+V
贴在前面(F) Ctrl+F
贴在后面(B) Ctrl+B
就地粘贴(S) Shift+Ctrl+V
在所有画板上粘贴(S) Alt+Shift+Ctrl+V
清除(L)
查找和替换(E)...
查找下一个(X)
拼写检查(H)... Ctrl+I
编辑自定词典(D)...
编辑颜色
编辑原稿(O)
透明度拼合器预设(J)...
打印预设(Q)...
Adobe PDF 预设(M)...
SWF 预设(W)...
透视网格预设(G)...
颜色设置(G)... Shift+Ctrl+K
指定配置文件(A)...
键盘快捷键(K)... Alt+Shift+Ctrl+K
我的设置
首选项(N)

图 1-34

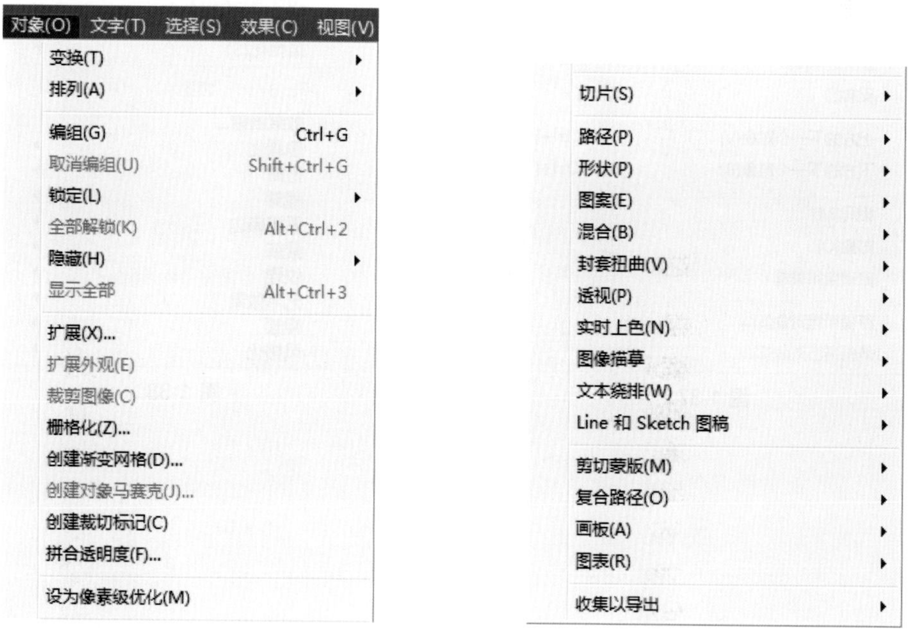
对象(O) 文字(T) 选择(S) 效果(C) 视图(V)
变换(T)
排列(A)
编组(G) Ctrl+G
取消编组(U) Shift+Ctrl+G
锁定(L)
全部解锁(K) Alt+Ctrl+2
隐藏(H)
显示全部 Alt+Ctrl+3
扩展(X)...
扩展外观(E)
裁剪图像(C)
栅格化(Z)...
创建渐变网格(D)...
创建对象马赛克(J)...
创建裁切标记(C)
拼合透明度(F)...
设为像素级优化(M)
切片(S)
路径(P)
形状(P)
图案(E)
混合(B)
封套扭曲(V)
透视(P)
实时上色(N)
图像描摹
文本绕排(W)
Line 和 Sketch 图稿
剪切蒙版(M)
复合路径(O)
画板(A)
图表(R)
收集以导出

图 1-35

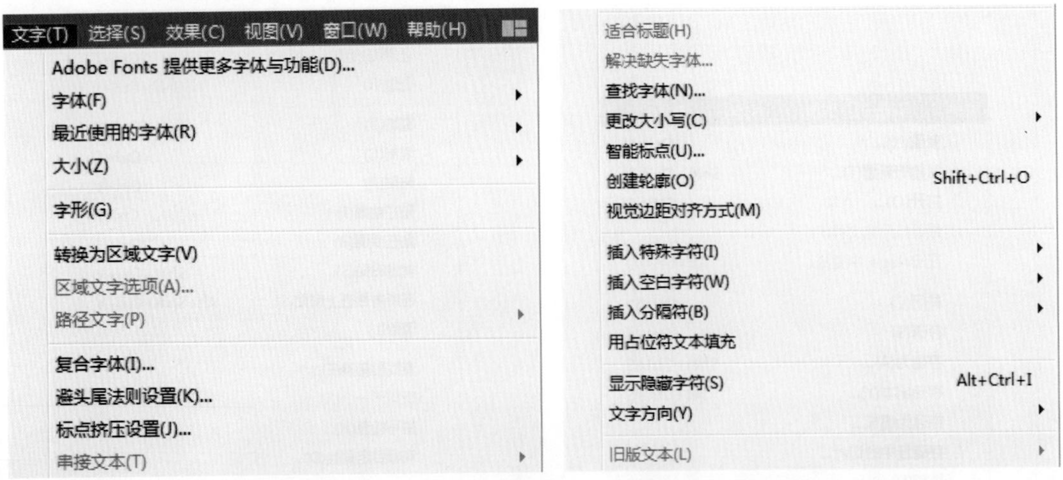
文字(T) 选择(S) 效果(C) 视图(V) 窗口(W) 帮助(H)
Adobe Fonts 提供更多字体与功能(D)...
字体(F)
最近使用的字体(R)
大小(Z)
字形(G)
转换为区域文字(V)
区域文字选项(A)...
路径文字(P)
复合字体(I)...
避头尾法则设置(K)...
标点挤压设置(J)...
串接文本(T)
适合标题(H)
解决缺失字体...
查找字体(N)...
更改大小写(C)
智能标点(U)...
创建轮廓(O) Shift+Ctrl+O
视觉边距对齐方式(M)
插入特殊字符(I)
插入空白字符(W)
插入分隔符(B)
用占位符文本填充
显示隐藏字符(S) Alt+Ctrl+I
文字方向(Y)
旧版文本(L)

图 1-36

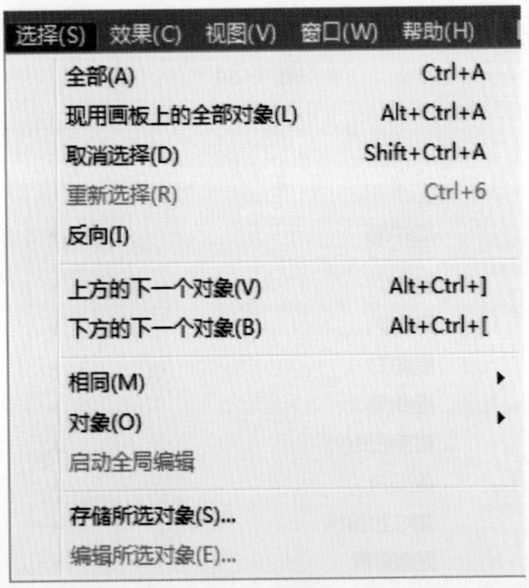
选择(S) 效果(C) 视图(V) 窗口(W) 帮助(H)
全部(A) Ctrl+A
现用画板上的全部对象(L) Alt+Ctrl+A
取消选择(D) Shift+Ctrl+A
重新选择(R) Ctrl+6
反向(I)
上方的下一个对象(V) Alt+Ctrl+]
下方的下一个对象(B) Alt+Ctrl+[
相同(M)
对象(O)
启动全局编辑
存储所选对象(S)...
编辑所选对象(E)...

图 1-37

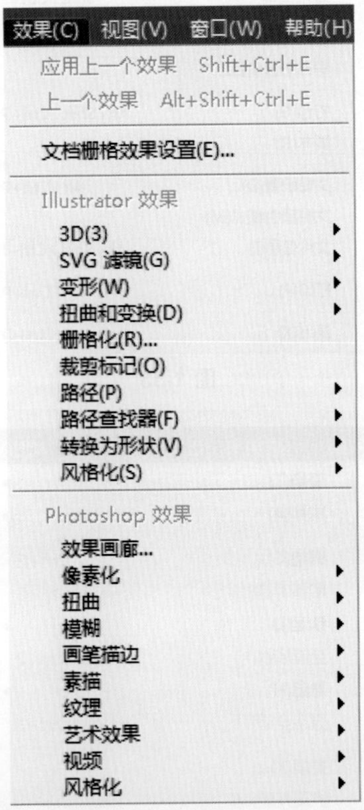
效果(C) 视图(V) 窗口(W) 帮助(H)
应用上一个效果 Shift+Ctrl+E
上一个效果 Alt+Shift+Ctrl+E
文档栅格效果设置(E)...
Illustrator 效果
3D(3)
SVG 滤镜(G)
变形(W)
扭曲和变换(D)
栅格化(R)...
裁剪标记(O)
路径(P)
路径查找器(F)
转换为形状(V)
风格化(S)
Photoshop 效果
效果画廊...
像素化
扭曲
模糊
画笔描边
素描
纹理
艺术效果
视频
风格化

图 1-38

视图(V) 窗口(W) 帮助(H)
轮廓(O) Ctrl+Y
叠印预览(V) Alt+Shift+Ctrl+Y
像素预览(X) Alt+Ctrl+Y
裁切视图(M)
显示文稿模式(S)
校样设置(F)
校样颜色(C)
放大(Z) Ctrl++
缩小(M) Ctrl+-
画板适合窗口大小(W) Ctrl+0
全部适合窗口大小(L) Alt+Ctrl+0
实际大小(E) Ctrl+1
隐藏边缘(D) Ctrl+H
显示切片(S)
锁定切片(K)
隐藏画板(B) Shift+Ctrl+H
显示打印拼贴(T)
隐藏模板(L) Shift+Ctrl+W
隐藏定界框(J) Shift+Ctrl+B
显示透明度网格(Y) Shift+Ctrl+D
标尺(R)
显示实时上色间隙
隐藏渐变批注者 Alt+Ctrl+G
隐藏边角构件(W)
隐藏文本串接(H) Shift+Ctrl+Y
智能参考线(Q) Ctrl+U
透视网格(P)
参考线(U)
显示网格(G) Ctrl+"
对齐网格 Shift+Ctrl+"
对齐像素(S)
对齐点(N) Alt+Ctrl+"
新建视图(I)...
编辑视图...

图 1-39

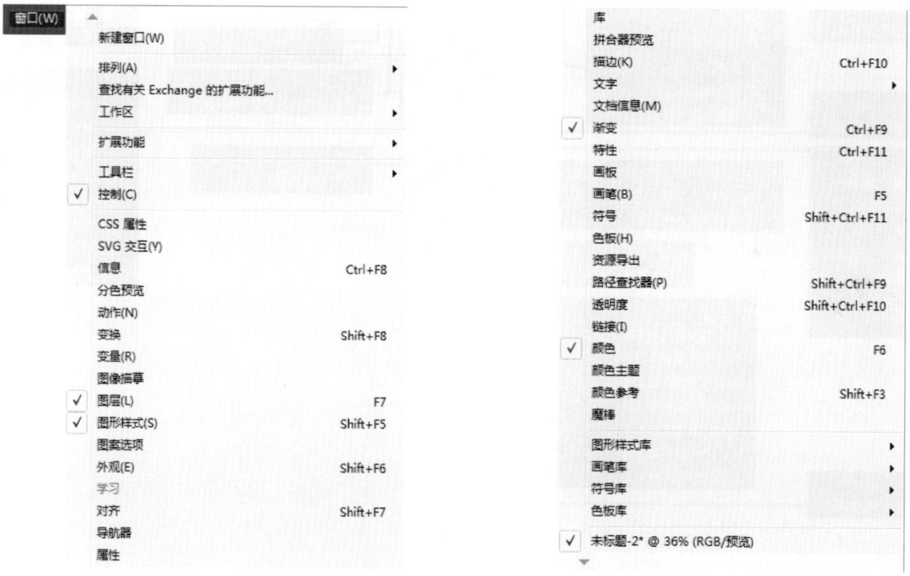
窗口(W)
新建窗口(W)
排列(A)
查找有关 Exchange 的扩展功能...
工作区
扩展功能
工具栏
控制(C)
CSS 属性
SVG 交互(Y)
信息 Ctrl+F8
分色预览
动作(N)
变换 Shift+F8
变量(R)
图像描摹
图层(L) F7
图形样式(S) Shift+F5
图案选项
外观(E) Shift+F6
学习
对齐 Shift+F7
导航器
属性
库
拼合器预览
描边(K) Ctrl+F10
文字
文档信息(M)
渐变 Ctrl+F9
特性 Ctrl+F11
画板
画笔(B) F5
符号 Shift+Ctrl+F11
色板(H)
资源导出
路径查找器(P) Shift+Ctrl+F9
透明度 Shift+Ctrl+F10
链接(I)
颜色 F6
颜色主题
颜色参考 Shift+F3
魔棒
图形样式库
画笔库
符号库
色板库
未标题-2* @ 36% (RGB/预览)

图 1-40

帮助(H)
Illustrator 帮助(H)... F1
Illustrator 教程...
管理我的帐户...
注销... (1749669697@qq.com)
关于 Illustrator(A)...
系统信息(S)...

图 1-41

1.5.4 工具栏

Illustrator CC 2019 的工具栏中基本包含了所有绘图时使用的工具。在“基本功能”模式下，工具栏不予显示；在“传统基本功能”模式下，工具栏以高级模式默认停靠在界面的左侧边缘处。可以通过拖拽来移动工具栏，也可以执行“窗口 / 工具栏 / 基本或高级”命令选择显示或隐藏工具栏的两种模式。工具栏的工具可以在操作过程中选择、创建和处理对象。在工具栏中单击某一工具按钮，即可选中该工具。如果工具按钮的右下角带有三角标志，则表示这是一个工具组，在该工具按钮上单击鼠标右键，即可打开查看该工具组，所有隐藏工具都会显示出来，如图 1-42 所示。

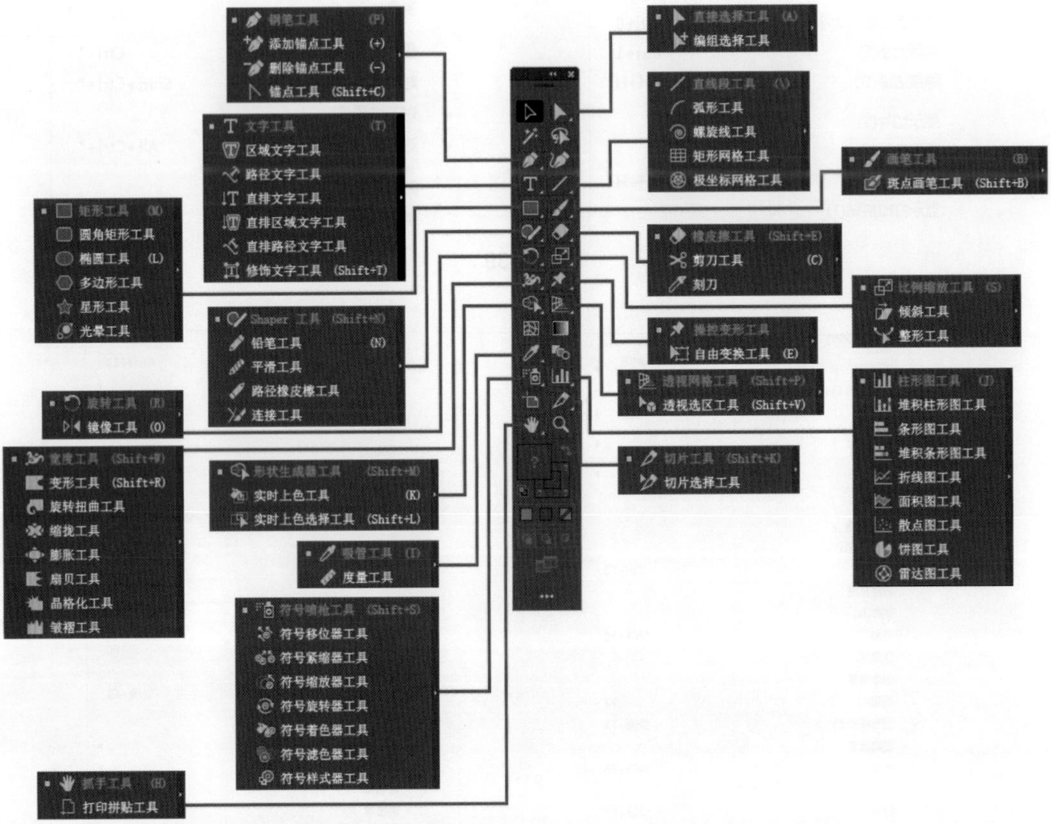
钢笔工具 (P)
添加锚点工具 (+)
删除锚点工具 (-)
锚点工具 (Shift+C)
直接选择工具 (A)
编组选择工具
文字工具 (T)
区域文字工具
路径文字工具
直排文字工具
直排区域文字工具
直排路径文字工具
修饰文字工具 (Shift+T)
直线段工具 (\)
弧形工具
螺旋线工具
矩形网格工具
极坐标网格工具
画笔工具 (B)
斑点画笔工具 (Shift+B)
矩形工具 (M)
圆角矩形工具
椭圆工具 (L)
多边形工具
星形工具
光晕工具
橡皮擦工具 (Shift+E)
剪刀工具 (C)
刻刀
Shaper 工具 (Shift+N)
铅笔工具 (N)
平滑工具
路径橡皮擦工具
连接工具
比例缩放工具 (S)
倾斜工具
整形工具
操控变形工具
自由变换工具 (E)
旋转工具 (R)
镜像工具 (O)
透视网格工具 (Shift+P)
透视选区工具 (Shift+V)
柱形图工具 (J)
堆积柱形图工具
条形图工具
堆积条形图工具
折线图工具
面积图工具
散点图工具
饼图工具
雷达图工具
宽度工具 (Shift+W)
变形工具 (Shift+R)
旋转扭曲工具
缩拢工具
膨胀工具
扇贝工具
晶格化工具
皱褶工具
形状生成器工具 (Shift+M)
实时上色工具 (K)
实时上色选择工具 (Shift+L)
切片工具 (Shift+K)
切片选择工具
吸管工具 (I)
度量工具
符号喷枪工具 (Shift+S)
符号移位器工具
符号紧缩器工具
符号缩放器工具
符号旋转器工具
符号着色器工具
符号滤色器工具
符号样式器工具
抓手工具 (H)
打印拼贴工具

图 1-42

1.5.5 首选项设置

执行“编辑 / 首选项”命令，在弹出的子菜单中选择任意命令，即可打开“首选项”对话框，如图 1-43 所示。在该对话框中，可以对“常规”“选择和锚点显示”“文字”“单位”“参考线和网格”“智能参考线”“切片”“连字”“增效工具和暂存盘”“用户界面”“性能”“文件处理和剪贴板”和“黑色外观”几个系统首选项进行设置。

1. 常规

在“首选项”对话框的下拉列表中选择“常规”选项，可以对 Illustrator 的一些常用参数进行设置，如图 1-44 所示。

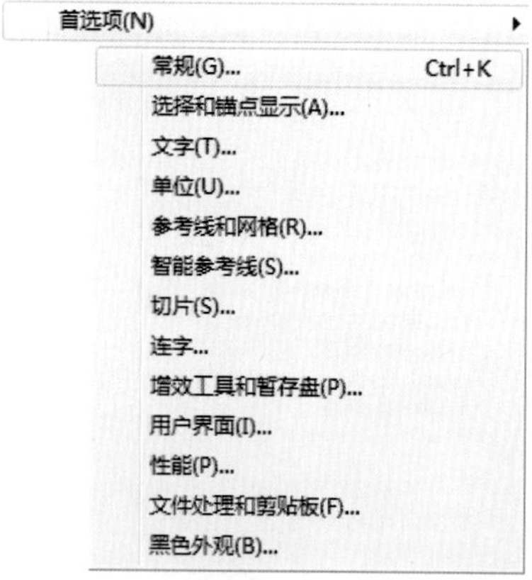
首选项(N)
常规(G)...
Ctrl+K
选择和锚点显示(A)...
文字(T)...
单位(U)...
参考线和网格(R)...
智能参考线(S)...
切片(S)...
连字...
增效工具和暂存盘(P)...
用户界面(I)...
性能(P)...
文件处理和剪贴板(F)...
黑色外观(B)...

图 1-43

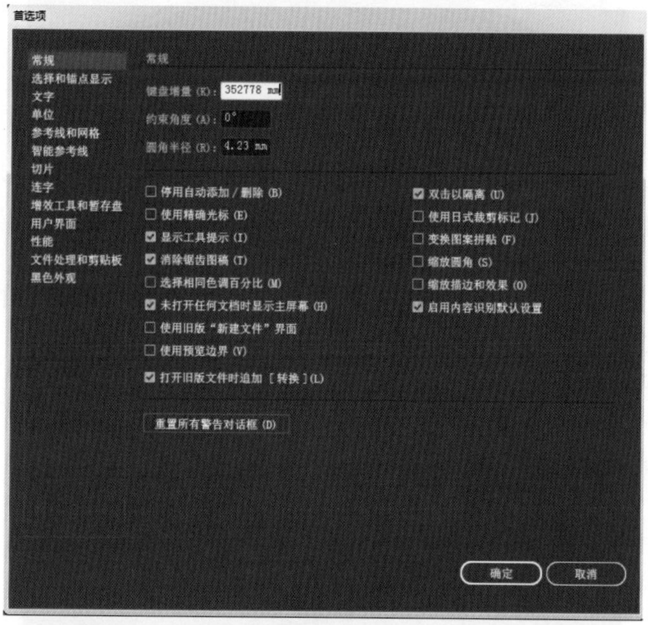
首选项
常规
选择和锚点显示
文字
单位
参考线和网格
智能参考线
切片
连字
增效工具和暂存盘
用户界面
性能
文件处理和剪贴板
黑色外观
确定
取消

图 1-44

● 【键盘增量】：在该文本框中可以更改轻移的距离。当更改默认增量时，按住“Shift”键可轻移指定距离的 10 倍。

● 【约束角度】：该文本框用于设置在按住“Shift”键进行移动、旋转或其他操作时，约束的角度值。

● 【圆角半径】：该文本框用于设置在默认情况下绘制圆角矩形对象时的圆角半径尺寸。

● 【其他选项】：用于设置 Illustrator 的一些常用功能。

2. 选择和锚点显示

在“首选项”对话框的下拉列表中选择“选择和锚点显示”选项，如图 1-45 所示。

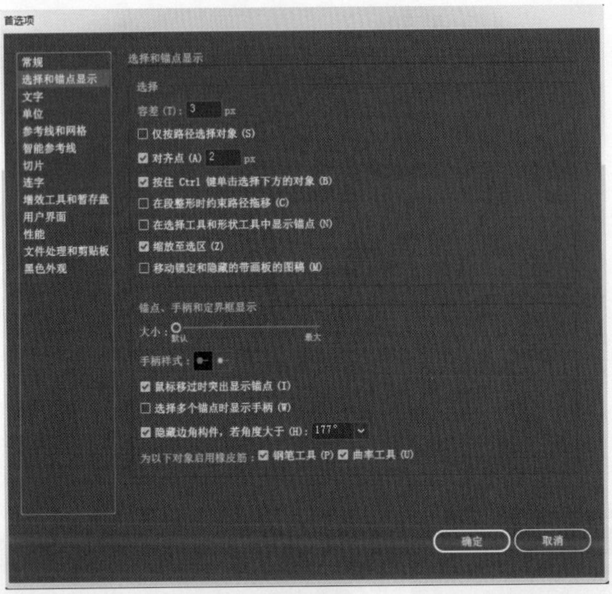
首选项
常规
选择和锚点显示
文字
单位
参考线和网格
智能参考线
切片
连字
增效工具和暂存盘
用户界面
性能
文件处理和剪贴板
黑色外观
选择和锚点显示
选择
容差 (T): 3 px
仅按路径选择对象 (S)
对齐点 (A) 2 px
按住 Ctrl 键单击选择下方的对象 (B)
在段整形时约束路径拖移 (C)
在选择工具和形状工具中显示锚点 (N)
缩放至选区 (Z)
移动锁定和隐藏的带画板的图稿 (M)
锚点、手柄和定界框显示
大小：
默认
最大
手柄样式：
鼠标移过时突出显示锚点 (I)
选择多个锚点时显示手柄 (W)
隐藏边角构件，若角度大于 (H): 177°
为以下对象启用橡皮筋：钢笔工具 (P) 曲率工具 (U)
确定
取消

图 1-45

● 【容差】：指定用于选择锚点的像素范围。较大的值会增加锚点周围区域的宽度。

● 【仅按路径选择对象】：指定是否可以通过单击对象中的任意位置来选择填充对象，或是否必须单击路径。

● 【对齐点】：选中该复选框，可将对象对齐到锚点和参考线；其后的文本框用于指定在对齐对象与锚点或参考线之间的距离。

● 【锚点、手柄和定界框显示】：指定锚点和手柄的显示状态。

3. 文字

在“首选项”对话框的下拉列表中选择“文字”选项，如图 1-46 所示。

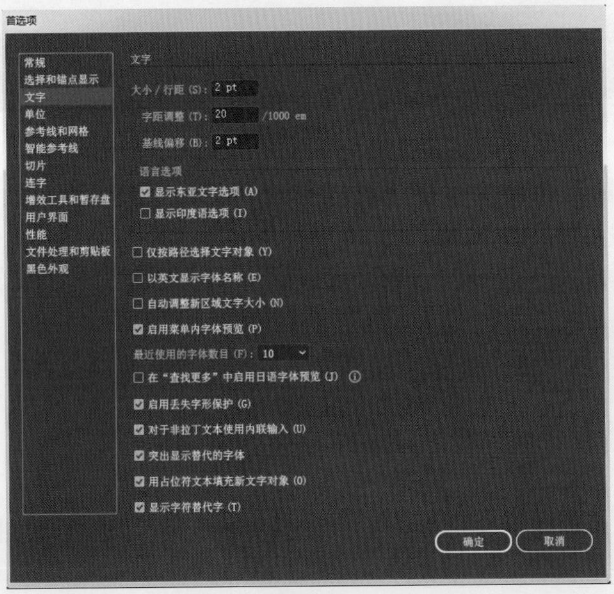
首选项
常规
选择和锚点显示
文字
单位
参考线和网格
智能参考线
切片
连字
增效工具和暂存盘
用户界面
性能
文件处理和剪贴板
黑色外观
文字
大小 / 行距 (S): 2 pt
字距调整 (T): 20 /1000 em
基线偏移 (B): 2 pt
语言选项
显示东亚文字选项 (A)
显示印度语选项 (I)
仅按路径选择文字对象 (Y)
以英文显示字体名称 (E)
自动调整新区域文字大小 (N)
启用菜单内字体预览 (P)
最近使用的字体数目 (F): 10
在“查找更多”中启用日语字体预览 (J)
启用丢失字形保护 (G)
对于非拉丁文本使用内联输入 (U)
突出显示替代的字体
用占位符文本填充新文字对象 (O)
显示字符替代字 (T)
确定
取消

图 1-46

● 【大小 / 行距】：以文本的行距值作为文本首行基线和文字对象顶部之间的距离。

● 【字距调整】：该文本框用于设置特定字符对象之间的距离。

● 【基线偏移】：该文本框用于设置所选字符相对于周围文本的基线上下移动的距离。

4. 单位

在“首选项”对话框的下拉列表中选择“单位”选项，如图 1-47 所示。

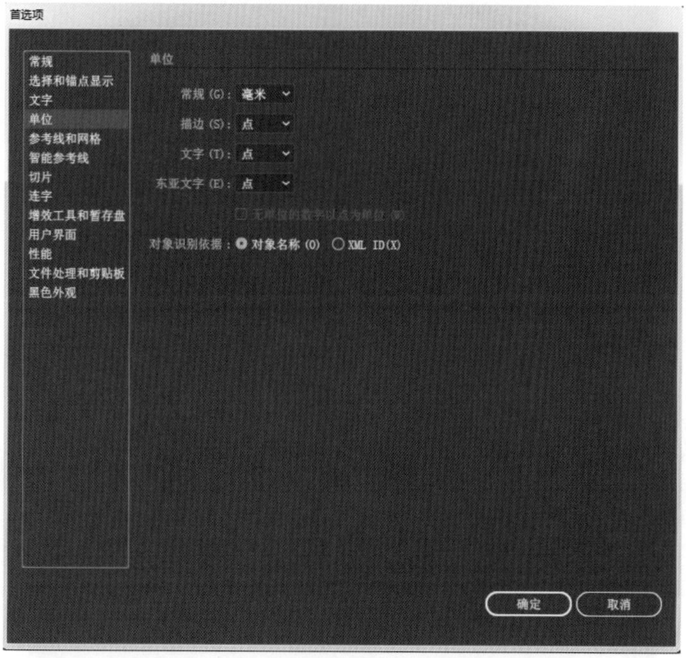
首选项
常规
选择和锚点显示
文字
单位
参考线和网格
智能参考线
切片
连字
增效工具和暂存盘
用户界面
性能
文件处理和剪贴板
黑色外观
单位
常规 (G)：毫米
描边 (S)：点
文字 (T)：点
东亚文字 (E)：点
对象识别依据：对象名称 (O)　XML ID(X)
确定
取消

图 1-47

● 【常规】：任何一个文档都具有一个默认的单位，在定义所有文档的标尺单位时，可以执行“编辑 / 首选项 / 单位”命令，打开“首选项”对话框，单击“常规”下拉列表，其中提供了多种常用的单位。

● 【描边】：在该下拉列表中选择不同的选项，可以更改描边度量单位。

● 【文字】：在该下拉列表中选择不同的选项，可以定义调整文字字号的单位。

● 【东亚文字】：在该下拉列表中选择不同的选项，可以定义调整 CJK 文字的单位。

5. 参考线和网格

在“首选项”对话框的下拉列表中选择“参考线和网格”选项，如图 1-48 所示。

● 【参考线】：在该选项组中可以设置参考线的颜色和样式。

● 【网格】：在该选项组中可以设置网格的颜色、样式、网格线间隔和次分隔线的数量。

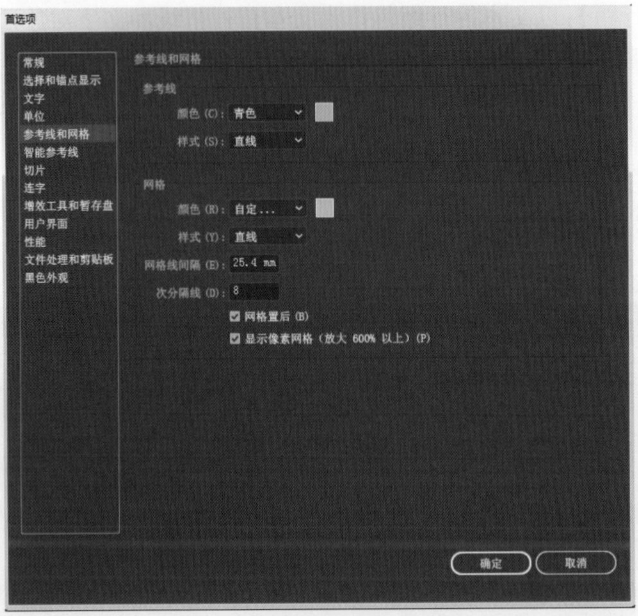
首选项
常规
选择和锚点显示
文字
单位
参考线和网格
智能参考线
切片
连字
增效工具和暂存盘
用户界面
性能
文件处理和剪贴板
黑色外观
参考线和网格
参考线
颜色 (C)：青色
样式 (S)：直线
网格
颜色 (R)：自定...
样式 (Y)：直线
网格线间隔 (E)：25.4 mm
次分隔线 (D)：8
网格置后 (B)
显示像素网格（放大 600% 以上）(P)
确定
取消

图 1-48

6. 智能参考线

在“首选项”对话框的下拉列表中选择“智能参考线”选项，如图 1-49 所示。

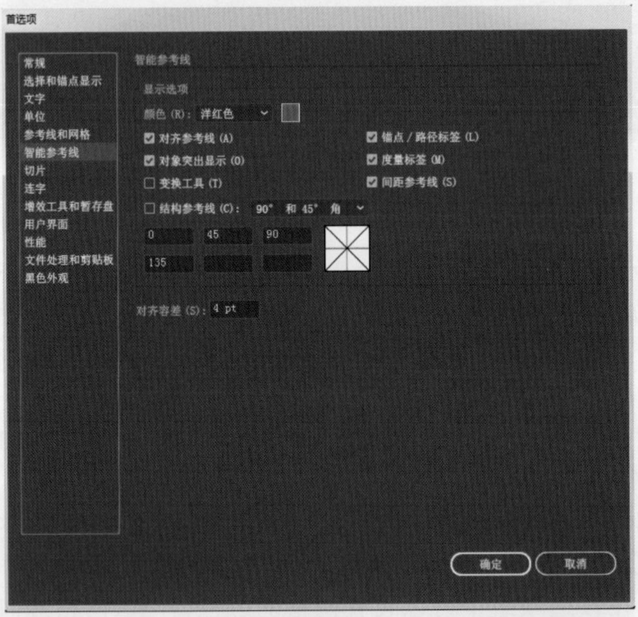
首选项
常规
选择和锚点显示
文字
单位
参考线和网格
智能参考线
切片
连字
增效工具和暂存盘
用户界面
性能
文件处理和剪贴板
黑色外观
智能参考线
显示选项
颜色 (R)：洋红色
对齐参考线 (A)
对象突出显示 (O)
变换工具 (T)
结构参考线 (C)：90° 和 45° 角
0
45
90
135
锚点 / 路径标签 (L)
度量标签 (M)
间距参考线 (S)
对齐容差 (S)：4 pt
确定
取消

图 1-49

7. 切片

在“首选项”对话框的下拉列表中选择“切片”选项，如图 1-50 所示。

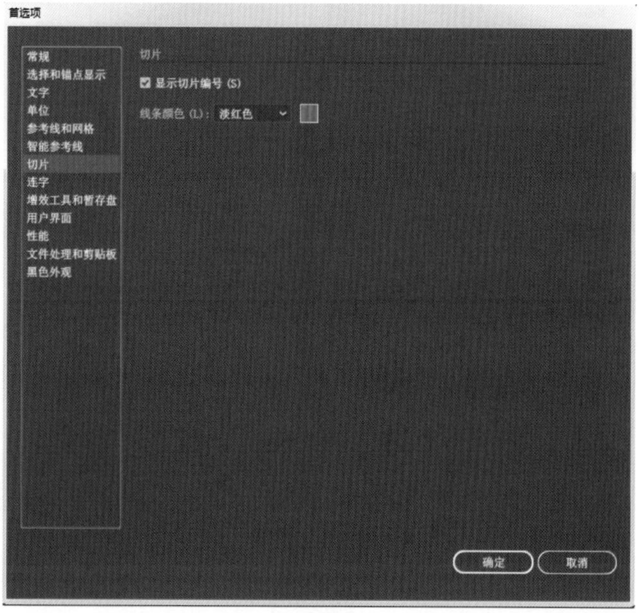
首选项
常规
选择和锚点显示
文字
单位
参考线和网格
智能参考线
切片
连字
增效工具和暂存盘
用户界面
性能
文件处理和剪贴板
黑色外观
切片
显示切片编号 (S)
线条颜色 (L)：淡红色
确定
取消

图 1-50

8. 连字

在“首选项”对话框的下拉列表中选择“连字”选项，如图 1-51 所示。

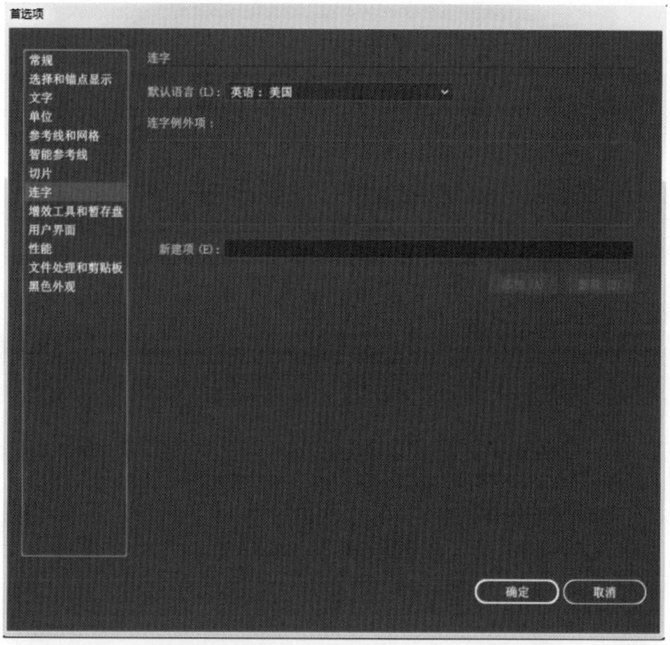
首选项
常规
选择和锚点显示
文字
单位
参考线和网格
智能参考线
切片
连字
增效工具和暂存盘
用户界面
性能
文件处理和剪贴板
黑色外观
连字
默认语言 (L)：英语：美国
连字例外项：
新建项 (E)：
确定
取消

图 1-51

9. 增效工具和暂存盘

在“首选项”对话框的下拉列表中选择“增效工具和暂存盘”选项，如图 1-52 所示。

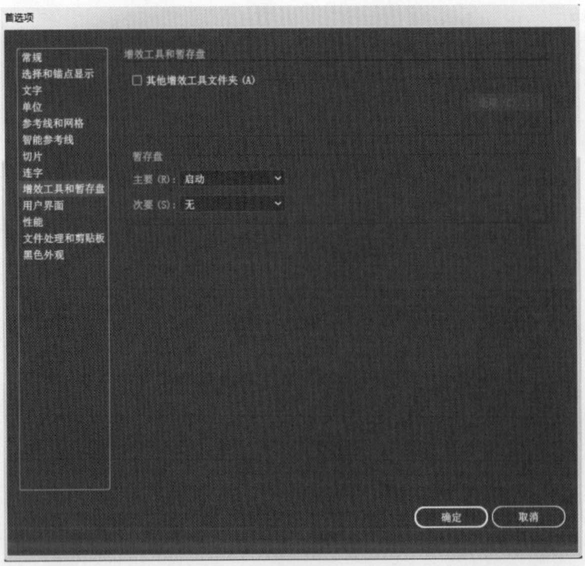
首选项
常规
选择和锚点显示
文字
单位
参考线和网格
智能参考线
切片
连字
增效工具和暂存盘
用户界面
性能
文件处理和剪贴板
黑色外观
增效工具和暂存盘
其他增效工具文件夹 (A)
暂存盘
主要 (R)： 启动
次要 (S)： 无
确定
取消

图 1-52

1.5.6 更改屏幕模式

单击工具栏底部的“切换屏幕模式”按钮，在弹出的菜单中可以选择屏幕显示模式，如图 1-53 所示。

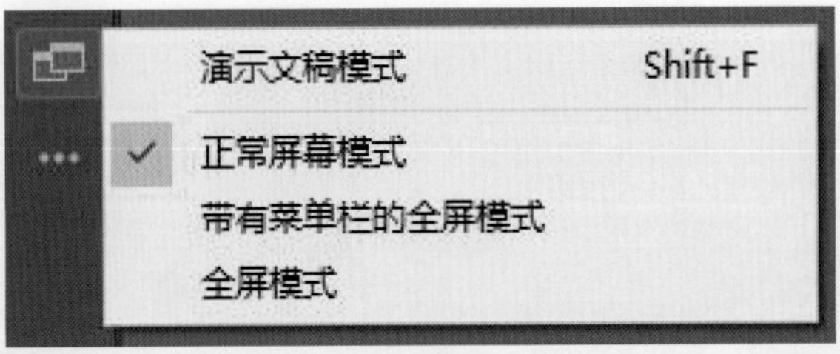
演示文稿模式 Shift+F
正常屏幕模式
带有菜单栏的全屏模式
全屏模式

图 1-53

1. 正常屏幕模式

在标准窗口中显示图稿，菜单栏位于窗口顶部，滚动条分别位于右侧和底部，如图 1-54 所示。

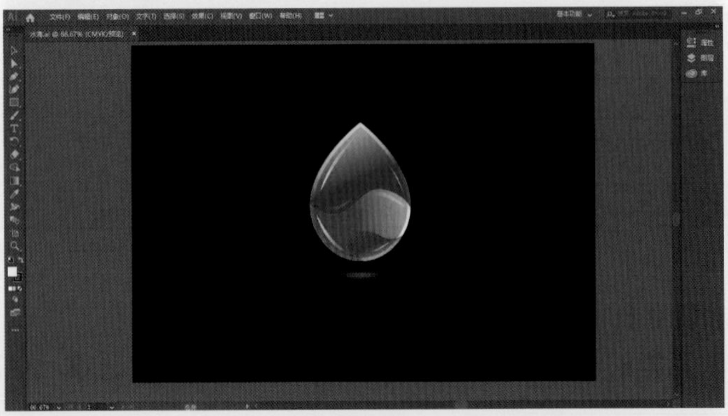

图 1-54

2. 带有菜单栏的全屏模式

在全屏窗口中显示图稿，在顶部显示菜单栏，底部带有滚动条，如图 1-55 所示。

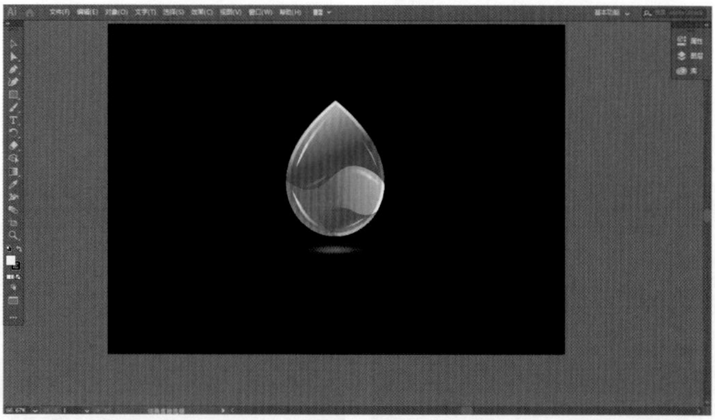

图 1-55

3. 全屏模式

在全屏窗口中显示图稿，不带菜单栏，按“Esc”键即可退出该模式，如图 1-56 所示（全屏模式下，将鼠标光标放在屏幕的左边缘或右边缘，可将工具栏显示出来）。

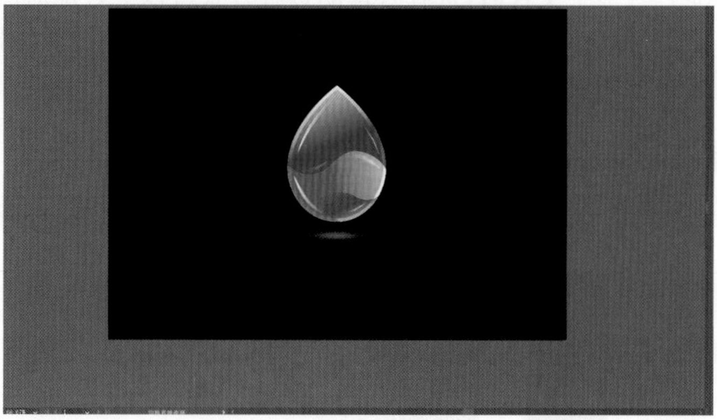

图 1-56

1.5.7　自定义快捷键

选择“编辑 / 键盘快捷键”命令，打开“键盘快捷键”对话框（快捷键“Shift+Ctrl+Alt+K”）。在顶部的“键集”下拉列表框中选择“自定”选项，在其下方的下拉列表框中选择要修改“菜单命令”的快捷键还是“工具”的快捷键，然后在下方列表框中选择所需工具或命令，单击“快捷键”列中显示的快捷键，在显示的文本框中输入新的快捷键，最后单击“确定”按钮，即可完成快捷键的自定义，如图 1-57 所示。

如果输入的快捷键已指定给其他命令或工具，在该对话框的底部将提示警告信息。此时，可以单击“还原”按钮来还原更改，或单击“转到冲突处”按钮以转到其他命令或工具，并指定一个新的快捷键。在“符号”列中，可以输入想要显示在命令或工具菜单中的符号。

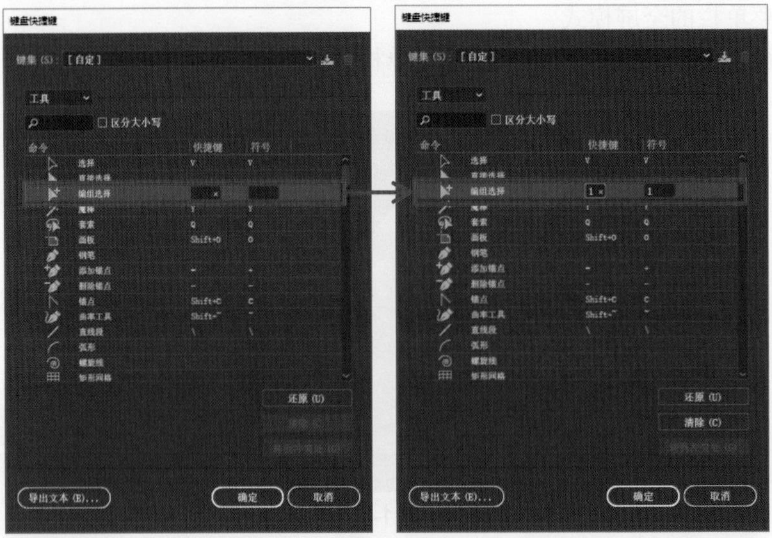
键盘快捷键
工具
区分大小写
命令
快捷键
符号
还原 (U)
清除 (C)
导出文本 (E)...
确定
取消

图 1-57

1.6 图像的浏览

使用 Illustrator 打开多个文件时，选择合理的查看方式可以更好地对图像进行浏览或编辑。Illustrator 提供了多种查看方式，如更改图像的缩放级别、调整图像的排列形式、更换多种屏幕模式、通过导航器查看图像、使用抓手工具查看图像等。

1.6.1 使用“视图”命令浏览图像

在 Illustrator 的“视图”菜单中，提供了多种图像浏览方式，如图 1-58 所示。

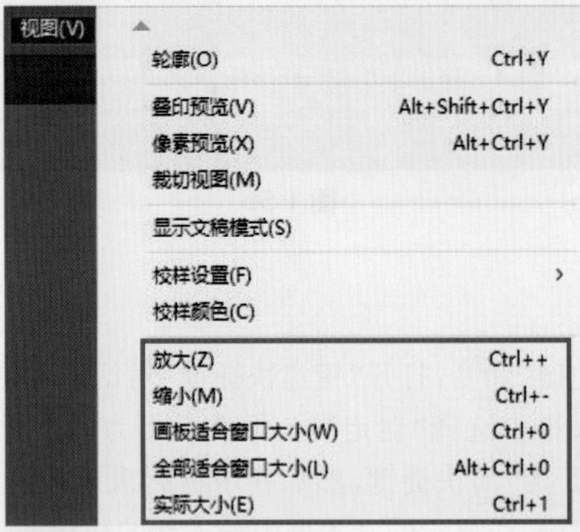
视图(V)
轮廓(O) Ctrl+Y
叠印预览(V) Alt+Shift+Ctrl+Y
像素预览(X) Alt+Ctrl+Y
裁切视图(M)
显示文稿模式(S)
校样设置(F)
校样颜色(C)
放大(Z) Ctrl++
缩小(M) Ctrl+-
画板适合窗口大小(W) Ctrl+0
全部适合窗口大小(L) Alt+Ctrl+0
实际大小(E) Ctrl+1

图 1-58

1. 放大缩小

选择“视图 / 放大”命令，或按“Ctrl+ +”快捷键，即可放大图像显示比例到下一个预设百分比；如果执行“视图 / 缩小”命令，或按“Ctrl+ -”快捷键，则可以缩小图像显示比例到下一个预设百分比。

2. 按照画板大小缩放

选择“视图 / 画板适合窗口大小”命令，或按“Ctrl+0”快捷键，可将当前画板按照屏幕尺寸进行缩放。

3. 按照窗口大小缩放

选择“视图 / 全部适合窗口大小”命令，或按“Alt+Ctrl+0”快捷键，可以查看窗口中的所有内容。

4. 按照实际大小显示

要以 100% 比例显示文件，可以选择“视图 / 实际大小”命令，或按“Ctrl+1”快捷键。

1.6.2　使用工具浏览图像

Illustrator 提供了两种用于浏览视图的工具，一个是用于图像缩放的缩放工具，另一个是用于平移图像的抓手工具。

1. 缩放工具

单击工具栏中的“缩放工具”按钮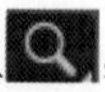，当鼠标光标变为中心带有加号的放大镜形状时，单击要放大区域的中心，即可放大显示。按住“Alt”键，当鼠标光标变为中心带有减号的放大镜形状时，单击要缩小区域的中心，即可缩小显示。缩放时每单击一次，视图便放大或缩小到下一个预设百分比，如图 1-59 所示。

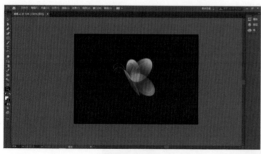

图 1-59

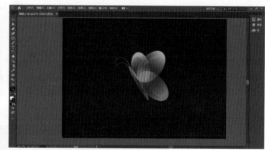

使用缩放工具在需要放大的区域单击并拖拽出虚线方框，释放鼠标，即可放大显示框选的图像部分，如图 1-60 所示。

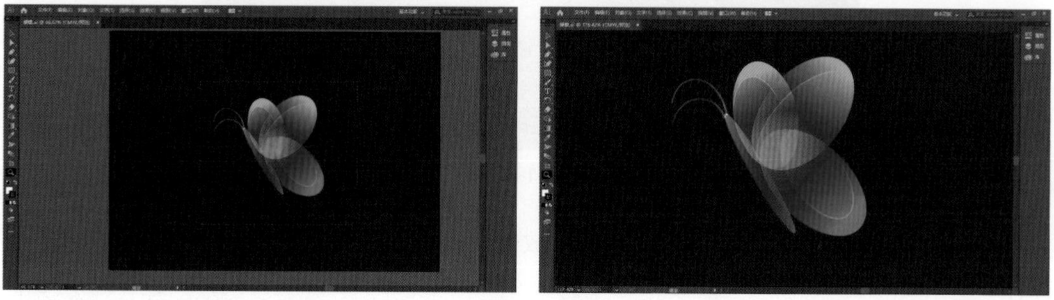

图 1-60

要想直接调整缩放倍数，在打开的图像文件窗口的左下角位置上（即状态栏），有一个

“缩放”文本框，在该文本框中输入相应的缩放倍数，按“Enter”键，即可直接调整到相应的缩放倍数，如图 1-61 所示。

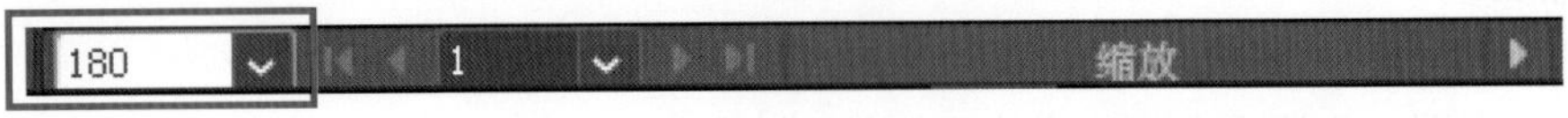
180
1
缩放

图 1-61

2. 抓手工具

当图像放大到屏幕不能 完整显示时，可以使用抓手工具在不同的可视区域中进行拖动，以便于浏览。单击工具栏中的“抓手工具”按钮，在画面中单击并向所需观察的图像区域移动即可，如图 1-62 所示。

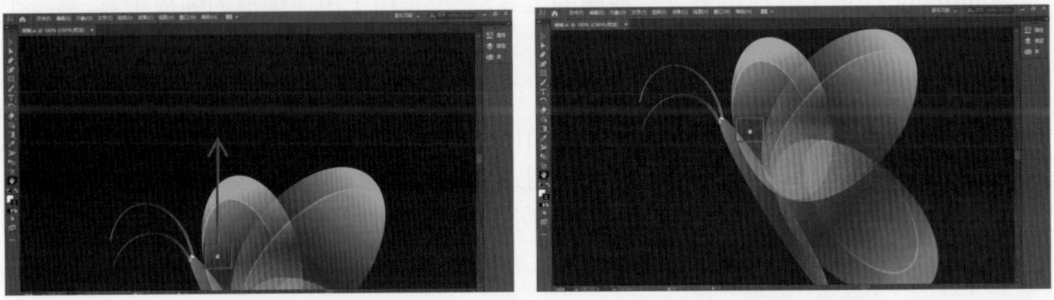

图 1-62

3. 使用“导航器”浏览图像

执行“窗口 / 导航器”命令，打开“导航器”面板。在该面板中，通过滑动鼠标可以查看图像的某个区域。其中，红色边框内的区域与绘图窗口中当前显示的区域相对应，如图 1-63 所示。

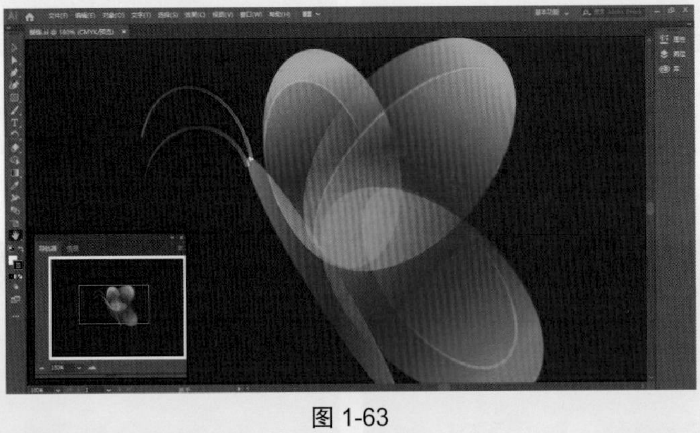

图 1-63

在
180%
文本框中输入缩放数值，然后按“Enter”键确认，即可完成缩放操作。

1.7 文档的基本操作

在 Illustrator 中进行各种操作需要基于“文档”进行，既可以创建一个新的空白文档，也可以通过“打开”命令，对已有文档进行编辑；当文档在编辑过程中需要使用其他素材时，可以执行“置入”命令；而当文档编辑完毕，则需要对其进行储存。

1.7.1　建立新文档

（1）启动 Illustrator 进入主页后，可通过主页的“新建文档”面板进行文档的创建，既可以选择 Illustrator 提供的常用模板，也可以自定义文档大小，如图 1-64 所示。

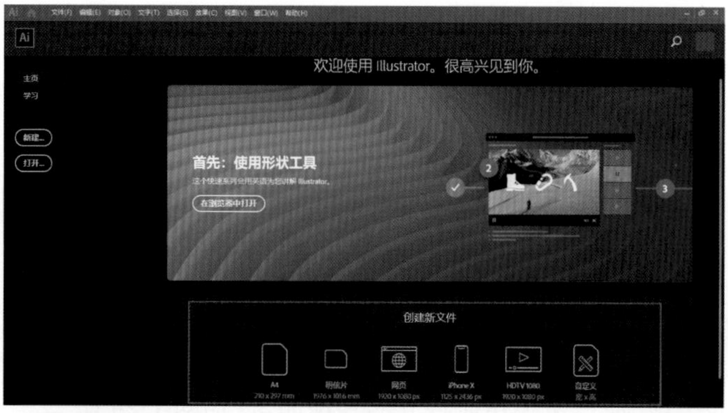
欢迎使用 Illustrator。很高兴见到你。
首先：使用形状工具
创建新文件

图 1-64

（2）启动 Illustrator 进入主页后，单击界面左侧的“新建”按钮；或执行“文件 / 新建”命令（快捷键“Ctrl+N”），在弹出的“新建文档”对话框中选择文档格式，设置文件的名称、画板数量、大小方向等参数后，单击“创建”按钮即可新建一个文档，如图 1-65 所示。

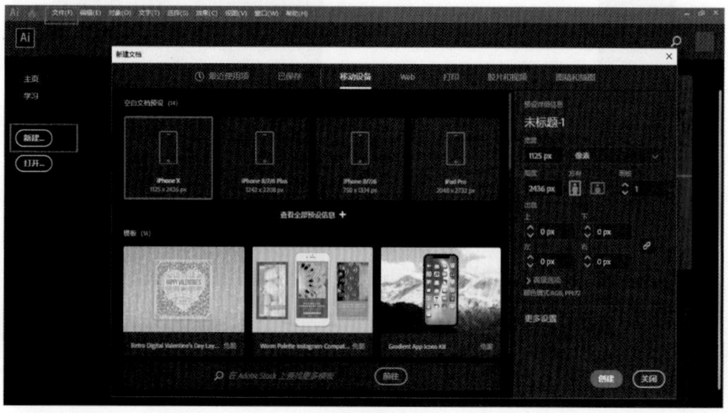
未标题-1

图 1-65

1.7.2　打开文件

要对已有的文件进行处理，首先要将其在 Illustrator 中打开，Illustrator 既可以打开使用 Illustrator 创建的矢量文件，也可以打开其他应用程序中创建的兼容文件，其所能处理的文件格式在“1.3.3 文件格式”章节中有所介绍。

1.“打开”命令

要打开现有的文件，选择“文件 / 打开”命令或执行快捷键“Ctrl+O”，在弹出的“打开”对话框中选择要打开的文件，然后单击“打开”按钮，既可将相应文档打开，如图 1-66 所示。

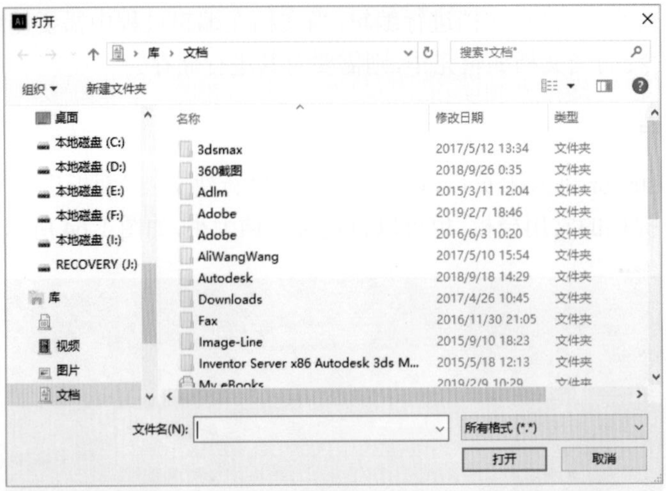
打开
库 › 文档
搜索"文档"
组织 ▾
新建文件夹
桌面
本地磁盘 (C:)
本地磁盘 (D:)
本地磁盘 (E:)
本地磁盘 (F:)
本地磁盘 (I:)
RECOVERY (J:)
库
视频
图片
文档
名称
修改日期
类型
3dsmax 2017/5/12 13:34 文件夹
360截图 2018/9/26 0:35 文件夹
Adlm 2015/3/11 12:04 文件夹
Adobe 2019/2/7 18:46 文件夹
Adobe 2016/6/3 10:20 文件夹
AliWangWang 2017/5/10 15:54 文件夹
Autodesk 2018/9/18 14:29 文件夹
Downloads 2017/4/26 10:45 文件夹
Fax 2016/11/30 21:05 文件夹
Image-Line 2015/9/10 18:23 文件夹
Inventor Server x86 Autodesk 3ds M... 2015/5/18 12:13 文件夹
文件名(N):
所有格式 (*.*)
打开
取消

图 1-66

2. 最近打开的文件

要打开最近存储的文件，可以选择“文件 / 最近打开的文件”命令，在子菜单中会显示出最近打开过的一些文档，然后单击想要打开的文档即可，如图 1-67 所示。

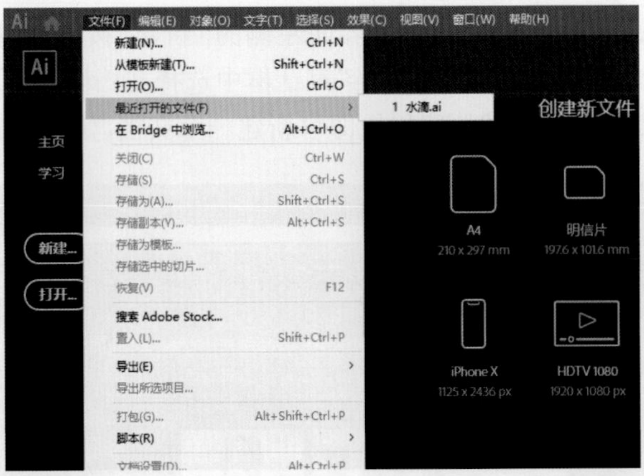
文件(F) 编辑(E) 对象(O) 文字(T) 选择(S) 效果(C) 视图(V) 窗口(W) 帮助(H)
新建(N)... Ctrl+N
从模板新建(T)... Shift+Ctrl+N
打开(O)... Ctrl+O
最近打开的文件(F)
1 水滴.ai
在 Bridge 中浏览... Alt+Ctrl+O
关闭(C) Ctrl+W
存储(S) Ctrl+S
存储为(A)... Shift+Ctrl+S
存储副本(Y)... Alt+Ctrl+S
存储为模板...
存储选中的切片...
恢复(V) F12
搜索 Adobe Stock...
置入(L)... Shift+Ctrl+P
导出(E)
导出所选项目...
打包(G)... Alt+Shift+Ctrl+P
脚本(R)
主页
学习
新建...
打开...
创建新文件
A4
210 x 297 mm
明信片
197.6 x 101.6 mm
iPhone X
1125 x 2436 px
HDTV 1080
1920 x 1080 px

图 1-67

1.7.3 存储文件

在 Illustrator 中完成作品的创作或暂停编辑时要将文件进行保存，以便进行移动、预览、修改或调用。当存储或导出图稿时，Illustrator 会将图稿数据写入文件，数据的结构取决于选择的文件格式。在 Illustrator 中可将图稿存储为 6 种基本文件格式，即 AI、PDF、EPS、AIT、SVG 和 SVGZ，它们可保留所有 Illustrator 数据，包括多个画板。

1.“存储”命令

在 Illustrator 中需要进行文档存储时，可以选择“文件 / 存储”命令，或执行快捷键“Ctrl+S”。首次对文件进行存储时，会弹出“存储为”对话框，在其中可以选择文件存储的位置，在“文件名”窗口里可以为文件命名，在“保存类型”的下拉菜单中可以选择文件的格式，之后单击“保存”按钮保存文件，如图 1-68 所示。

单击“保存”按钮后会弹出“Illustrator 选项”对话框，在此窗口可以对文件储存的版本、选项、透明度等参数进行设置，设置完毕后单击“确定”按钮完成操作，如图 1-69 所示。

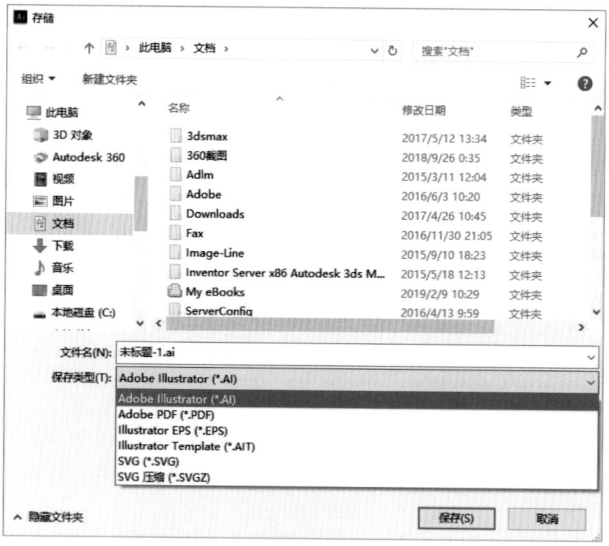
存储
此电脑 › 文档 ›
搜索"文档"
组织 ▾
新建文件夹
此电脑
3D 对象
Autodesk 360
视频
图片
文档
下载
音乐
桌面
本地磁盘 (C:)
名称
修改日期
类型
3dsmax 2017/5/12 13:34 文件夹
360截图 2018/9/26 0:35 文件夹
Adlm 2015/3/11 12:04 文件夹
Adobe 2016/6/3 10:20 文件夹
Downloads 2017/4/26 10:45 文件夹
Fax 2016/11/30 21:05 文件夹
Image-Line 2015/9/10 18:23 文件夹
Inventor Server x86 Autodesk 3ds M... 2015/5/18 12:13 文件夹
My eBooks 2019/2/9 10:29 文件夹
ServerConfig 2016/4/13 9:59 文件夹
文件名(N): 未标题-1.ai
保存类型(T): Adobe Illustrator (*.AI)
Adobe Illustrator (*.AI)
Adobe PDF (*.PDF)
Illustrator EPS (*.EPS)
Illustrator Template (*.AIT)
SVG (*.SVG)
SVG 压缩 (*.SVGZ)
隐藏文件夹
保存(S)
取消

图 1-68

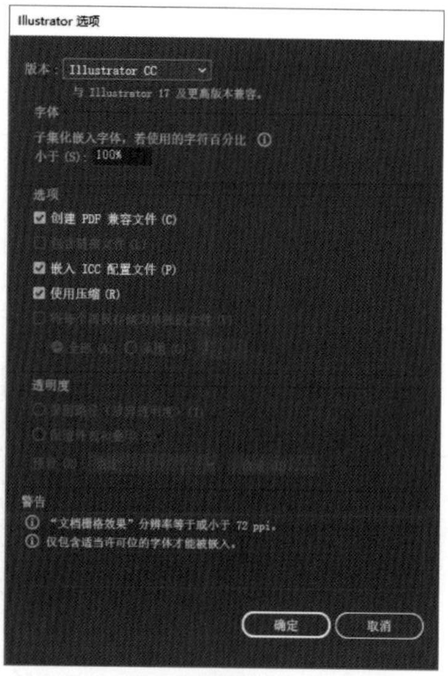
Illustrator 选项
版本：Illustrator CC
字体
选项
创建 PDF 兼容文件 (C)
嵌入 ICC 配置文件 (P)
使用压缩 (R)
透明度
警告
确定
取消

图 1-69

只在第一次创建文件时，选择“存储”命令会弹出“存储为”对话框，再次存储将不弹出“存储为”对话框。选择“存储为”命令，也会弹出“存储为”对话框。

2.“存储为”命令

如果要将文件存为另外的名称或其他格式，或者更改存储位置时，可以执行“文件 / 存储为”命令，或使用快捷键“Shift+Ctrl+S”。在弹出的“存储为”对话框中可以对名称、格式、路径等选项进行更改并将文件另存，如图 1-70 所示。

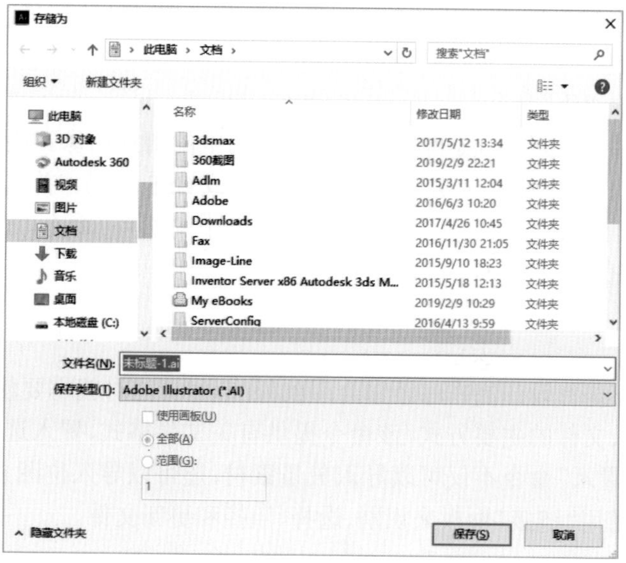
存储为
此电脑 › 文档 ›
搜索"文档"
组织 ▾
新建文件夹
此电脑
3D 对象
Autodesk 360
视频
图片
文档
下载
音乐
桌面
本地磁盘 (C:)
名称
修改日期
类型
3dsmax 2017/5/12 13:34 文件夹
360截图 2019/2/9 22:21 文件夹
Adlm 2015/3/11 12:04 文件夹
Adobe 2016/6/3 10:20 文件夹
Downloads 2017/4/26 10:45 文件夹
Fax 2016/11/30 21:05 文件夹
Image-Line 2015/9/10 18:23 文件夹
Inventor Server x86 Autodesk 3ds M... 2015/5/18 12:13 文件夹
My eBooks 2019/2/9 10:29 文件夹
ServerConfig 2016/4/13 9:59 文件夹
文件名(N): 未标题-1.ai
保存类型(T): Adobe Illustrator (*.AI)
使用画板(U)
全部(A)
范围(G):
1
隐藏文件夹
保存(S)
取消

图 1-70

3.“存储副本”命令

如果想要将当前编辑效果快速保存并且不希望在原始文件上发生改动，可以选择“文件 / 存储副本”命令或使用快捷键“Ctrl+Alt+S”。在弹出的“存储副本”对话框中可以看到当前文件名被软件自动命名为“原名称 +_ 复制”。执行该命令即存储了当前状态下文档的一个副本，而不影响原文档及其名称，如图 1-71 所示。

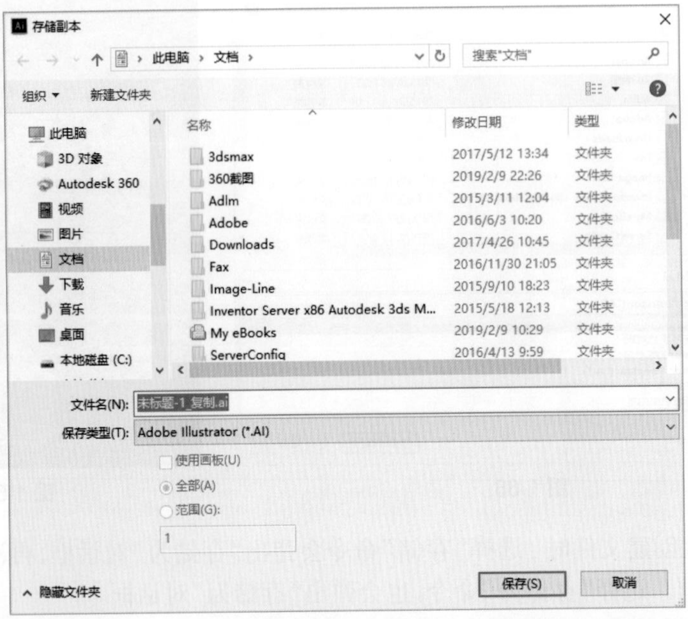
存储副本
此电脑 › 文档 ›
搜索"文档"
组织
新建文件夹
此电脑
3D 对象
Autodesk 360
视频
图片
文档
下载
音乐
桌面
本地磁盘 (C:)
名称
修改日期
类型
3dsmax 2017/5/12 13:34 文件夹
360截图 2019/2/9 22:26 文件夹
Adlm 2015/3/11 12:04 文件夹
Adobe 2016/6/3 10:20 文件夹
Downloads 2017/4/26 10:45 文件夹
Fax 2016/11/30 21:05 文件夹
Image-Line 2015/9/10 18:23 文件夹
Inventor Server x86 Autodesk 3ds M... 2015/5/18 12:13 文件夹
My eBooks 2019/2/9 10:29 文件夹
ServerConfig 2016/4/13 9:59 文件夹
文件名(N): 未标题-1_复制.ai
保存类型(T): Adobe Illustrator (*.AI)
使用画板(U)
全部(A)
范围(G):
1
隐藏文件夹
保存(S)
取消

图 1-71

4.“存储为模板”命令

使用模板可以创建共享通用设置和设计元素的新文档。例如，如果需要设计一系列外观和质感相似的名片，那么可以创建一个模板，为其设置所需的画板大小、视图设置（如参考线）和打印选项。该模板还可以包含通用设计元素（如徽标）的符号以及颜色色板、画笔和图形样式的特定组合，如图 1-72 所示。

5.“存储选中的切片”命令

使用“存储选中的切片”命令可以导出和优化选中的切片图像。该命令会将选中的切片存储为单独的文件并生成显示切片所需的 HTML 或 CSS 代码。首先需要使用切片选择工具选中需要存储的切片，然后选择“文件 / 存储选中的切片”命令，设置参数并单击“保存”按钮，选择存储位置及类型。

1.7.4 置入文件

使用 Illustrator 进行设计制作时经常会用到外部素材，这时就需要使用到“置入”命令，“置入”命令是导入文件的主要方式，该命令提供有关文件格式、置入选项和颜色的最高级别的支持。使用“置入”命令不仅可以导入矢量素材，还可以导入位图素材以及文本文件。置入文件后，可以使用“链接”面板来识别、选择、监控和更新文件。

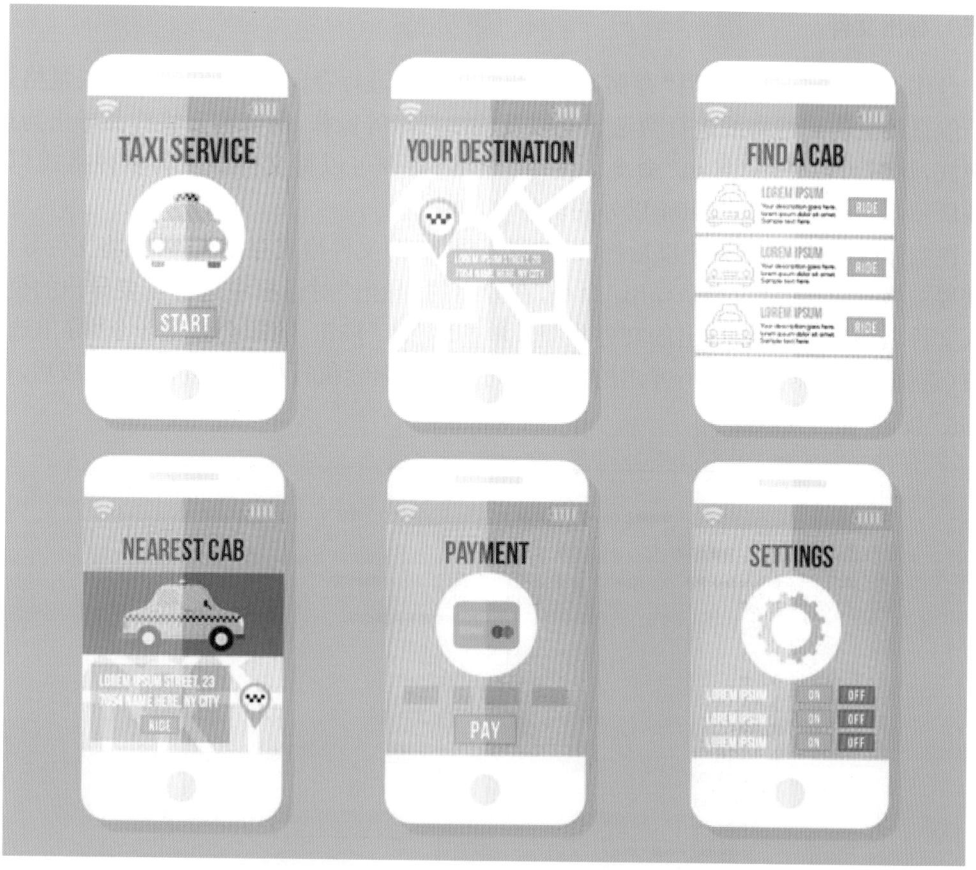

TAXI SERVICE
START
YOUR DESTINATION
FIND A CAB
LOREM IPSUM
RIDE
NEAREST CAB
LOREM IPSUM STREET, 23
7054 NAME HERE, NY CITY
PAYMENT
PAY
SETTINGS
LOREM IPSUM
ON
OFF

图 1-72

选择“文件 / 置入”命令，在弹出的“置入”对话框中单击所有格式右侧的小箭头，即可打开文件类型下拉列表，可以看到置入文件的类型。在“置入”对话框中选择要置入的文件，选中“链接”复选框可创建文件的链接，取消选中“链接”复选框可将图稿嵌入 Illustrator 文档，如图 1-73 所示。

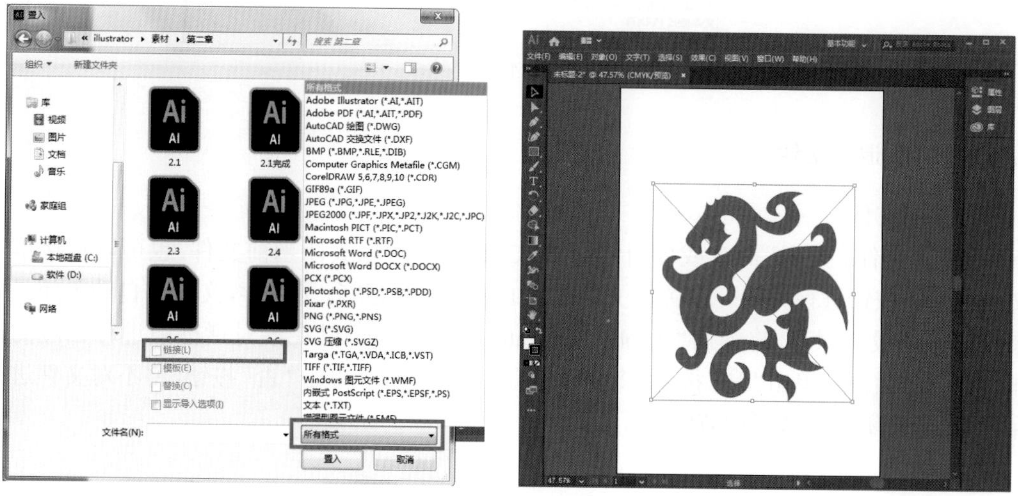

置入
illustrator ▸ 素材 ▸ 第二章
组织 ▾
新建文件夹
库
视频
图片
文档
音乐
家庭组
计算机
本地磁盘 (C:)
软件 (D:)
网络
所有格式
Adobe Illustrator (*.AI,*.AIT)
Adobe PDF (*.AI,*.AIT,*.PDF)
AutoCAD 绘图 (*.DWG)
AutoCAD 交换文件 (*.DXF)
BMP (*.BMP,*.RLE,*.DIB)
Computer Graphics Metafile (*.CGM)
CorelDRAW 5,6,7,8,9,10 (*.CDR)
GIF89a (*.GIF)
JPEG (*.JPG,*.JPE,*.JPEG)
Macintosh PICT (*.PIC,*.PCT)
Microsoft RTF (*.RTF)
Microsoft Word (*.DOC)
Microsoft Word DOCX (*.DOCX)
PCX (*.PCX)
Photoshop (*.PSD,*.PSB,*.PDD)
Pixar (*.PXR)
PNG (*.PNG,*.PNS)
SVG (*.SVG)
SVG 压缩 (*.SVGZ)
Targa (*.TGA,*.VDA,*.ICB,*.VST)
TIFF (*.TIF,*.TIFF)
Windows 图元文件 (*.WMF)
内嵌式 PostScript (*.EPS,*.EPSF,*.PS)
文本 (*.TXT)
链接(L)
模板(E)
替换(C)
显示导入选项(I)
文件名(N):
置入
取消

图 1-73

1.7.5 导出文件

当作品制作完成后，使用“存储”命令可以将文件进行存储，但通常情况下矢量格式文件不能直接上传到网络或进行快速预览以及输出打印等操作，所以需要将作品导出为适合的格式，这时可以使用“导出”命令。使用“导出”命令可以将文件导出为多种格式（如图 1-74 所示），以便于在 Illustrator 以外的软件中使用。

在实际应用时，为了方便以后修改，建议先以 AI 源文件格式存储文件，再将文件导出为所需要的格式。选择“文件 / 导出”命令，在弹出的“导出”对话框中选择需要导出的位置，输入文件名后，选择需要导出的文件类型。单击“导出”按钮，随即会弹出一个“导出选项”窗口（选择不同的导出格式所弹出的窗口不同），然后继续执行相关设置，设置完成后，单击“确定”按钮，即可完成操作。

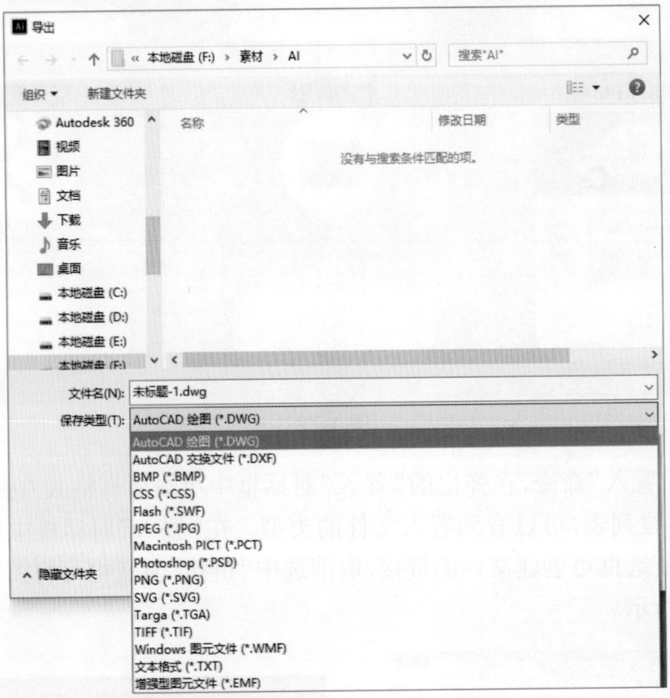
导出
« 本地磁盘 (F:) › 素材 › AI
搜索"AI"
组织 ▾
新建文件夹
Autodesk 360
视频
图片
文档
下载
音乐
桌面
本地磁盘 (C:)
本地磁盘 (D:)
本地磁盘 (E:)
名称
修改日期
类型
没有与搜索条件匹配的项。
文件名(N): 未标题-1.dwg
保存类型(T): AutoCAD 绘图 (*.DWG)
AutoCAD 绘图 (*.DWG)
AutoCAD 交换文件 (*.DXF)
BMP (*.BMP)
CSS (*.CSS)
Flash (*.SWF)
JPEG (*.JPG)
Macintosh PICT (*.PCT)
Photoshop (*.PSD)
PNG (*.PNG)
SVG (*.SVG)
Targa (*.TGA)
TIFF (*.TIF)
Windows 图元文件 (*.WMF)
文本格式 (*.TXT)
增强型图元文件 (*.EMF)
隐藏文件夹

图 1-74

1.7.6 关闭、退出文件

1. 关闭文件

选择“文件 / 关闭”命令或使用快捷键“Ctrl+W”，可以关闭当前文件，也可以直接单击文档栏中的按钮进行关闭。在关闭文件时，如果文件已经进行了保存，文件将自动关闭。如果该文件还没有保存，将弹出“Adobe Illustrator”对话框，可以在该对话框中进行相应的操作。在该对话框中单击“是”按钮，将文件保存后关闭文件，单击“否”按钮，将不对文件进行保存，直接关闭文件，如图 1-75 所示。

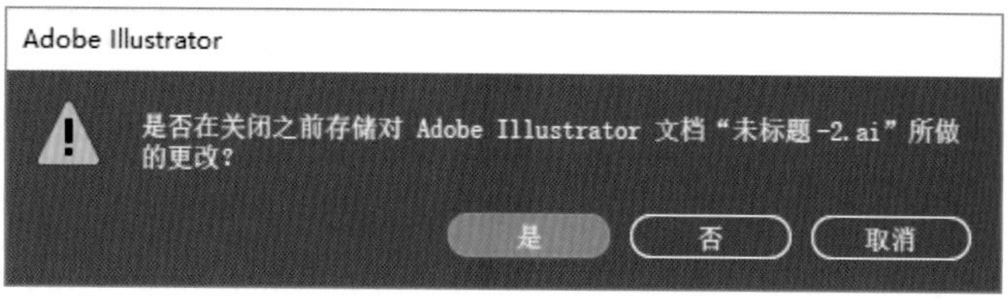
Adobe Illustrator
是否在关闭之前存储对 Adobe Illustrator 文档“未标题-2.ai”所做的更改?
是
否
取消

图 1-75

2. 退出文件

选择“文件 / 退出”命令或使用快捷键“Ctrl+Q”可以退出“Illustrator，如果运行的文件全部都保存完成了，那么文件将依次进行关闭，并退出 Illustrator 软件，如果其中包含未保存的文件，在关闭相应的文件时会弹出“Adobe Illustrator”对话框，可以在该对话框中进行相应的操作，如图 1-75 所示。在该对话框中单击“是”按钮，将文件保存后关闭文件；单击“否”按钮，将不对文件进行保存，直接关闭文件。

1.7.7　恢复图像

选择“文件 / 恢复”命令或使用快捷键“F12”，可以将文件恢复到上次存储的版本，但如果已关闭文件，则无法执行此操作。

1.7.8　文档设置

选择“文件 / 文档设置”命令或单击属性栏中的“文档设置”按钮，如图 1-76 所示，在弹出的“文档设置”对话框中可以随时更改文档的默认设置选项，如单位、出血、透明度和叠印选项（如图 1-77 所示）以及文字设置，例如语言、引号样式、上标字和下标字大小以及可导出性（如图 1-78 所示）。

未选择对象
描边：
1 pt
等比
5 点圆形
不透明度：
100%
样式：
文档设置
首选项

图 1-76

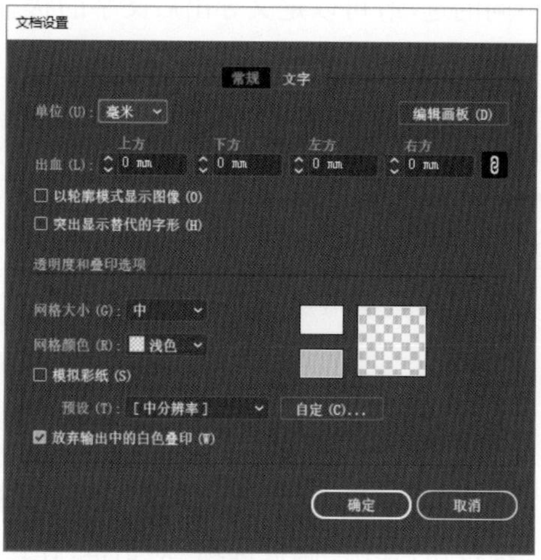
文档设置
常规
文字
单位 (U)：
毫米
编辑画板 (D)
上方
下方
左方
右方
出血 (L)：
0 mm
以轮廓模式显示图像 (O)
突出显示替代的字形 (H)
透明度和叠印选项
网格大小 (G)：
中
网格颜色 (R)：
浅色
模拟彩纸 (S)
预设 (T)：
[中分辨率]
自定 (C)...
放弃输出中的白色叠印 (W)
确定
取消

图 1-77

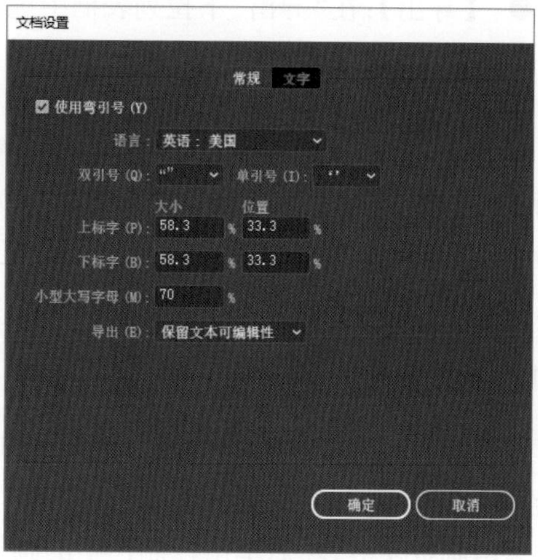
文档设置
常规
文字
使用弯引号 (Y)
语言：
英语：美国
双引号 (Q)：
单引号 (I)：
大小
位置
上标字 (P)：
58.3
33.3
下标字 (B)：
58.3
33.3
小型大写字母 (M)：
70
导出 (E)：
保留文本可编辑性
确定
取消

图 1-78

- 【单位】：在“单位”下拉列表中选择不同选项，定义调整文档时使用的单位。
- 【出血】：在“出血”选项组的 4 个文本框中，设置“上方”“下方”“左方”和“右方”文本框中的参数，重新调整“出血线”的位置。通过单击“链接按钮”，可以统一所有方向的“出血线”的位置。
- 【编辑画板】：通过单击“编辑画板”按钮可以对文档中的画板进行重新调整。
- 【以轮廓模式显示图像】：当选中“以轮廓模式显示图像”复选框时，文档将只显示图像的轮廓线，从而节省计算时间。
- 【突出显示替代的字形】：选中“突出显示替代的字形”复选框时，将突出显示文档中被替代的字形。
- 【网格颜色】：在“网格大小”下拉列表框中选择不同的选项，可以定义透明网格的颜色。如果列表中的选项都不是要使用的，可以在右侧的两个颜色按钮中进行调整，重新定义自定义的网格颜色。
- 【模拟彩纸】：如果计划在彩纸上打印文档，则选中“模拟彩纸”复选框。
- 【预设】：在“预设”下拉列表框中选择不同的选项，可以定义导出和剪贴板透明度拼合器的设置。
- 【使用弯引号】：当选中“使用弯引号”复选框时，文档将采用中文中的引号效果，并不是使用英文中的直引号，反之则效果相反。
- 【语言】：在“语言”下拉列表框中选中不同的选项，可以定义文档中文字的检查语言规则。
- 【双引号 / 单引号】：在“双引号”和“单引号”下拉列表框中选择不同的选项，可以定义相应引号的样式。
- 【上标字 / 下标字】：在“上标字”和“下标字”两个选项中，调整“大小”和“位置”中的参数，可以定义相应角标的尺寸和位置。
- 【小型大写字母】：在“小型大写字母”文本框中输入相应的数值，可以定义小型大写字母占原始大写字母尺寸的百分比。
- 【导出】：在“导出”下拉列表框中选择不同的选项，可以定义导出后文字的状态。

1.8 画板的使用

在 Illustrator 中画板表示包含可打印图的区域，根据大小的不同，每个文档可以有 1~100 个画板，可以在最初创建文档时指定文档的画板数，在处理文档的过程中可以随时添加和删除画板，如图 1-79 所示。Illustrator 还提供了使用“画板”面板重新排序和重新排列画板的选项，还可以为画板指定自定义名称，并为画板设置参考点。

1.8.1 画板工具

使用画板工具可以随意创建不同大小的画板，也可以调整画板大小，并且可以将画板放在绘图区域的任何位置，甚至可以让画板彼此重叠。双击工具栏中的“画板工具”按钮或者单击画板工具，然后单击控制栏中的画板选项按钮，弹出“画板选项”对话框，在该对话框中进行相应的设置，如图 1-80 所示。

HAPPY
DAY
CUTE
BEAR
GOOD
DAY

图 1-79

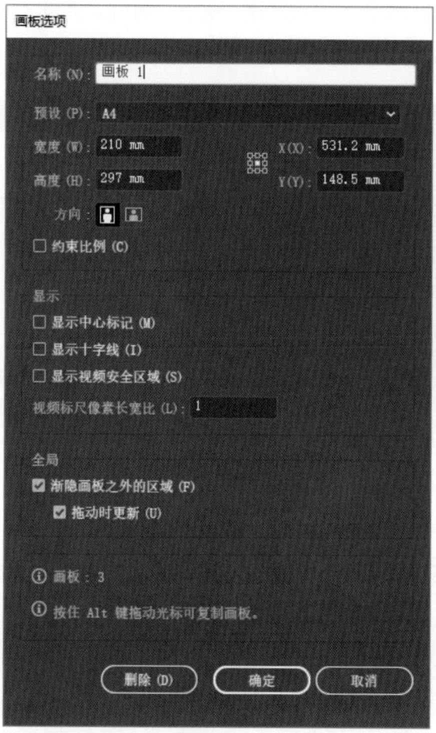
画板选项
名称 (N)：画板 1
预设 (P)：A4
宽度 (W)：210 mm
高度 (H)：297 mm
X(X)：531.2 mm
Y(Y)：148.5 mm
方向：
约束比例 (C)
显示
显示中心标记 (M)
显示十字线 (I)
显示视频安全区域 (S)
视频标尺像素长宽比 (L)：1
全局
渐隐画板之外的区域 (F)
拖动时更新 (U)
画板：3
按住 Alt 键拖动光标可复制画板。
删除 (D)
确定
取消

图 1-80

● 【预设】：指定画板尺寸。这些预设为指定输出设置了相应的视频标尺像素长宽比。

● 【宽度 / 高度】：指定画板大小。

● 【方向】：指定横向或纵向页面方向。

● 【约束比例】：如果手动调整画板大小，则保持画板长宽比不变。

● 【X/Y】：根据 Illustrator 工作区标尺来指定画板位置，要查看这些标尺，需选择“视图 / 显示标尺”命令。

● 【显示中心标记】:在画板中心显示一个点。

● 【显示十字线】:显示通过画板每条边中心的十字线。

● 【显示视频安全区域】:显示参考线,这些参考线表示位于可查看的视频区域内的区域。需要将用户必须查看的所有文本和图稿都放在视频安全区域内。

● 【视频标尺像素长宽比】:指定用于视频标尺的像素长宽比。

● 【渐隐画板之外的区域】:当画板工具处于限用状态时,显示的画板之外的区域比画板内的区域暗。

● 【拖动时更新】:在拖动画板以调整其大小时,使画板之外的区域变暗。如果未选中该复选框,则在调整画板大小时,画板外部区域与内部区域显示的颜色相同。

● 【画板】:指示存在的画板数。

1.8.2 “画板”面板

在“画板”面板中可以对画板进行新建、复制、删除、重新排列等操作。选择“窗口 / 画板”命令,打开“画板”面板,如图 1-81 所示。

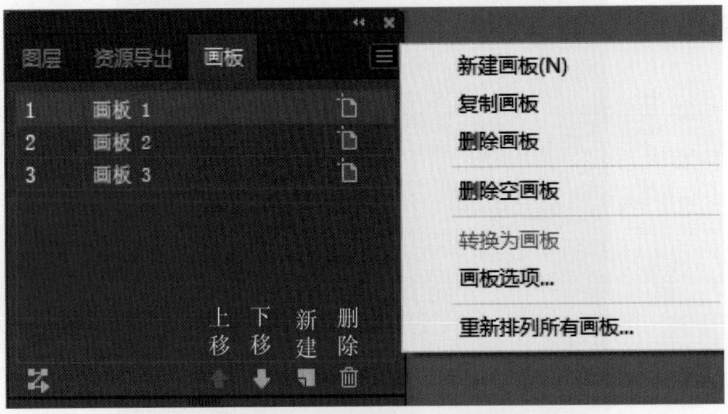
图层
资源导出
画板
1 画板 1
2 画板 2
3 画板 3
上移
下移
新建
删除
新建画板(N)
复制画板
删除画板
删除空画板
转换为画板
画板选项...
重新排列所有画板...

图 1-81

1. 新建画板

单击“画板”面板底部的“新建画板”按钮,或从“画板”面板菜单中选择“新建画板”命令。

2. 使用“画板”面板复制画板

选择要复制的一个或多个画板,将其拖动到“画板”面板的“新建面板”按钮上,即可快速复制一个或多个画板。或在“画板”面板菜单中选择“复制画板”命令。

3. 删除一个或多个画板

选择要删除的画板,若要删除多个画板,按住“Shift”键单击“画板”面板中列出的画板。然后单击“画板”面板底部的“删除画板”按钮,或选择“画板”面板菜单中的“删除画板”命令。若要删除多个不连续的画板,按住“Ctrl”键并在“画板”面板上单击画板。

4. 重新排列画板

若要重新排列“画板”面板中的画板,可以选择“画板”面板菜单中的“重新排列所有画板 ...”命令,在弹出的对话框中进行相应的设置。

1.9　辅助工具

常用的轴助工具包括标尺、网格、参考线等，借助这些辅助工具可以进行参考、对齐、定位等操作，对于绘制精确度较高的图稿能够给予很大的帮助。

1.9.1　标尺

标尺可以准确定位和度量绘图窗口或画板中的对象。

1. 使用标尺

在默认情况下标尺处于隐藏状态，执行“视图 / 标尺 / 显示标尺”命令或使用快捷键“Ctrl+R”，可以在画板窗口中显示标尺，标尺出现在绘图窗口的顶部和左侧。如果需要隐藏标尺，可以执行“视图 / 标尺 / 隐藏标尺”命令或再次使用快捷键“Ctrl+R”，如图 1-82 所示。

文件(F) 编辑(E) 对象(O) 文字(T) 选择(S) 效果(C) 视图(V) 窗口(W) 帮助(H)
DAY
CUTE
BEAR

图 1-82

2. 画板标尺和全局标尺

在 Illustrator 中包含两种标尺：画板标尺和全局标尺。如果要在画板标尺和全局标尺之间切换，执行“视图 / 标尺 / 更改为全局标尺”命令或“视图 / 标尺 / 更改为画板标尺”命令即可。Illustrator 在默认情况下显示的是画板标尺。

画板标尺的原点位于画板的左上角，在选中不同画板时，画板标尺也会发生变化，如图 1-83 所示；全局标尺显示在绘图窗口的顶部和左侧，默认标尺原点位于绘图窗口的左上角，如图 1-84 所示。

HAPPY
DAY
CUTE
BEAR

图 1-83

HAPPY
DAY
CUTE
BEAR

图 1-84

在每个标尺上显示 0 的位置称为标尺原点。要更改标尺原点，将鼠标光标移到左上角，然后将鼠标光标拖到所需的新标尺原点处。当进行拖动时，窗口和标尺中的十字线会指示不断变化的全局标尺原点；双击左上角的 X/Y 轴相交处可恢复默认标尺原点。

Illustrator 的标尺中只显示数值，不显示单位，但其实单位是存在的。如果要调整单位，可以在任意标尺上右击，在弹出的快捷菜单中选择要使用的度量单位，此时标尺中的数值随之发生变化，如图 1-85 所示。

传统基本功能
文件(F) 编辑(E) 对象(O) 文字(T) 选择(S) 效果(C) 视图(V) 窗口(W) 帮助(H)
未选择对象
描边：
5 点圆形
不透明度 样式：
未标题-2* @ 33.33% (RGB/预览)
pt
派卡
英寸
毫米
厘米
Ha
像素
更改为全局标尺(C)
DAY
CUTE
BEAR

图 1-85

1.9.2 网格

在 Illustrator 中，网格的作用与参考线的作用相同，它们常被用于精确创建和编辑对象的辅助操作。在创建和编辑对象时，用户还可以通过选择“视图”菜单中的相关命令使对象能够自动对齐到网格上。

选择“视图 / 显示网格”命令，或者按下“Ctrl+′”快捷键，即可在工作界面中显示网格，如图 1-86 所示。在显示网格后，通过选择“视图 / 隐藏网格”命令或者按下“Ctrl+′”快捷键，可以将工作界面中显示的网格隐藏起来。网格作为辅助工具，输出打印时是不可见的。

要指定网格线间距、网格样式（线或点）、网格颜色，或指定网格是出现在图稿前面还是后面，需选择“编辑 / 首选项 / 参考线和网格”命令，如图 1-87 所示。

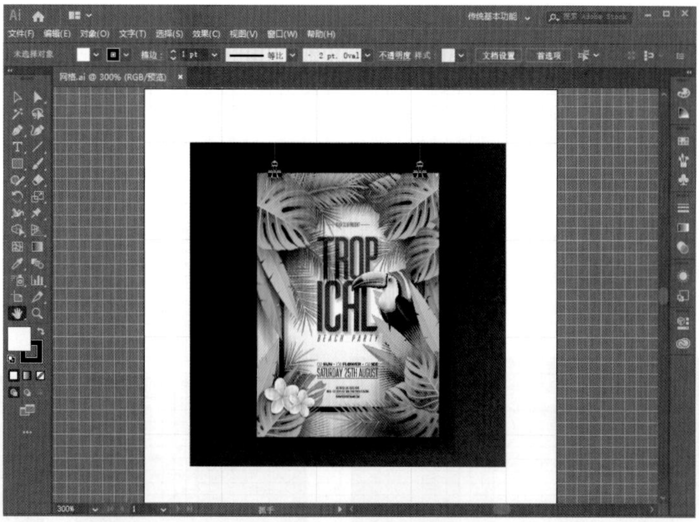

图 1-86

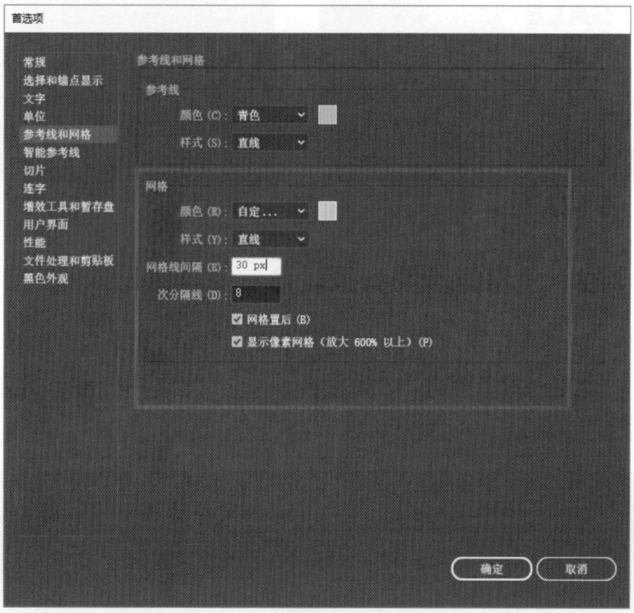
首选项
常规
选择和锚点显示
文字
单位
参考线和网格
智能参考线
切片
连字
增效工具和暂存盘
用户界面
性能
文件处理和剪贴板
黑色外观
参考线和网格
参考线
颜色 (C)：青色
样式 (S)：直线
网格
颜色 (R)：自定...
样式 (Y)：直线
网格线间隔 (E)：30 px
次分隔线 (D)：8
网格置后 (B)
显示像素网格（放大 600% 以上）(P)
确定
取消

图 1-87

1.9.3　参考线

在 Illustrator 中，参考线指的是放置在工作区中用于辅助用户创建和编辑对象的垂直和水平直线，也被称为辅助线，同网格一样输出打印时是不可见的。参考线可分为两种：一种是普通参考线，另一种是智能参考线。在默认情况下，自由创建的各种参考线可以直接显示在工作区中，并且为锁定状态，但是可以根据需要将其隐藏或解锁。另外，在默认情况下，将对象移至参考线附近时，该对象将自动与参考线对齐。

1. 创建参考线

若要创建普通参考线，可以在水平标尺或垂直标尺中按下鼠标左键并拖动，从标尺中拖出参考线，然后在工作区的适当位置释放鼠标，即可在工作区中创建出水平或垂直参考线，如图 1-88 所示。

2. 智能参考线

智能参考线的出现可以帮助用户精确地创建形状、对齐对象、轻松地移动和变换对象。选择“编辑 / 首选项 / 智能参考线”命令，在打开的“智能参考线”页面中进行相应的设置，如图 1-89 所示。

MEGA
Summer
SALE
UPTO 70% OFF
SHOP NOW

图 1-88

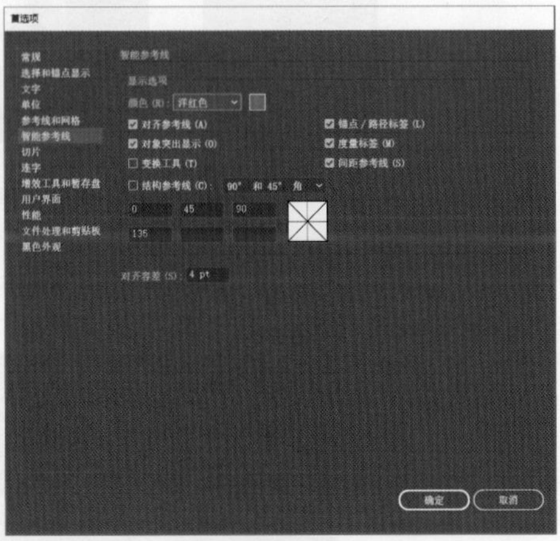
首选项
智能参考线
显示选项
确定
取消

图 1-89

1.10 综合案例实战——海洋沙滩海报设计

（1）执行“文件 / 新建”命令，“空白文档预设”为“A4”大小在“新建文档”对话框中设置文件名称为“海洋沙滩海报”，“方向”为横向，单击“确定”按钮完成文档创建操作，如图 1-90 所示。

最近使用项
已保存
移动设备
Web
打印
胶片和视频
图稿和插图
空白文档预设 (7)
Letter
215.9 x 279.4 mm
A4
210 x 297 mm
Legal
215.9 x 355.6 mm
Tabloid
279.4 x 431.8 mm
查看全部预设信息 +
模板 (35)
Geometric Eclipse Poster
免费
Floral Valentine's Day Card
免费
Violet Studio Posters and Station...
免费
在 Adobe Stock 上查找更多模板
前往
预设详细信息
海洋沙滩海报
宽度
297 mm
毫米
高度
方向
画板
210 mm
1
出血
上
下
0 mm
0 mm
左
右
0 mm
0 mm
高级选项
颜色模式:CMYK, PPI:300
更多设置
创建
关闭

图 1-90

（2）选择“文件 / 置入”命令，在弹出的对话框中选择“素材 1.jpg”，取消选中“链接”复选框，然后单击“置入”按钮，如图 1-91 所示。

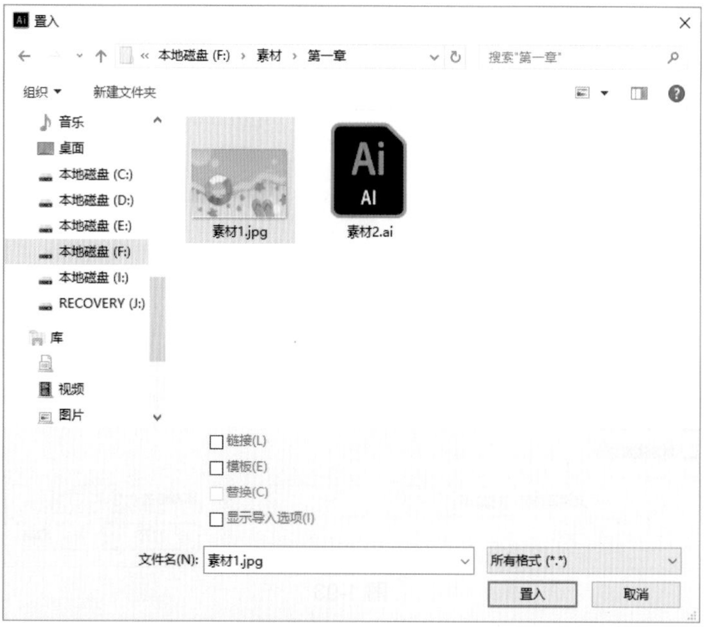
置入
本地磁盘 (F:) › 素材 › 第一章
搜索"第一章"
组织
新建文件夹
音乐
桌面
本地磁盘 (C:)
本地磁盘 (D:)
本地磁盘 (E:)
本地磁盘 (F:)
本地磁盘 (I:)
RECOVERY (J:)
库
视频
图片
素材1.jpg
素材2.ai
链接(L)
模板(E)
替换(C)
显示导入选项(I)
文件名(N): 素材1.jpg
所有格式 (*.*)
置入
取消

图 1-91

（3）将鼠标光标定位到画面左上角，按住鼠标左键向右下角拖拽，背景素材被置入到文档中，如图 1-92 所示。

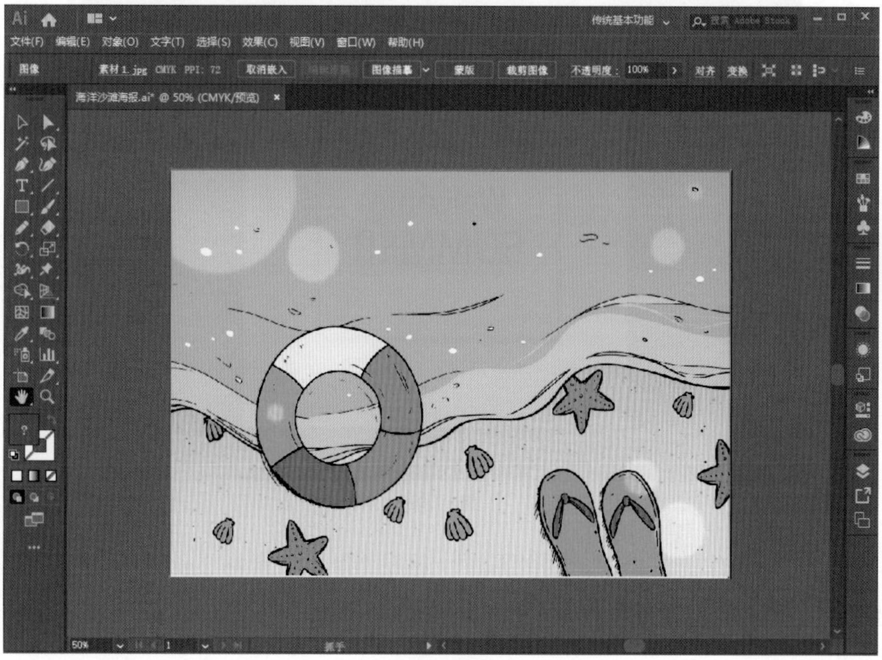
文件(F) 编辑(E) 对象(O) 文字(T) 选择(S) 效果(C) 视图(V) 窗口(W) 帮助(H)
传统基本功能
图像
取消嵌入
图像描摹
蒙版
裁剪图像
不透明度
对齐
变换
海洋沙滩海报.ai* @ 50% (CMYK/预览)

图 1-92

（4）接下来为画面添加标题文字，再选择“文件 / 打开”命令，再选择“素材 2.ai”，单击“打开”按钮，如图 1-93 所示。

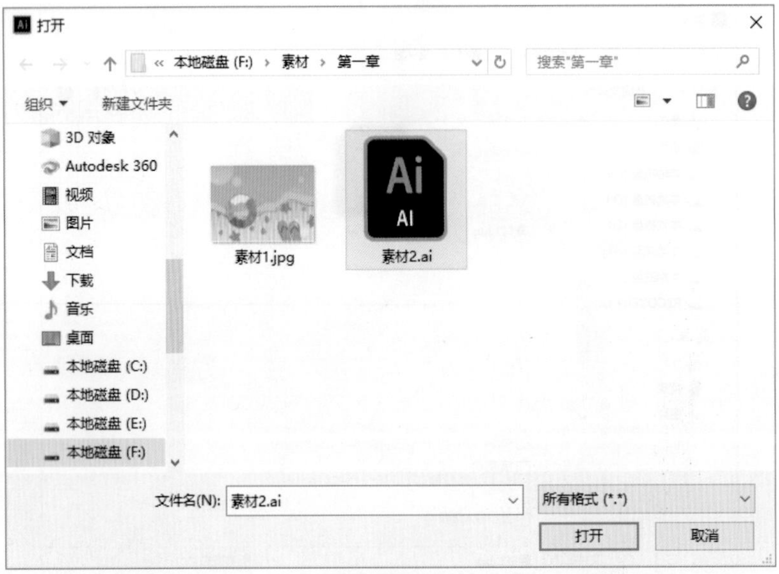
打开
本地磁盘 (F:) › 素材 › 第一章
搜索"第一章"
组织 ▾
新建文件夹
3D 对象
Autodesk 360
视频
图片
文档
下载
音乐
桌面
本地磁盘 (C:)
本地磁盘 (D:)
本地磁盘 (E:)
本地磁盘 (F:)
素材1.jpg
Ai
AI
素材2.ai
文件名(N):
素材2.ai
所有格式 (*.*)
打开
取消

图 1-93

（5）“素材 2.ai”被打开，然后在这个文档中选择“选择 / 全部”命令，接着选择“编辑 / 复制”命令，效果如图 1-94 所示。

Welcome
SUMMER

图 1-94

（6）回到之前操作的文档中，选择“编辑 / 粘贴”命令，“素材 2.ai”中的元素都被粘贴到当前文档中了，将其移动到合适位置，如图 1-95 所示。

Welcome
SUMMER

图 1-95

（7）海报制作完成，接下来需要保存文件。选择“文件 / 存储为”命令，在弹出的对话框中设置合适的储存位置、合适的名称，“保存类型”设置为 AI，单击“保存”按钮，如图 1-96 所示。

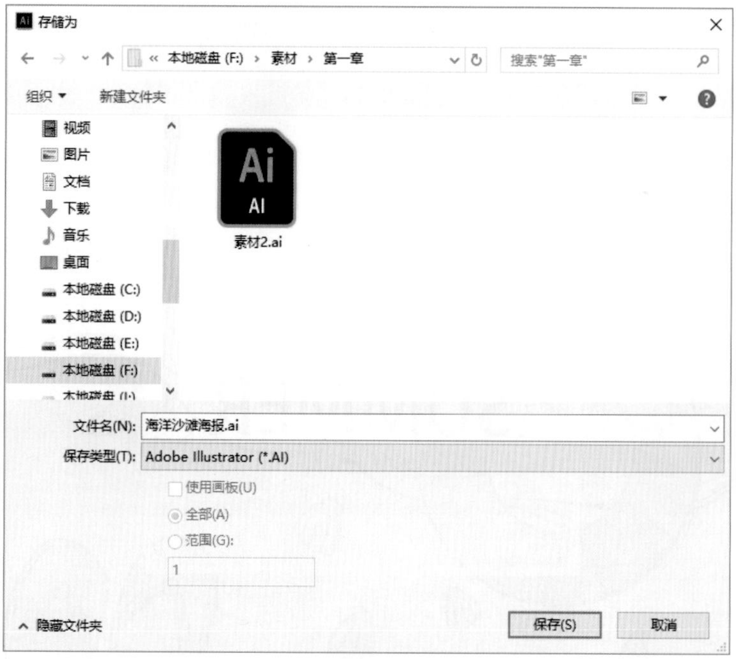
存储为
本地磁盘 (F:)
素材
第一章
搜索"第一章"
组织
新建文件夹
视频
图片
文档
下载
音乐
桌面
本地磁盘 (C:)
本地磁盘 (D:)
本地磁盘 (E:)
本地磁盘 (F:)
Ai
AI
素材2.ai
文件名(N):
海洋沙滩海报.ai
保存类型(T):
Adobe Illustrator (*.AI)
使用画板(U)
全部(A)
范围(G):
1
隐藏文件夹
保存(S)
取消

图 1-96

（8）为了便于日常浏览查看，最后可以将文件保存成方便预览的 JPG 格式图片。选择“文件 / 导出”命令，在弹出的对话框中设置“保存类型”为 JPG，然后单击“导出”按钮，如图 1-97 所示。

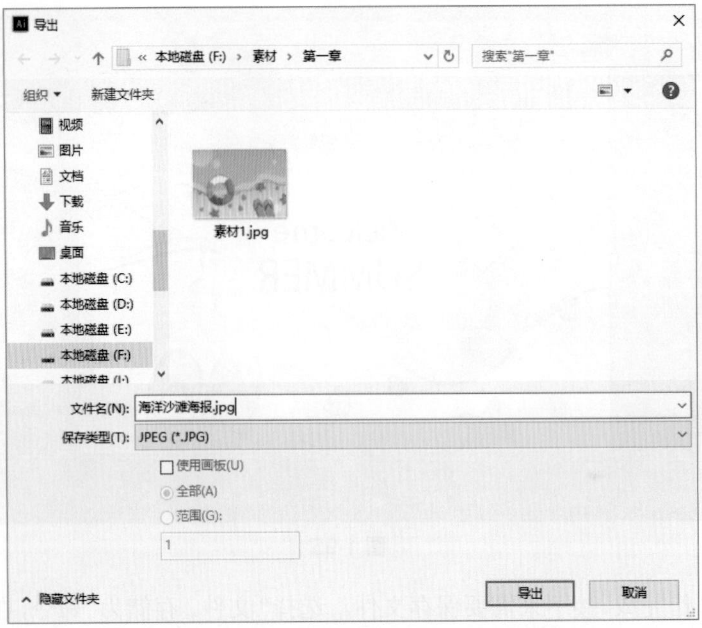
导出
本地磁盘 (F:) › 素材 › 第一章
搜索"第一章"
组织 ▾
新建文件夹
视频
图片
文档
下载
音乐
桌面
本地磁盘 (C:)
本地磁盘 (D:)
本地磁盘 (E:)
本地磁盘 (F:)
素材1.jpg
文件名(N): 海洋沙滩海报.jpg
保存类型(T): JPEG (*.JPG)
使用画板(U)
全部(A)
范围(G):
1
隐藏文件夹
导出
取消

图 1-97

（9）本案例制作完成，如图 1-98 所示。

Welcome
SUMMER

图 1-98

第 2 章 图形的绘制及文字工具

学习目标

- 掌握线型绘图工具和形状绘图工具的使用。
- 掌握各类画笔工具组的使用技巧。
- 掌握橡皮擦工具组的使用方法。
- 掌握文字工具的应用方法。

引言

本章主要讲解 Illustrator 提供的多种可供绘制图形的工具及文字工具，如“直线段工具”“弧形工具”“螺旋线工具”“矩形网格工具”“极坐标网格工具”“矩形工具”“圆角矩形工具”“椭圆形工具”及“多边形工具”等。通过这些工具的使用，可以轻松地绘制常见的基本图形。除此之外，路径的制作经常需要使用到各类画笔工具，如“钢笔工具”“画笔工具”“斑点画笔工具”及“铅笔工具”，以及擦除、切断路径的常用工具—— “橡皮擦工具”。在学习矢量绘图时，还要经常用到文字元素，需要用“文字工具”来进行编辑。这些命令及工具都需要熟练掌握。

2.1 线型绘图工具

在 Illustrator 中，线型绘图工具组是比较常用的绘图工具之一。线型绘图工具组包括“直线段工具”、“弧形工具”、“螺旋线工具”、“矩形网格工具”和“极坐标网格工具”。通过这些工具的使用可以快速准确地绘制出标准的线型对象，如图 2-1 所示。

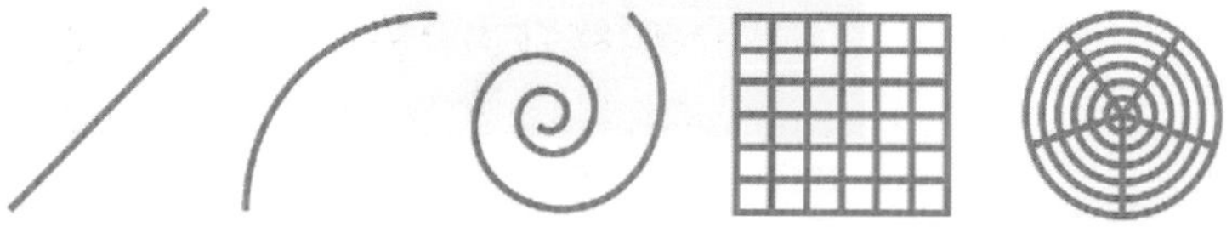
直线段
弧形
螺旋线
矩形网格
极坐标网络

图 2-1

单击工具栏中“直线段工具”按钮右下角的三角标，可以看到 5 种线型工具按钮，如图 2-2 所示。单击工具组板面右侧的三角标，可以使隐藏工具以浮动窗口的模式显示，如图 2-3 所示。

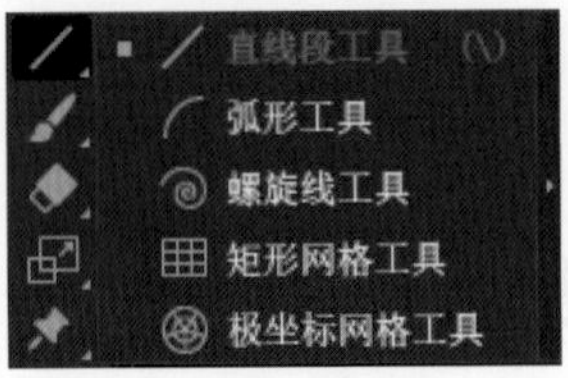
直线段工具 (\)
弧形工具
螺旋线工具
矩形网格工具
极坐标网格工具

图 2-2

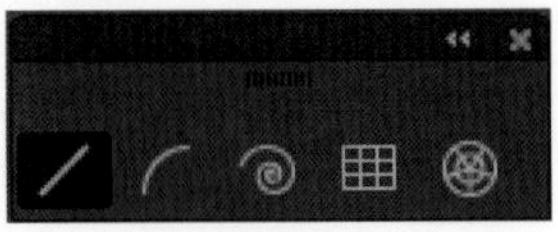

图 2-3

2.2.1 直线段工具

“直线段工具”主要用来绘制不同的直线，可以使用直接绘制的方法来绘制直线段，也可以利用“直线段工具选项”对话框来精确绘制直线段。

在工具栏中单击“直线段工具”按钮，然后在绘图区域的适当位置按下鼠标左键确定直线的起点，然后在按住鼠标不放的情况下向所需要的位置拖动，当到达满意的位置时释放鼠标，即可绘制一条直线段，如图 2-4 所示。

图 2-4

也可以利用“直线段工具选项”对话框来精确绘制直线。首先在工具栏中单击“直线段工具”按钮，然后在绘图区内单击确定起点，将弹出如图 2-5 所示的“直线段工具选项”对话框，在其中的“长度”文本框中输入直线的长度值，在“角度”文本框中输入所绘直线的角度，如果勾选“线段填色”复选框，绘制的直线段将具有内部填充的属性，完成后单击“确定”按钮，即可绘制出直线段。

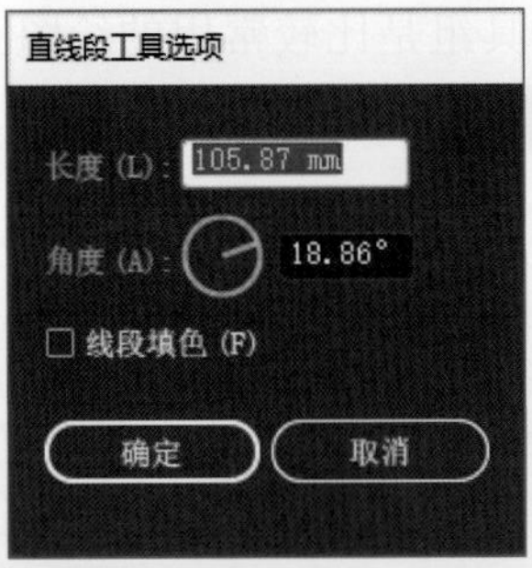
直线段工具选项
长度 (L)： 105.87 mm
角度 (A)： 18.86°
线段填色 (F)
确定
取消

图 2-5

在绘制直线段时，按住“space”键可以移动直线的位置，按住“Shift”键可以绘制出成 45° 整倍数方向的直线，按住“Alt”键可以以单击点为中心向两端延伸绘制直线，按住“~”键的同时拖动鼠标，可以绘制出多条直线段，按住“Alt+~”组合键可以绘制多条以单击点为中心并向两端延伸的直线段。

2.2.2 弧形工具

弧线是许多矢量图形中不可缺少的组成部分。弧形工具的使用方法与绘制直线段的方法相同，利用弧形工具可以绘制任意的弧形和弧线。在工具栏中单击“弧形工具”按钮，然后在绘图区域的适当位置按下鼠标左键确定弧线的起点，按住鼠标不放的情况下向所需要的位置拖动，当到达满意的位置时释放鼠标，即可绘制一条弧线，如图 2-6 所示。

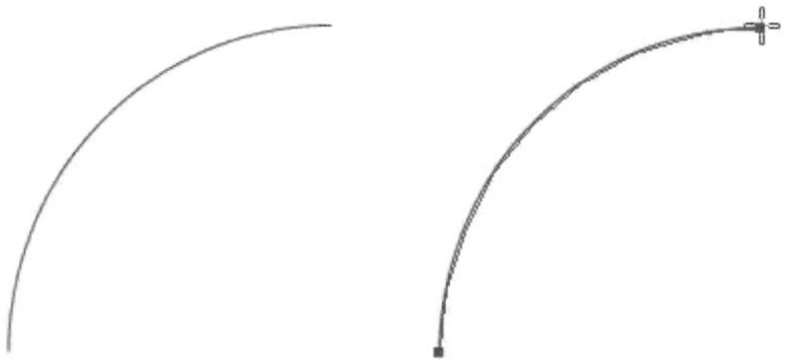

图 2-6

也可以利用“弧线段工具选项”对话框精确绘制弧线或弧形。首先在工具栏中单击“弧形工具”，然后在绘图区内单击确定起点，将弹出如图 2-7 所示的“弧线段工具选项”对话框。在“X 轴长度”文本框中输入弧形水平长度值，在“Y 轴长度”文本框中输入弧形垂直长度值，在“基准点”上可以设置弧线的基准点，在“类型”下拉列表中选择弧形为开放路径或封闭路径，在“基线轴”下拉列表中选择弧形方向，指定 X 轴（水平）或 Y 轴（垂直）基准线，在“斜率”文本框中，指定弧形斜度的方向，负值偏向“凹”方，正值偏向“凸”方，也可以直接拖动下方的滑块来确定斜率，如果勾选“弧线填色”复选框，绘制的弧线将自动填充。

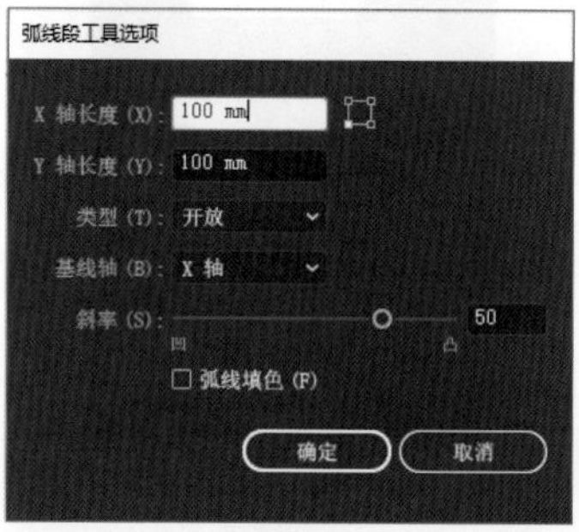
弧线段工具选项
X 轴长度 (X): 100 mm
Y 轴长度 (Y): 100 mm
类型 (T): 开放
基线轴 (B): X 轴
斜率 (S): 50
凹
凸
弧线填色 (F)
确定
取消

图 2-7

在绘制弧形或弧线时，按住“space”键可以移动弧形或弧线，按住“Alt”键可以绘制以单击点为中心向两边延伸的弧形或弧线，按住“~”键可以绘制多条弧线和多个弧形，按住“Alt+ ~”组合键可以绘制多条以单击点为中心并向两端延伸的弧形或弧线。在绘制的过程中，按“C”键可以在开启和封闭弧形间切换，按“F”键可以在原点维持不动的情况下翻转弧形，按向上方向键“↑”或向下方向键“↓”，可以增加或减少弧形角度。

2.2.3 螺旋线工具

螺旋线工具可以根据设定的条件数值绘制螺旋状的图形。在工具栏中单击“螺旋线工具”按钮，然后在绘图区域的适当位置按下鼠标左键确定螺旋线的中心点，随后在按住鼠标左键不放的情况下向外拖动，当到达满意的位置时释放鼠标，即可绘制一条螺旋线，如图 2-8 所示。

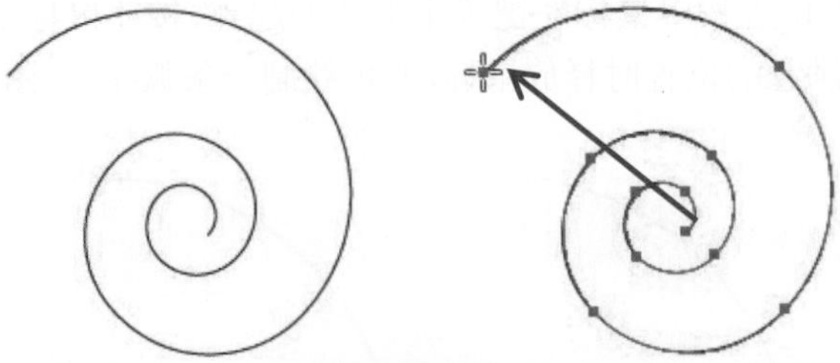

图 2-8

也可以利用“螺旋线”对话框精确绘制螺旋线。首先在工具栏中单击“螺旋线工具”按钮，在绘图区内单击确定螺旋线的中心点，将弹出如图 2-9 所示的“螺旋线”对话框。在“半径”文本框中输入螺旋线的半径值，用来指定螺旋形中心点至最外侧点的距离；在“衰减”文本框中输入螺旋线的衰减值，指定螺旋形的每一圈与前圈相比之下减少的数量；在“段数”文本框中输入螺旋线的区段数，螺旋形状的每一整圈包含 4 个区段，也可单击“上下箭头”来修改段数值；在“样式”选项中设置螺旋线的方向，包括逆时针方向和顺时针方向两种。

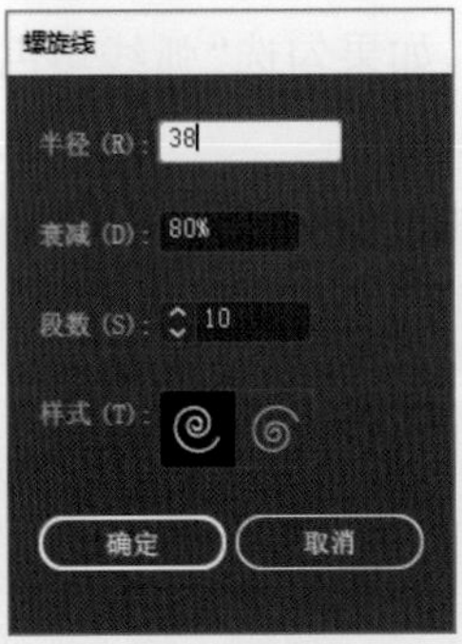
螺旋线
半径 (R)：38
衰减 (D)：80%
段数 (S)：10
样式 (T)：
确定
取消

图 2-9

在绘制螺旋线的过程中，按住“Ctrl”键拖动鼠标，可以修改螺旋线的衰减度大小，拖动时，靠近中心点向里拖动可以增大螺旋线的衰减度，向外拖动可以减小螺旋线的衰减度；按向上方向键“↑”或向下方向键“↓”，可以增加或减少螺旋线的段数；按住“~”键可以绘制多条螺旋线。

2.2.4 矩形网格工具

矩形网格工具可以根据设定的条件数值快速绘制矩形网格。在工具栏中单击“矩形网格工具”按钮，然后在绘图区域的适当位置按下鼠标左键确定矩形网格的起点，然后在按住鼠标左键不放的情况下向需要的位置拖动，当到达满意的位置时释放鼠标，即可绘制一个矩形网格，如图 2-10 所示。

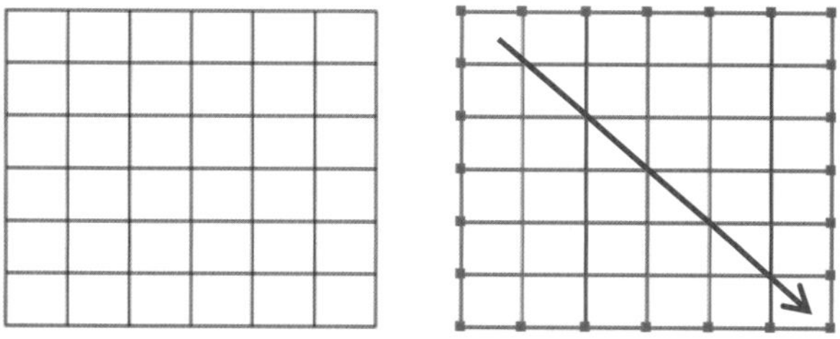

图 2-10

也可以利用“矩形网格工具选项”对话框精确绘制网格。首先在工具栏中单击“矩形网格工具”按钮，在绘图区内单击确定网格的起点，将弹出如图 2-11 所示的“矩形网格工具选项”对话框。

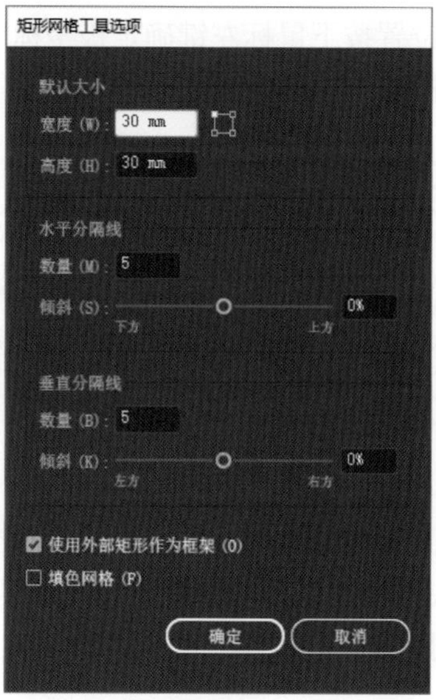
矩形网格工具选项
默认大小
宽度 (W)：30 mm
高度 (H)：30 mm
水平分隔线
数量 (M)：5
倾斜 (S)：0%
下方
上方
垂直分隔线
数量 (B)：5
倾斜 (K)：0%
左方
右方
使用外部矩形作为框架 (O)
填色网格 (F)
确定
取消

图 2-11

- 【默认大小】：设置网格整体的大小。
- 【宽度】：用来指定整个网格的宽度。
- 【高度】：用来指定整个网格的高度。
- 【基准点】：用来设置绘制网格时的参考点，即确认单击时的起点位置位于网格的哪个角。
- 【水平分隔线】：在“数量”文本框中输入在网格上下之间出现的水平分隔线数目，“倾斜”用来决定水平分隔线偏向上方或下方的偏移量。
- 【垂直分隔线】：在“数量”文本框中输入在网格左右之间出现的垂直分隔线数目，“倾斜”用来决定垂直分隔线偏向左方或右方的偏移量。
- 【使用外部矩形作为框架】：将外部矩形作为框架使用，决定是否用一个矩形对象取代上、下、左、右的线段。
- 【填色网格】：勾选该复选框，使用当前的填色颜色填满网格线，否则填充色就会被设定为无。

在绘制矩形网格时，按“Shift”键可以绘制出正方形网格，按“Alt”键可以绘制出以单击点为中心并向两边延伸的网格，按“Shift+Alt”组合键可以绘制出以单击点为中心并向两边延伸的正方形网格，按住“space”键可以移动网格，按向上方向键“↑”或向下方向键“↓”可用来增加或删除水平线段，按向右方向键“→”或向左方向键“←”可用来增加或移除直线段，按“F”键可以让水平分隔线的对数偏斜值减少 10%，按“V”键可以让水平分隔线的对数偏斜值增加 10%，按“X”键可以让垂直分隔线的对数偏斜值减少 10%，按“C”键可以让垂直分隔线的对数偏斜值增加 10%，按住“~”键可以绘制多个网格，按住“Alt+ ~”组合键可以绘制多个以单击点为中心并向两端延伸的网格。

2.2.5 极坐标网格工具

极坐标网格工具的使用方法与矩形网格工具相同。在工具栏中单击“极坐标网格工具”按钮，然后在绘图区的适当位置按下鼠标左键确定极坐标网格的起点，随后在按住鼠标左键不放的情况下向需要的位置拖动，当到达满意的位置时释放鼠标即可，如图 2-12 所示。

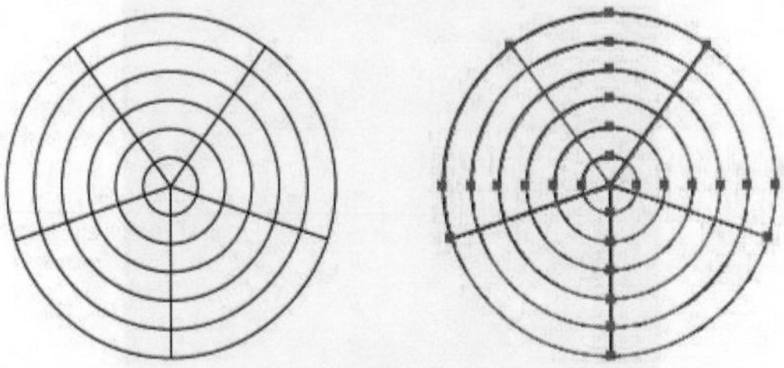

图 2-12

也可以利用“极坐标网格工具选项”对话框精确绘制极坐标网格。首先在工具栏中单击“极坐标网格工具”按钮，在绘图区内单击确定极坐标网格的起点，将弹出如图 2-13 所示的“极坐标网格工具选项”对话框。

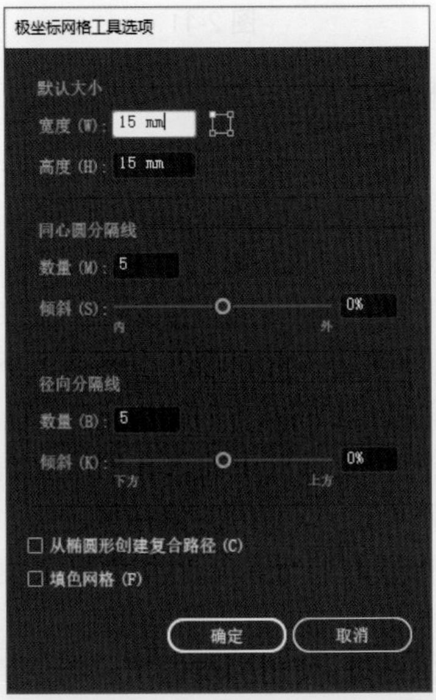
极坐标网格工具选项
默认大小
宽度 (W)： 15 mm
高度 (H)： 15 mm
同心圆分隔线
数量 (M)： 5
倾斜 (S)： 0%
内
外
径向分隔线
数量 (B)： 5
倾斜 (K)： 0%
下方
上方
从椭圆形创建复合路径 (C)
填色网格 (F)
确定
取消

图 2-13

- 【默认大小】：设置极坐标网格的大小。
- 【宽度】：用来指定极坐标网格的宽度。
- 【高度】：用来指定极坐标网格的高度。
- 【基准点】：用来设置绘制极坐标网格时的参考点，即确认单击时的起点位置位于极坐标网格的哪个角。
- 【同心圆分隔线】：在“数量”文本框中输入在网格中出现的同心圆分隔线数目，然后在“倾斜”文本框中输入向内或向外偏移的数值，以决定同心圆分隔线偏向网格内侧或外侧的偏移量。
- 【径向分隔线】：在“数量”文本框中输入在网格圆心和圆周之间出现的径向分隔线数目。然后在“倾斜”文本框中输入向下方或向上方偏移的数值，以确定径向分隔线偏向网格的顺时针或逆时针方向的偏移量。
- 【从椭圆形创建复合路径】：根据椭圆形建立复合路径，可以将同心圆转换为单独的复合路径，而且每隔一个圆就填色。勾选与不勾选该复选框的填充效果对比如图 2-14 所示。
- 【填色网格】：勾选该复选框，将使用当前的填色颜色填满网格，否则默认无填充色。

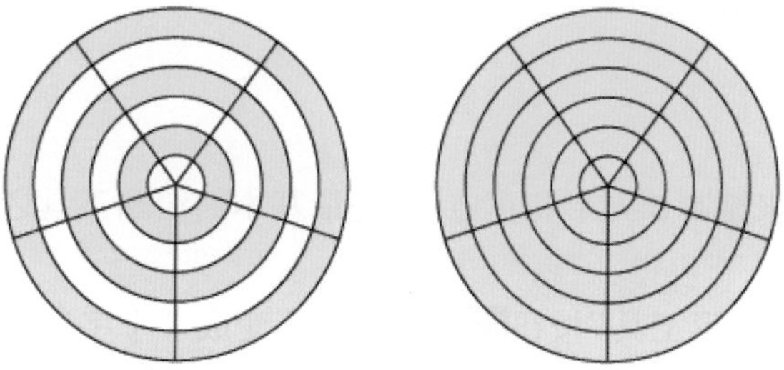

图 2-14

在绘制极坐标网格时，按“Shift”键可以绘制出正圆形极坐标网格，按“Alt”键可以绘制出以单击点为中心并向两边延伸的极坐标网格，按“Shift+Alt”组合键可以绘制出以单击点为中心并向两边延伸的正圆形极坐标网格，按住“space”键可以移动极坐标网格的位置，按向上方向键“↑”或向下方向键“↓”可用来增加或删除同心圆分隔线，按向右方向键“→”或向左方向键“←”可用来增加或移除径向分隔线，按“F”键可以让径向分隔线的对数偏斜值减少 10%，按“V”键可以让径向分隔线的对数偏斜值增加 10%，按“X”键可以让同心圆分隔线的对数偏斜值减少 10%，按“C”键可以让同心圆分隔线的对数偏斜值增加 10%，按“~”键可以绘制多个极坐标网格，按住“Alt+~”组合键可以绘制多个以单击点为中心并向两端延伸的极坐标网格。

2.2 形状绘图工具

Illustrator CC 2019 为用户提供了多种形状工具，利用这些工具可以轻松绘制相应的标准形状，如图 2-15 所示。主要包括“矩形工具”、“圆角矩形工具”、“椭圆工具”、“多边形工具”、“星形工具”和“光晕工具”。

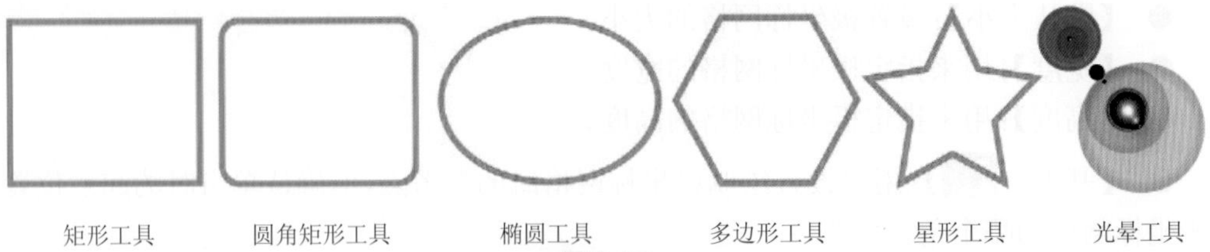
矩形工具
圆角矩形工具
椭圆工具
多边形工具
星形工具
光晕工具

图 2-15

单击工具栏中“矩形工具”按钮右下角的三角标，可以看到 6 种形状工具按钮，如图 2-16 所示。单击工具组板面右侧的三角标，可以使隐藏工具以浮动窗口的模式显示，如图 2-17 所示。

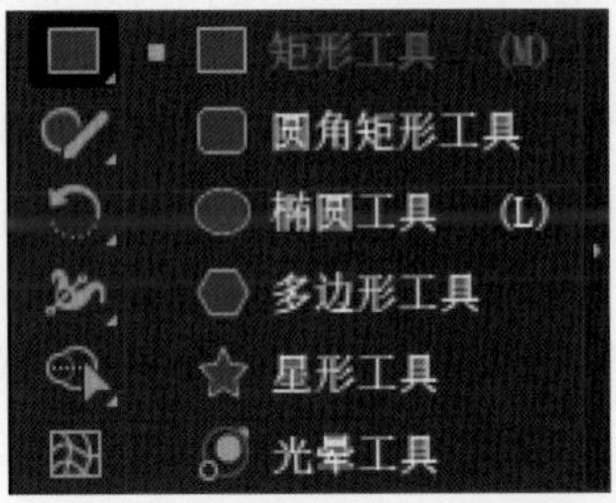
矩形工具 (M)
圆角矩形工具
椭圆工具 (L)
多边形工具
星形工具
光晕工具

图 2-16

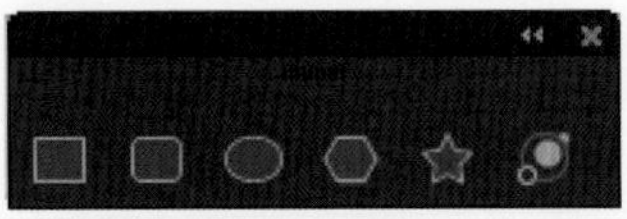

图 2-17

2.2.1 矩形工具

矩形工具主要用来绘制长方形和正方形，是最基本的绘图工具之一，可以使用以下方法来绘制矩形。

在工具栏中单击“矩形工具”按钮，此时光标变成了十字形，然后在绘图区中适当位置按下鼠标左键确定矩形的起点，然后在按住鼠标左键不放的情况下向需要的位置拖拽，当到达满意的位置时释放鼠标即可绘制一个矩形，如图 2-18 所示。当使用“矩形工具”绘制矩形，在拖动鼠标时，起点的位置不变，向不同方向拖动不同距离，可以得到不同形状、不同大小的矩形。

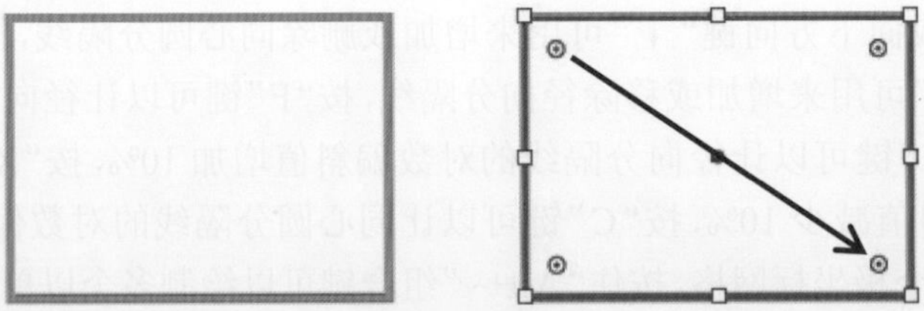

图 2-18

在绘制矩形的过程中，按“Shift”键可以绘制一个正方形，按“Alt”键可以以单击点为中心绘制矩形，按“Shift+Alt”组合键可以以单击点为中心绘制正方形，按“space”键可以移动矩形的位置，按住“~”键可以绘制多个矩形，按住“Alt+~”组合键可以绘制多个以单击点为中心并向两边延伸的矩形。

在绘图过程中，很多情况下需要绘制尺寸精确的图形。如果需要绘制尺寸精确的矩形或正方形，用拖动鼠标的方法显然不行。这时就需要使用“矩形”对话框来精确绘制矩形。

首先在工具栏中单击“矩形工具”按钮，然后将光标移动到绘图区合适的位置单击，即可弹出如图 2-19 所示的“矩形”对话框。在“宽度”文本框中输入合适的宽度值，在“高度”文本框中输入合适的高度值，然后单击“确定”按钮，即可创建一个参数精确的矩形。

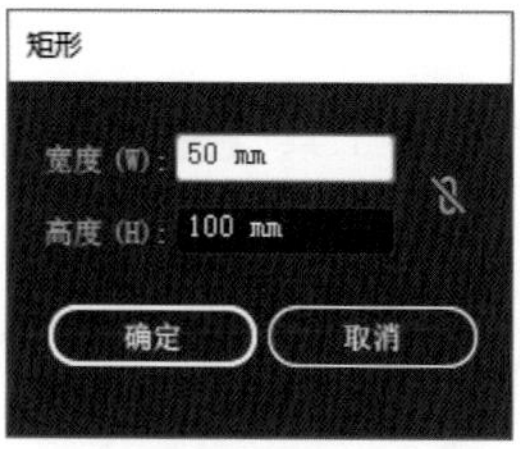
矩形
宽度 (W): 50 mm
高度 (H): 100 mm
确定
取消

图 2-19

2.2.2　圆角矩形工具

“圆角矩形工具”的使用方法与“矩形工具”相同，直接拖动鼠标可绘制具有圆角的矩形或正方形，如图 2-20 所示。

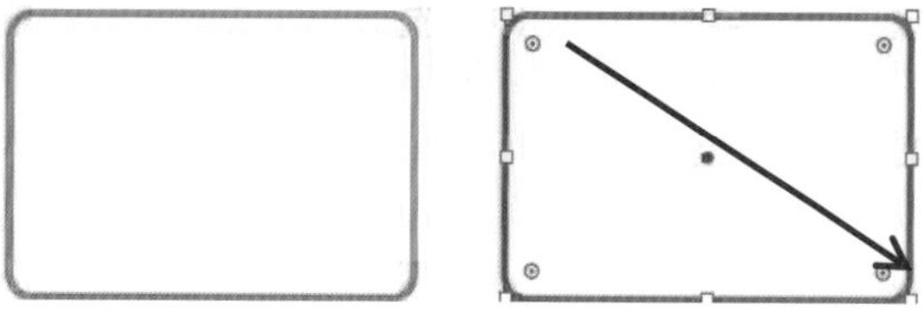

图 2-20

在绘制圆角矩形的过程中，按“Shift”键可以绘制一个圆角正方形，按“Alt”键可以以单击点为中心绘制圆角矩形，按“Shift+Alt”组合键可以以单击点为中心绘制圆角正方形，按“space”键可以移动圆角矩形的位置，按向上方向键“↑”或向下方向键“↓”可用来增加或减小圆角矩形的圆角半径，按向右方向键“→”可以以最大圆角半径绘制圆角矩形，按向左方向键“←”可用来绘制矩形，按“~”键可以绘制多个圆角矩形，按住“Alt+~”组合键可以绘制多个以单击点为中心并向两边延伸的圆角矩形。

也可以像绘制矩形一样精确绘制圆角矩形。首先在工具栏中单击“圆角矩形工具”按钮，然后将光标移动到绘图区合适的位置单击，即可弹出如图 2-21 所示的“圆角矩形”对话框。在“宽度”文本框中输入数值，指定圆角矩形的宽度；在“高度”文本框中输入数值，指定圆角矩形的高度；在“圆角半径”文本框中输入数值，指定圆角矩形的圆角半径大小；然后单击“确定”按钮，即可创建一个参数精确的圆角矩形。

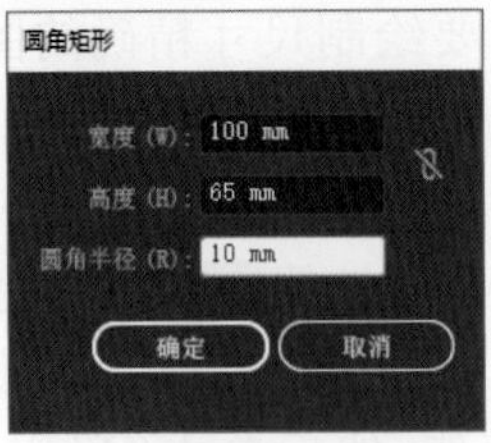
圆角矩形
宽度(W): 100 mm
高度(H): 65 mm
圆角半径(R): 10 mm
确定
取消

图 2-21

2.2.3 椭圆工具

“椭圆工具”的使用方法与“矩形工具”相同，直接拖动鼠标可绘制一个椭圆或正圆，如图 2-22 所示。

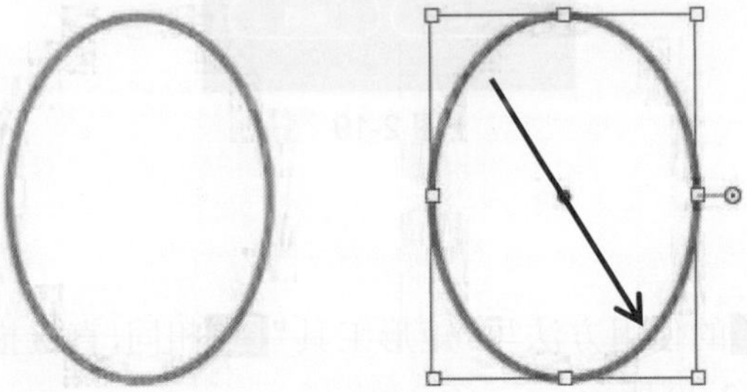

图 2-22

在绘制椭圆的过程中，按“Shift”键可以绘制一个正圆，按“Alt”键可以以单击点为中心绘制椭圆，按“Shift+Alt”组合键可以以单击点为中心绘制正圆，按“space”键可以移动椭圆的位置，按住“~”键可以绘制多个椭圆，按住“Alt+~”组合键可以绘制多条以单击点为中心并向两边延伸的椭圆。

如果想要绘制精确椭圆或正圆，首先在工具栏中单击“椭圆工具”，然后将光标移动到绘图区合适的位置单击，即可弹出如图 2-23 所示的“椭圆”对话框。在“宽度”文本框中输入数值，指定椭圆的宽度值，即横轴长度；在“高度”文本框中输入数值，指定椭圆的高度值，即纵轴长度；如果输入的宽度值和高度值相同，绘制出来的就是正圆；然后单击“确定”按钮，即可创建一个精确的椭圆。

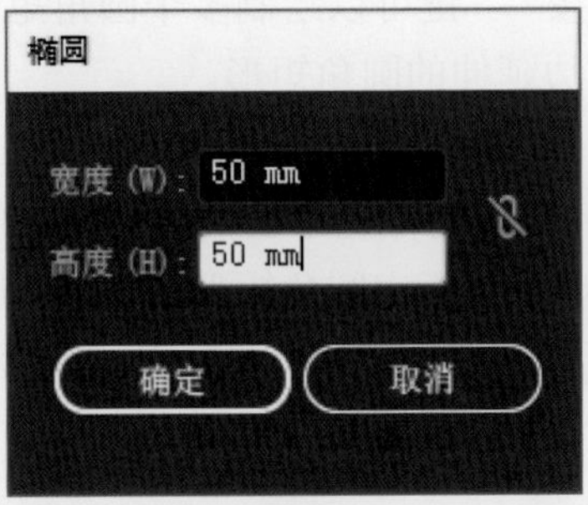
椭圆
宽度(W): 50 mm
高度(H): 50 mm
确定
取消

图 2-23

2.2.4 多边形工具

利用多边形工具可以绘制各种多边形效果，如三角形、五边形、十边形等。多边形的绘制与其他图形稍有不同，在拖动时它的单击点为多边形的中心点。

在工具栏中单击“多边形工具”按钮，在绘图区适当位置按下鼠标左键并向外拖动，即可绘制一个多边形，其中鼠标落点是图形的中心点，鼠标的释放位置为多边形的一个角点，拖动的同时可以转动多边形角点位置，如图 2-24 所示。

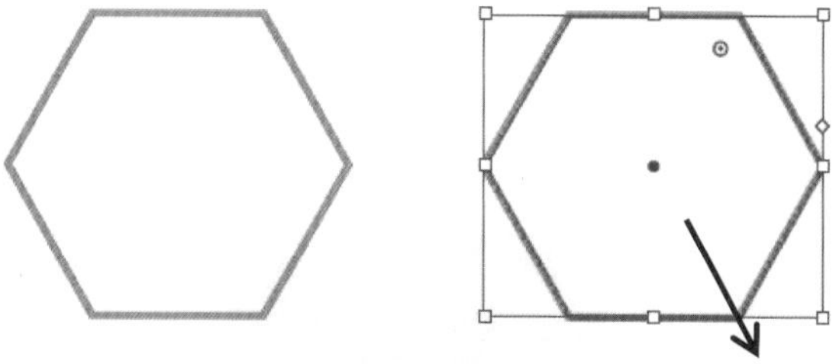

图 2-24

在绘制多边形的过程中，按“Shift”键可以绘制一个正多边形，按“space”键可以移动多边形的位置，按住“~”键可以绘制多个多边形；按住“Alt+~”组合键可以绘制多个以单击点为中心并向两边延伸的多边形。

如果想要绘制精确多边形，单击“多边形工具”按钮之后，再单击屏幕的任何位置，将会弹出如图 2-25 所示的“多边形”对话框。在“半径”文本框中输入数值，指定多边形的半径大小；在“边数”文本框中输入数值，指定多边形的边数。

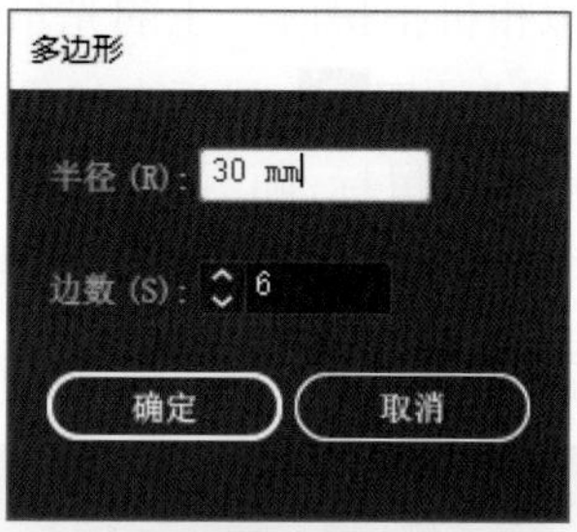
多边形
半径 (R)：30 mm
边数 (S)：6
确定
取消

图 2-25

2.2.5 星形工具

利用“星形工具”可以绘制各种星形效果，使用方法与多边形相同，直接拖动即可绘制一个星形，如图 2-26 所示。

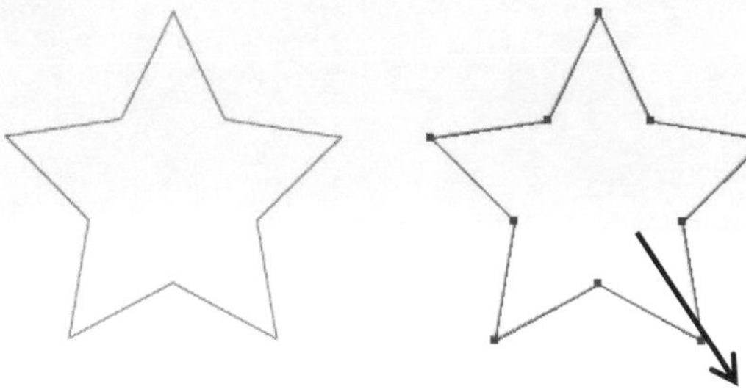

图 2-26

在绘制星形的过程中，按住“Shift”键可以把星形摆正，按住“Alt”键可以使每个角两侧的“肩线”在一条直线上，按住“space”键可以移动星形的位置，按住“Ctrl”键可以修改星形内部或外部的半径值，按向上方向键“↑”或向下方向键“↓”可用来增加或减少星形的角数。

如果想要绘制精确星形，在工具栏中单击“星形工具”按钮，然后在绘图区适当位置单击，则会弹出如图 2-27 所示的“星形”对话框。在“半径 1”文本框中输入数值，指定从星形中心到星形最内侧点（凹处）的距离；在“半径 2”文本框中输入数值，指定从星形中心到星形最外侧点（顶端）的距离；在“角点数”文本框中输入数值，定义所绘制星形图形的角点数。

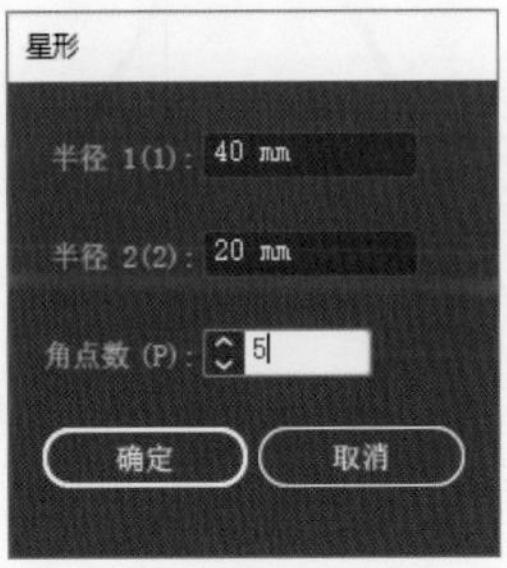
星形
半径 1(1): 40 mm
半径 2(2): 20 mm
角点数 (P): 5
确定
取消
图 2-27

2.2.6 光晕工具

“光晕工具”按钮可以模拟相机拍摄时产生的光晕效果。光晕的绘制与其他图形的绘制很不相同，首先单击“光晕工具”按钮，然后在绘图区的适当位置按住鼠标左键拖动绘制出光晕效果，达到满意效果后释放鼠标，随后在合适的位置单击鼠标左键，确定光晕的方向，这样就绘制出了光晕效果，如图 2-28 所示。在绘制光晕的过程中，按向上方向键“↑”或向下方向键“↓”，可用来增加或减少光晕的射线数量。

图 2-28

如果想精确绘制光晕，可以在工具栏中单击“光晕工具”按钮，然后在绘图区的适当位置单击，弹出如图 2-29 所示的“光晕工具选项”对话框，对光晕进行详细设置。

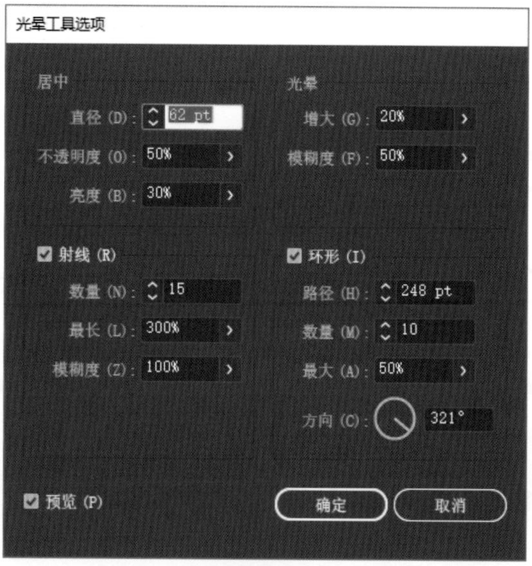
光晕工具选项
居中
直径 (D): 62 pt
不透明度 (O): 50%
亮度 (B): 30%
光晕
增大 (G): 20%
模糊度 (F): 50%
射线 (R)
数量 (N): 15
最长 (L): 300%
模糊度 (Z): 100%
环形 (I)
路径 (H): 248 pt
数量 (M): 10
最大 (A): 50%
方向 (C): 321°
预览 (P)
确定
取消

图 2-29

1.“居中”选项组参数设置

- 【直径】：在该数值框中输入相应的数值，可以定义发光中心圆的半径。
- 【不透明度】：设置中心圆的不透明程度。
- 【亮度】：设置中心圆的亮度。

2.“光晕”选项组参数设置

- 【增大】：表示光晕散发的程度。
- 【模糊度】：单独定义光晕对象边缘的模糊程度。

3.“射线”选项组参数设置

- 【数量】：定义射线的数量。
- 【最长】：定义光晕效果中最长的一个射线的长度。
- 【模糊度】：控制射线的模糊效果。

4.“环形”选项组参数设置

- 【路径】：设置光环的轨迹长度。
- 【数量】：设置二次单击时产生的光环。
- 【最大】：设置多个光环中最大的光环大小。
- 【方向】：定义出现小光圈路径的角度。

2.3 钢笔工具组

钢笔工具组是 Illustrator 专门用来制作路径的工具，在该工具组中共有 4 个工具，分别是“钢笔工具”、“添加锚点工具”、“删除锚点工具”和“锚点工具”。

2.3.1 认识路径

矢量绘图中称点为锚点，线为路径。在 Illustrator CC 2019 中，“路径”是最基本的构成元素。矢量图的创作过程就是创作路径、编辑路径的过程。路径由锚点及锚点之间的连接线构成，锚点的位置决定着连接线的动向，由控制手柄和动向线构成，其中控制手柄确定每个锚点两端的线段弯曲度，如图 2-30 所示。

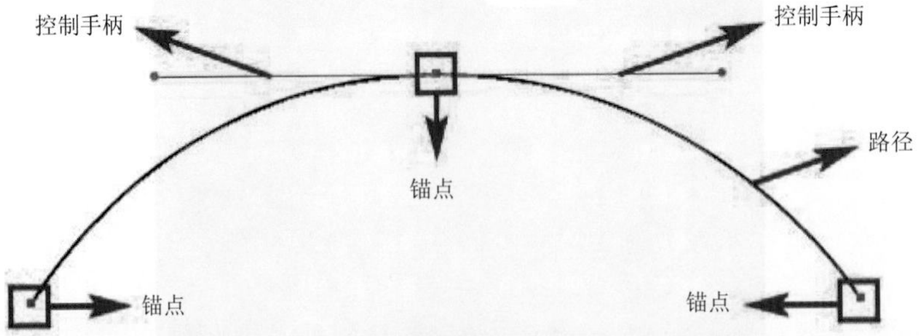
控制手柄
控制手柄
路径
锚点
锚点
锚点

图 2-30

在 Illustrator 中包含 3 种主要的路径类型：开放路径、闭合路径和复合路径，如图 2-31 所示。

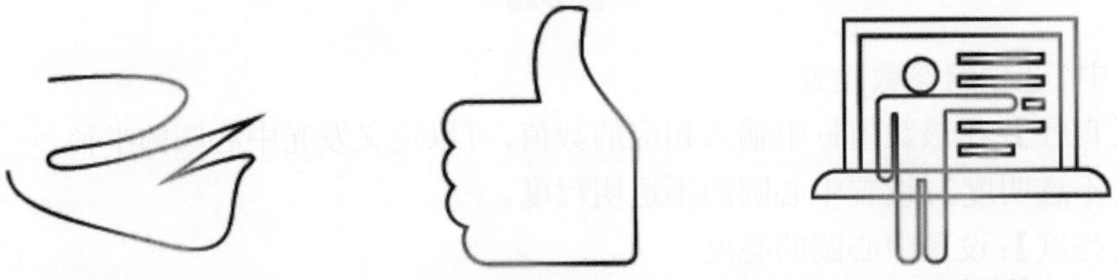
开放路径
闭合路径
复合路径

图 2-31

- 【开放路径】：路径的起点和终点没有连在一起，它们之间有任意数量的锚点。
- 【闭合路径】：闭合路径是指起点和终点相互连接着的图形对象，如矩形、椭圆、多边形等。
- 【复合路径】：两个或两个以上开放或闭合路径的组合。

2.3.2 认识锚点

锚点也叫节点，是控制路径外观的重要组成部分。通过移动锚点，可以修改路径的形状。使用“直接选择工具”选择路径时，将显示该路径的所有锚点。在 Illustrator 中，根据锚点属性的不同，可以将它们分为两种，分别是角点和平滑点，如图 2-32 所示。角点会突然改变方向，而且角点的两侧没有控制柄。平滑点不会突然改变方向，在平滑点某一侧或两侧将出现控制手柄，有时平滑点的一侧会是直线，另一侧是曲线。

1. 角点

角点是指能够使通过它的路径的方向发生突然改变的锚点。如果在锚点上两个直线相交成一个明显的角度，这种锚点就叫作角点。角点的两侧没有控制柄。

2. 平滑点

在 Illustrator 中，曲线对象使用最多的锚点就是平滑点。平滑点不会突然改变方向，在平滑点某一侧或两侧将出现控制柄，而且控制柄是独立的，可以单独操作以改变路径曲线。有时平滑点的一侧是直线，另一侧是曲线。

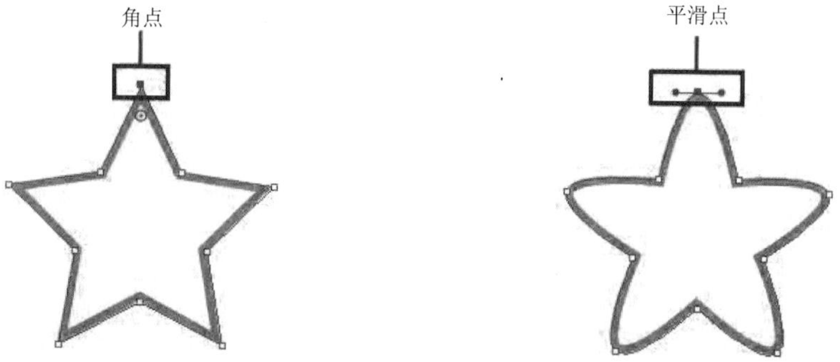
角点
平滑点

图 2-32

2.3.3 利用钢笔工具绘制直线

利用“钢笔工具”绘制直线是相当简单的。首先在工具栏中单击“钢笔工具”按钮，把光标移到绘图区，在任意位置单击一点作为起点，然后移动光标到适当位置单击确定第 2 点，两点间就出现了一条直线，如果继续单击鼠标，则又在落点与上一次单击点之间画出一条直线，如图 2-33 所示。

第 2 点
起点

图 2-33

在绘制直线时，按住“Shift”键的同时单击，可以绘制水平、垂直或成 45° 的直线。如果想结束路径的绘制，按“Ctrl”键的同时在路径以外的空白处单击，即可取消绘制。

2.3.4 利用钢笔工具绘制曲线

在工具栏中单击“钢笔工具”按钮，在绘图区单击鼠标左键确定起点，然后移动光标到合适的位置，按住鼠标左键向所需的方向拖动绘制第 2 点，即可得到一条曲线。同样的方法可以继续绘制更多的曲线。如果想起点也是曲线点，可以在绘制起点时按住鼠标左键拖动，即绘制成曲线点。在拖动时绘制曲线，将出现两个控制手柄，控制手柄的长度和方向将决定线段的形状。绘制过程如图 2-34 所示。

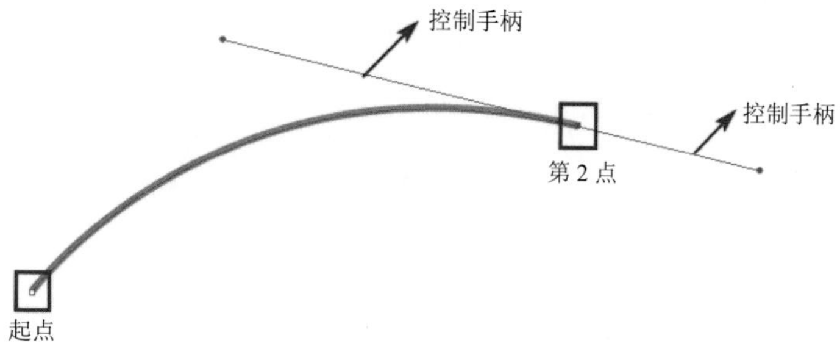
控制手柄
控制手柄
第 2 点
起点

图 2-34

在绘制过程中，按住“space”键可以移动锚点的位置，按住“Alt”键，可以将两个控制柄分离成为独立的控制柄。

2.3.5 利用钢笔工具绘制闭合路径

以心形的闭合路径为例。首先在工具栏中单击“钢笔工具”按钮，之后在绘图区单击绘制起点，然后在适当的位置单击拖动，绘制出第 2 个曲线点，即心形的左肩部，随后再次单击绘制心形的第 3 点，在心形的右肩部单击拖动，绘制第 4 点，将鼠标移动到起点上，当放置正确时在指针的旁边会出现一个小的圆环，单击封闭该路径。绘制过程如图 2-35 所示。

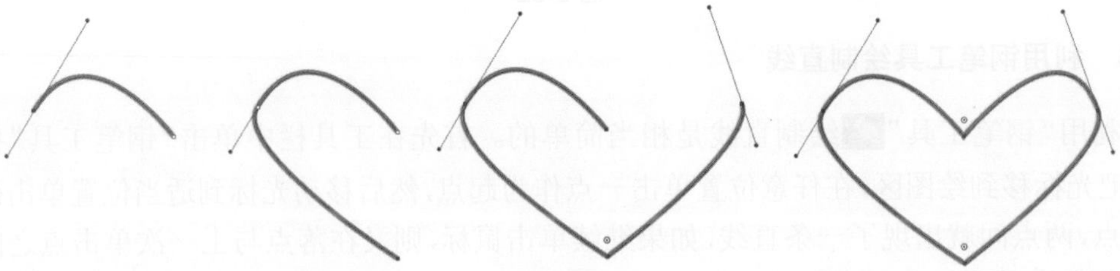

图 2-35

2.3.6 添加锚点

添加锚点可以增强对路径的控制，也可以扩展开放路径。但最好不要添加多余的点。点数较少的路径更易于编辑、显示和打印。

选择要修改的路径，单击工具栏中的“添加锚点工具”按钮或使用快捷键“+”并将指针置于路径段上，然后单击即可添加锚点，如图 2-36 所示。

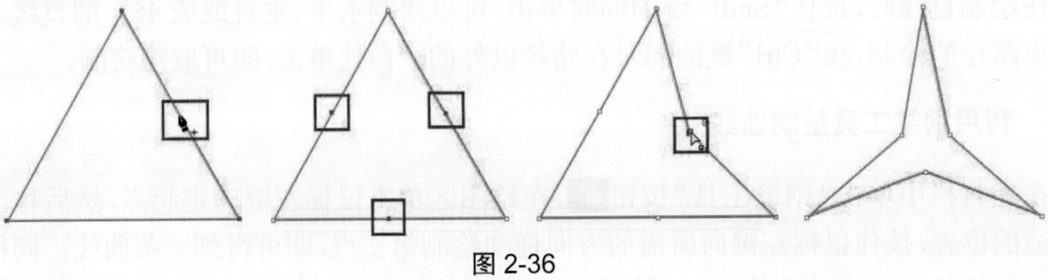

图 2-36

2.3.7 删除锚点

若要删除锚点，单击工具栏中的“删除锚点工具”按钮或使用快捷键“-”，并将指针置于锚点上，然后单击即可删除锚点，如图 2-37 所示。

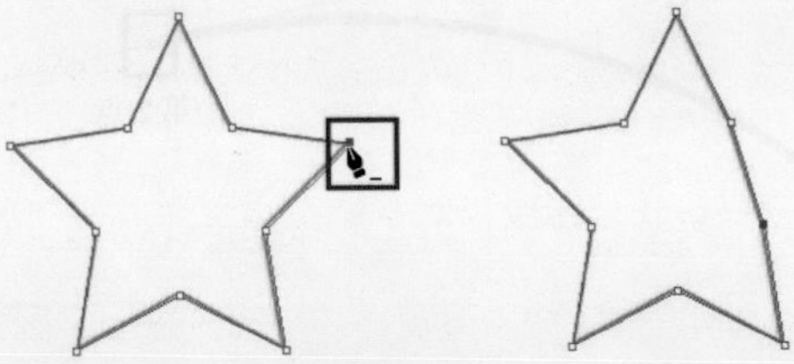

图 2-37

2.3.8 转换锚点

锚点工具可以使角点变得平滑或使平滑的点变得尖锐。

单击工具栏中的“转换锚点工具”按钮或使用快捷键“Shift+C”，将鼠标光标放置在锚点上，单击并向外拖拽鼠标，可以看出锚点上拖拽出方向线，角点即可转换成平滑曲线锚点，如图 2-38 所示。

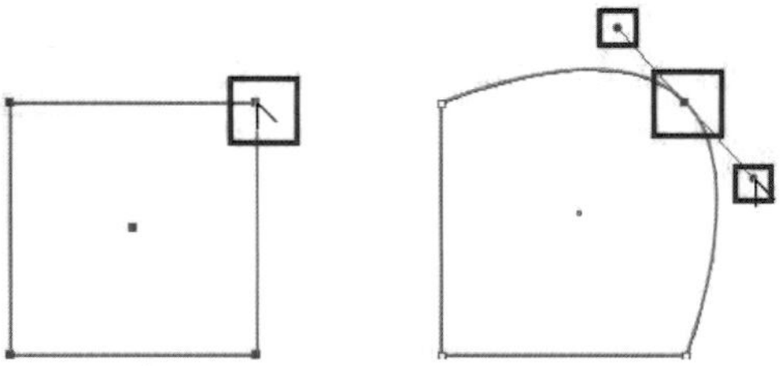

图 2-38

单击平滑曲线锚点可以将其直接转换为角点，如图 2-39 所示。

如果要将平滑曲线锚点转换成具有独立方向线的角点，单击要取消的控制手柄，即可将其删除，如图 2-40 所示。

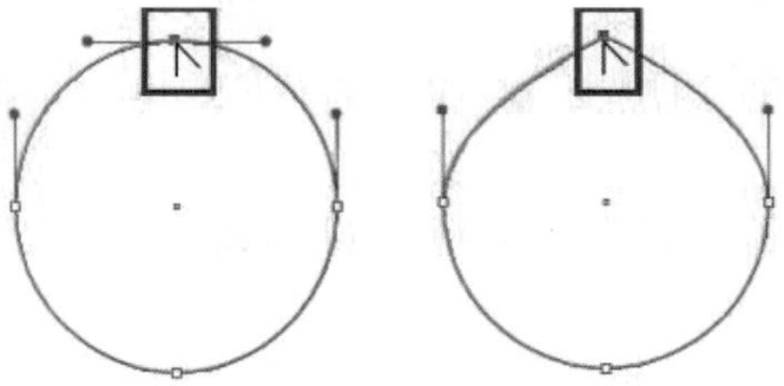

图 2-39

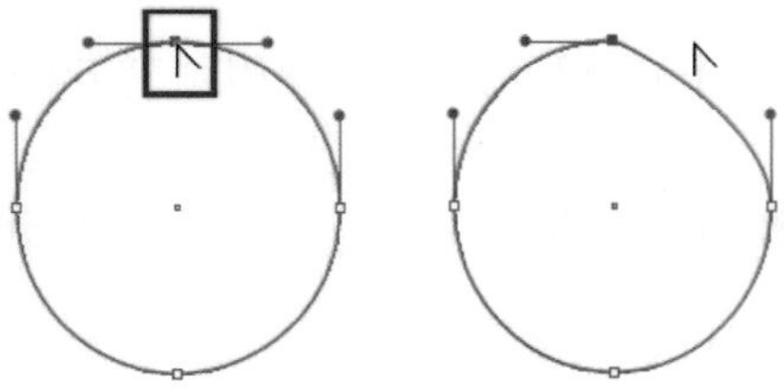

图 2-40

2.4 画笔工具组

画笔工具是一个自由的绘画工具，用于为路径创建特殊风格的描边。可以将画笔描边用于现有的路径，也可以使用画笔工具直接绘制带有画笔描边的路径。画笔工具多用于绘制徒手画和书法线条以及路径图稿和路径图案。Illustrator 中丰富的画笔库和画笔的可编辑性使绘图变得更加简单，更加有创意。

2.4.1 认识画笔工具

单击工具栏中的“画笔工具”按钮，在属性栏中可以对画笔描边颜色与粗细进行设置。单击“描边”按钮，可以在弹出的描边窗口设置详细参数。继续在“变量宽度配置文件”中选择一种合适的变量，在“画笔定义”中选择一种合适的画笔，如图 2-41 所示。

双击工具栏中的“画笔工具”按钮，弹出“画笔工具选项”对话框。在该对话框中可以对画笔的容差、选项等参数进行设置，如图 2-42 所示。

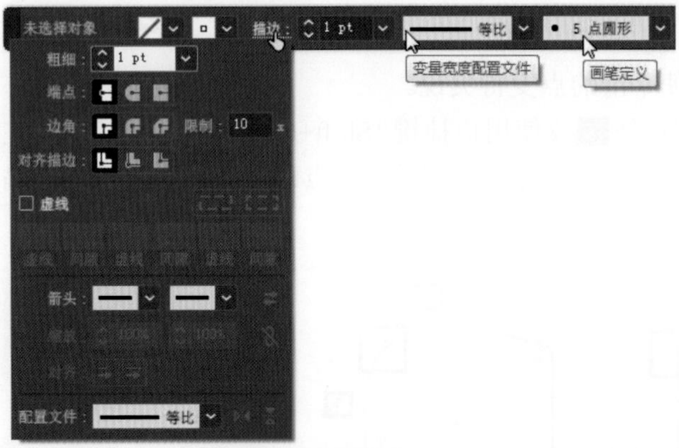
未选择对象
描边
1 pt
等比
5 点圆形
变量宽度配置文件
画笔定义
粗细
1 pt
端点
边角
限制
10
对齐描边
虚线
箭头
配置文件
等比

图 2-41

画笔工具选项
保真度
精确
平滑
选项
填充新画笔描边 (N)
保持选定 (K)
编辑所选路径 (E)
范围 (W):
12
像素
重置 (R)
确定
取消

图 2-42

● 【保真度】:控制向路径中添加新锚点的鼠标移动距离。

● 【平滑度】:控制使用工具时 Illustrator 应用的平滑量。百分比数值越大,路径越平滑。

● 【填充新画笔描边】:将填色应用于路径。该选项在绘制封闭路径时最有用。

● 【保持选定】:确定在绘制路径之后是否保持路径的选中状态。

● 【编辑所选路径】:确定是否可以使用画笔工具更改现有路径。

● 【范围】:用于设置使用画笔工具来编辑路径的光标与路径间距离的范围。该选项仅在选中"编辑所选路径"复选框时可用。

● 【重置】:通过单击该按钮,将对话框中的参数调整到软件的默认状态。

2.4.2 认识"画笔"面板

执行"窗口 / 画笔"命令,打开"画笔"面板。散点画笔、艺术画笔和图案画笔都包含完全相同的着色选项,如图 2-43 所示。

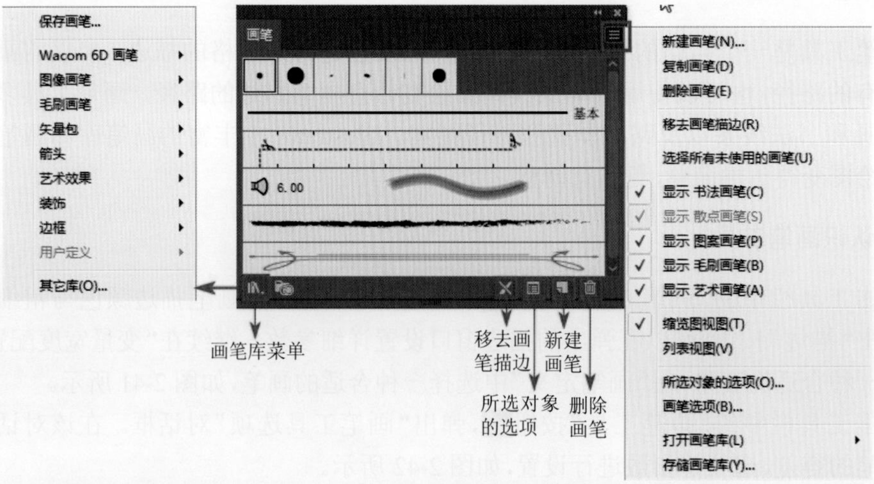
保存画笔...
Wacom 6D 画笔
图像画笔
毛刷画笔
矢量包
箭头
艺术效果
装饰
边框
用户定义
其它库(O)...
画笔
基本
6.00
画笔库菜单
移去画笔描边
新建画笔
所选对象的选项
删除画笔
新建画笔(N)...
复制画笔(D)
删除画笔(E)
移去画笔描边(R)
选择所有未使用的画笔(U)
显示 书法画笔(C)
显示 散点画笔(S)
显示 图案画笔(P)
显示 毛刷画笔(B)
显示 艺术画笔(A)
缩览图视图(T)
列表视图(V)
所选对象的选项(O)...
画笔选项(B)...
打开画笔库(L)
存储画笔库(Y)...

图 2-43

● 【画笔库菜单】:单击该按钮即可显示出画笔库菜单。

● 【移去画笔描边】：去除画笔描边样式。

● 【所选对象的选项】：单击该按钮可以自定义艺术画笔或图案画笔的描边实例，然后设置描边选项。对于艺术画笔，可以设置描边宽度以及翻转、着色和重叠选项；对于图案画笔，可以设置缩放选项以及翻转、描摹和重叠选项。

● 【新建画笔】：单击该按钮，弹出“新建画笔”对话框，设置适合的画笔类型即可将当前所选对象定义为新画笔。

● 【删除画笔】：删除当前所选的画笔预设。

2.4.3 应用画笔描边

画笔描边可以应用于由任何绘图工具，例如钢笔工具、铅笔工具或基本的形状等工具所创建的路径，具体方法如下。

(1) 选择路径，然后从画笔库、“画笔”面板或“控制”面板中选择一种画笔类型，画笔描边即可呈现在路径上。

(2) 在“画笔”面板中选中某个画笔，并将画笔直接拖到路径上；如果所选的路径已经应用了画笔描边，则新画笔将取代旧画笔。

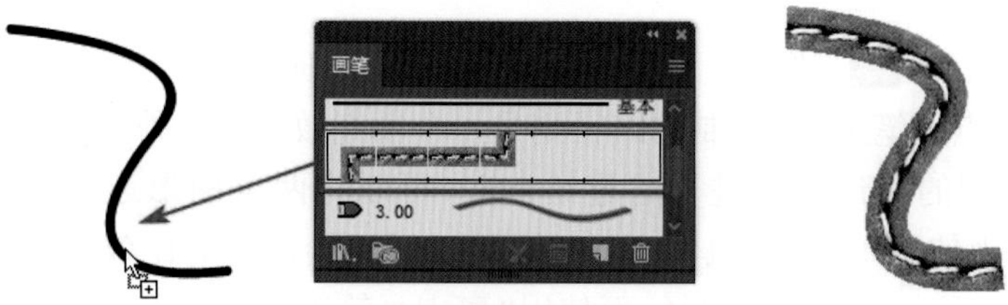
画笔
基本
3.00

图 2-44

(3) 单击工具栏中的“画笔工具”按钮，先在属性栏中对画笔描边进行设置，之后在画板中使用画笔工具绘制路径即可。

2.4.4 清除画笔描边

选择一条用画笔绘制的路径，单击“画笔”面板菜单按钮，在菜单中执行“移去画笔描边”命令，或者单击“移去画笔描边”按钮即可删除画笔描边，如图 2-45 所示。

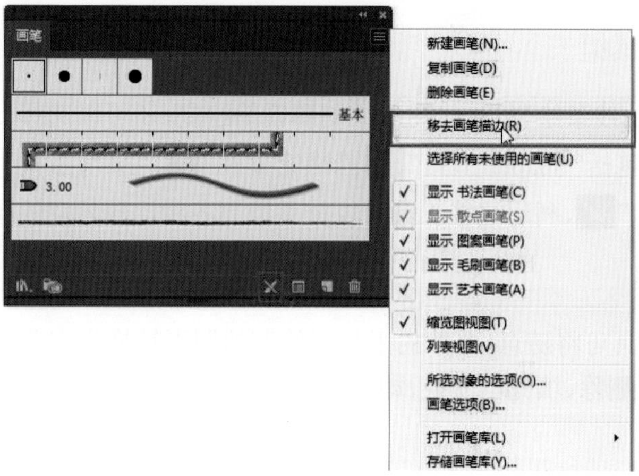
画笔
基本
3.00
新建画笔(N)...
复制画笔(D)
删除画笔(E)
移去画笔描边(R)
选择所有未使用的画笔(U)
显示 书法画笔(C)
显示 散点画笔(S)
显示 图案画笔(P)
显示 毛刷画笔(B)
显示 艺术画笔(A)
缩览图视图(T)
列表视图(V)
所选对象的选项(O)...
画笔选项(B)...
打开画笔库(L)
存储画笔库(Y)...

图 2-45

2.4.5 将画笔描边转换为轮廓

在 Illustrator CC 中，画笔的描边宽度并不属于路径的真正范围内，但是可以将画笔描边轮廓转换为矢量图形并进行编辑。首先选择一条用画笔绘制的路径，并执行“对象 / 扩展”命令。扩展后的描边即成为一个新的矢量图形，如图 2-46 所示。

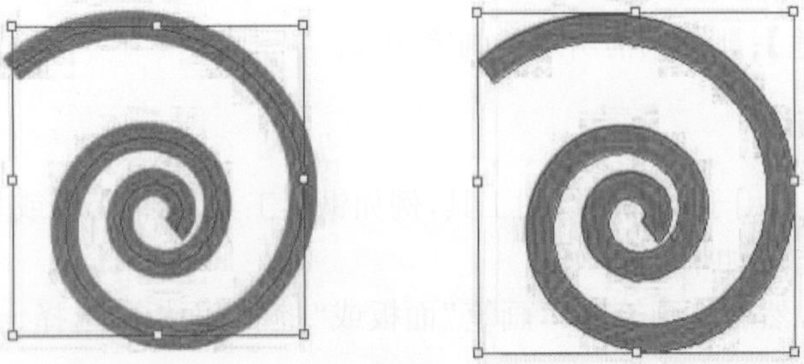

图 2-46

2.4.6 斑点画笔工具

“斑点画笔工具”与“画笔工具”不同。使用“画笔工具”绘制的图形为一个描边效果，而使用“斑点画笔工具”绘制的路径则是一个填充效果。另外，当在相邻的两个由“斑点画笔工具”绘制的图形之间进行相连绘制时，可以将两个图形连接为一个图形。如图 2-47 所示，分别为使用“画笔工具”和“斑点画笔工具”绘制的对比效果，可以看到使用“画笔工具”绘制出的是带有描边的路径，而使用“斑点画笔工具”绘制出的是带有填充的形状。

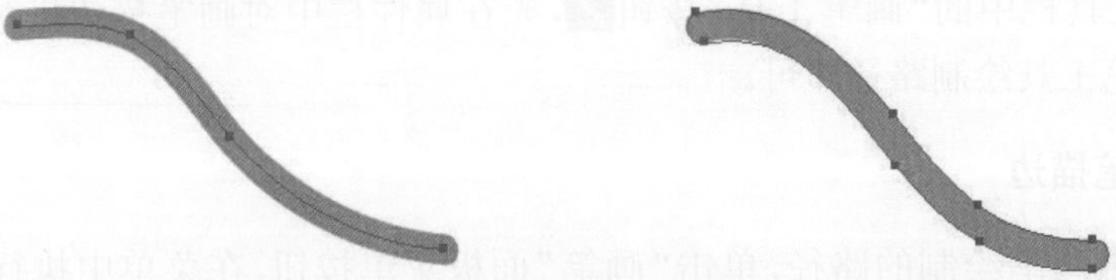

图 2-47

2.5 徒手绘图工具组

除了前面讲过的线条绘制、几何图形绘制和钢笔绘制，还可以选择以徒手形式来绘制图形。徒手绘图工具包括“Shaper 工具”、“铅笔工具”、“平滑工具”、“路径橡皮擦工具”和“连接工具”，利用这些工具可以徒手绘制各种比较随意的图形效果。

2.5.1 Shaper 工具

使用 Shaper 工具可将随意、自然的手势所绘制的图形转换为完美的几何形状。接着将这些基本形状合并、删除、填充与变换，即可创建美轮美奂的复杂设计，并且能够保留完全可编辑的功能。

1. 创建图形

单击工具栏中“Shaper 工具”按钮 或按快捷键“Shift+N”，绘制一个粗略形态的形状，可自动生成多边形、矩形或圆形，如图 2-48 所示。

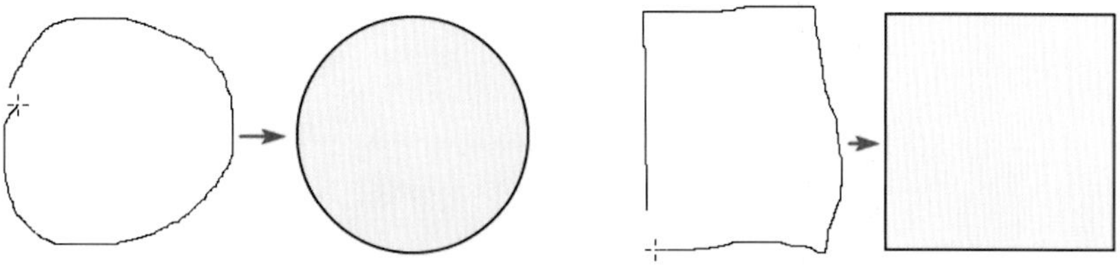

图 2-48

2. 快速处理图形

使用 Shaper 工具可随意绘制矩形、椭圆、多边形或直线，并可将其调整成完美的几何形状。在重叠形状之间涂抹即可合并形状，而合并区域的颜色即为涂抹原点的颜色，如图 2-49 所示。在重叠区域内部涂抹即可删除区域，如图 2-50 所示。

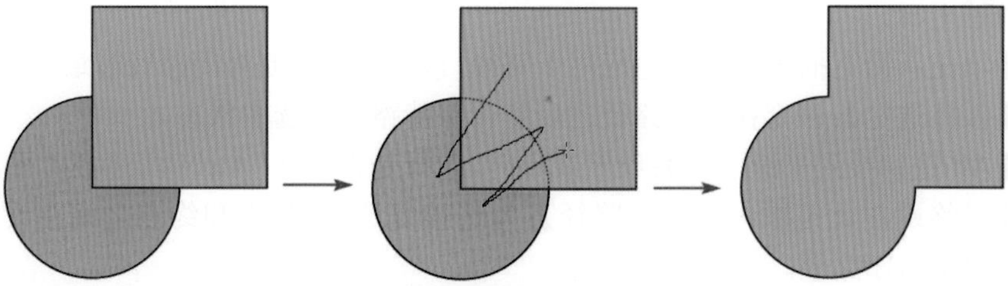

图 2-49

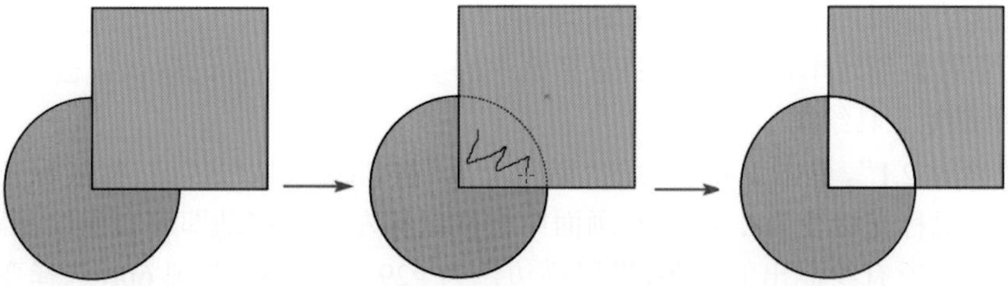

图 2-50

2.5.2 铅笔工具

“铅笔工具” 可用于随意地绘制开放路径和闭合路径，就像用铅笔在纸上绘图一样。可以利用铅笔工具快速地完成较为复杂的绘画。这对于快速素描或创建手绘外观最有用。双击工具栏中的“铅笔工具”按钮，弹出“铅笔工具选项”对话框，在该对话框中进行铅笔工具保真度、平滑度等参数的设置，如图 2-51 所示。

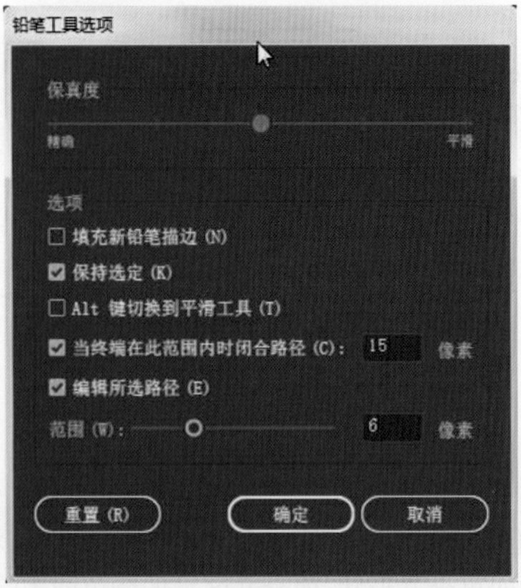
铅笔工具选项
保真度
精确
平滑
选项
填充新铅笔描边 (N)
保持选定 (K)
Alt 键切换到平滑工具 (T)
当终端在此范围内时闭合路径 (C): 15 像素
编辑所选路径 (E)
范围 (W): 6 像素
重置 (R)
确定
取消

图 2-51

● 【保真度】:控制向路径中添加新锚点的鼠标移动距离。应用的平滑量百分比数值越大,路径越平滑。

● 【填充新铅笔描边】:将填色应用于路径,该选项在绘制封闭路径时最有用。

● 【保持选定】:确定在绘制路径之后是否保持路径的选中状态。

● 【Alt 键切换到平滑工具】:绘制线条时,选择是否按住“Alt”键切换为“平滑工具”。

● 【当终端在此范围内时闭合路径】:勾选该复选框,起点和终点之间在设置的数值之内时,会自动封闭路径。

● 【编辑所选路径】:确定是否可以使用铅笔工具更改现有路径。

● 【范围】:用于设置使用铅笔工具来编辑路径的鼠标光标与路径间距离的范围。该选项仅在选中“编辑所选路径”复选框时可用。

● 【重置】:通过单击该按钮,将对话框中的参数调整到软件的默认状态。

1. 使用铅笔工具绘图

打开“素材 2.1”,单击工具栏中的“铅笔工具”按钮或按“N”键,将鼠标光标移动到画面中,此时鼠标光标变为形状,在画面中按住鼠标左键并拖动即可自由绘制路径,如图 2-52 所示;框选所有绘制出的线条,设置描边色为 #29abe2,描边粗细 6pt,选择变量宽度配置文件 1,如图 2-53 所示;设置完参数的最终效果如图 2-54 所示。

图 2-52

未选择对象
描边：
6 pt
3 点圆形
不透明度：
100%

图 2-53

图 2-54

2. 使用铅笔工具快速绘制闭合图形

如果要绘制出闭合的路径，可以双击“铅笔工具”按钮，打开“铅笔工具选项”对话框，勾选“当终端在此范围内时闭合路径”复选项，此后绘制路径时将光标移动到路径的起点处后放开鼠标，可闭合路径，如图 2-55 所示；效果如图 2-56 所示。

图 2-55

图 2-56

3. 使用铅笔工具改变路径形状

选择一条开放式路径，将“铅笔工具”放在路径上（当光标右侧的“*”状符号消失时，表示工具与路径非常接近），如图 2-57 所示；此时单击并拖动鼠标可以改变路径的形状，如图 2-58 所示。

图 2-57

图 2-58

4. 使用铅笔工具连接两条路径

选择两条开放式路径，使用“铅笔工具”单击一条路径上的端点，如图 2-59 所示；然后拖动鼠标至另一条路径的端点上，即可将两条路径连在一起，如图 2-60 所示。

图 2-59

图 2-60

2.5.3 平滑工具

“平滑工具”可以将锐利的曲线路径变得更平滑。“平滑工具”主要是在原有路径的基础上，根据用户拖动出的新路径自动平滑原有路径，而且可以多次拖动以平滑路径。

在使用“平滑工具”前，可以通过“平滑工具选项”对话框进行相关的设置。双击工具栏中的“平滑工具”按钮，将弹出“平滑工具选项”对话框，如图 2-61 所示。

平滑工具选项
保真度
精确
平滑
重置 (R)
确定
取消
图 2-61

- 【保真度】：设置平滑效果时路径上各点的精确度。值越小，路径越粗糙；值越大，路径越平滑且越简单。取值范围为 0.5~20 px。
- 【重置】：通过单击该按钮，将对话框中的参数调整到软件的默认状态。

要对路径进行平滑处理，首先选择要处理的路径图形，然后使用“平滑工具”在图形上按住鼠标左键拖动，如果一次不能达到满意效果，可以多次拖动，效果如图 2-62 所示。

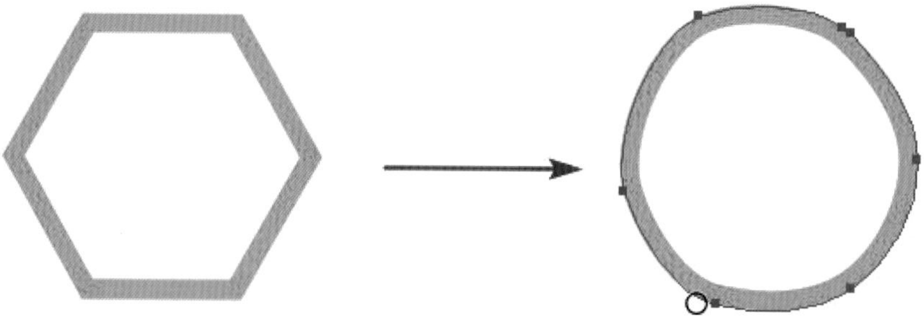

图 2-62

2.5.4 路径橡皮擦工具

使用“路径橡皮擦工具”可以擦去画笔路径的全部或其中一部分，也可以将一条路径分割为多条路径。要擦除路径，首先要选中当前路径，然后使用“路径橡皮擦工具”在需要擦除的路径位置按下鼠标左键，在不释放鼠标的情况下拖动鼠标擦除路径，到达满意的位置后释放鼠标，即可将该段路径擦除，效果如图 2-63 所示。

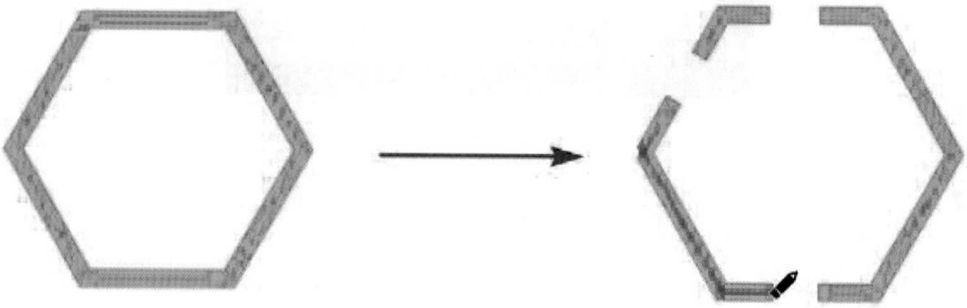

图 2-63

使用“路径橡皮擦工具”在开放的路径上单击，可以在单击处将路径断开，分割为两个路径；如果在闭合的路径上单击，可以将该路径整个删除。

2.5.5 连接工具

使用“连接工具”可以将未闭合路径连接在一起。要连接路径，首先要选择路径，然后使用“连接工具”在需要连接的路径位置按下鼠标左键，在不释放鼠标的情况下拖动鼠标擦除路径，到达满意的位置后释放鼠标，即可将两段路径连接在一起，效果如图 2-64 所示。

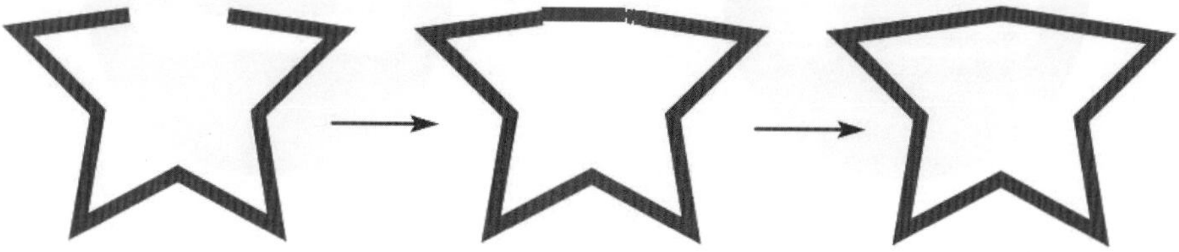

图 2-64

2.6 橡皮擦工具组

橡皮擦工具组的工具主要用于擦除、切断路径，是矢量绘图中必不可少的常用工具。该工具组包含 3 种工具，即“橡皮擦工具”、“剪刀工具”和“刻刀工具”。

2.6.1 橡皮擦工具

橡皮擦工具可以快速地擦除已经绘制的单个路径或是成组图形。双击工具栏中的“橡皮擦工具”按钮，弹出“橡皮擦工具选项”对话框，如图 2-65 所示。在该对话框中进行相应的设置，然后单击“确定”按钮。

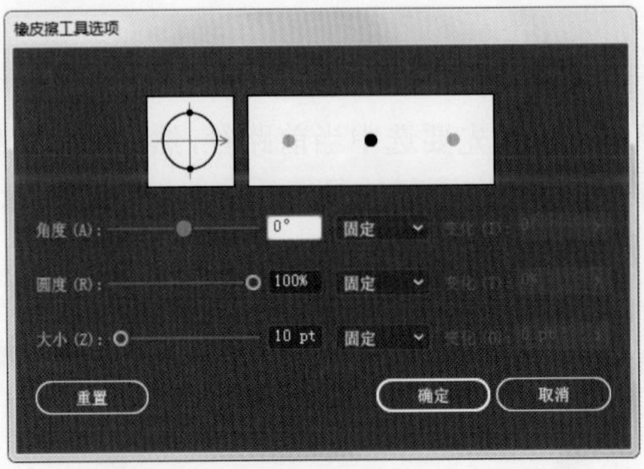
橡皮擦工具选项
角度 (A):
0°
固定
圆度 (R):
100%
固定
大小 (Z):
10 pt
固定
重置
确定
取消

图 2-65

- 【角度】：调整该选项中的参数，确定此工具旋转的角度。拖移预览区中的箭头，或在“角度”文本框中输入一个值。
- 【圆度】：调整该选项中的参数，确定此工具的圆度。将预览区中的黑点或向背离中心的方向拖移；或者在该文本框中输入一个值，该值越大，圆度就越大。
- 【大小】：调整该选项中的参数，确定此工具的直径。可以使用“大小”滑块，或在“大小”文本框中输入一个值进行调整。

打开“素材 2.2”，使用橡皮擦工具在图形上涂抹可擦除对象。按住“Shift”键操作，可以将擦除方向限制为水平、垂直或对角线方向，如图 2-66 所示；按住“Alt”键操作，可以绘制一个矩形区域，并擦除该区域内的图形，如图 2-67 所示。

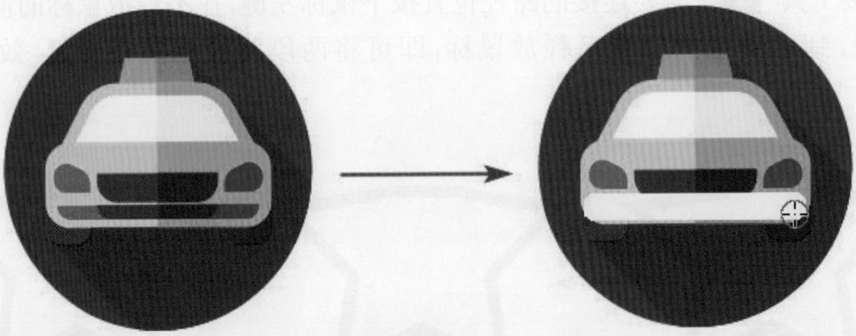

图 2-66

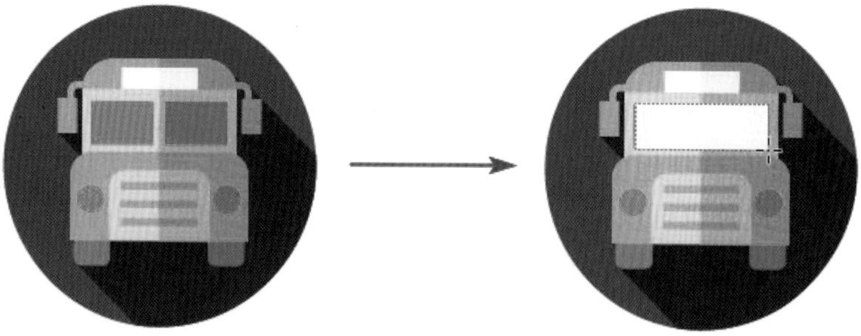

图 2-67

2.6.2 剪刀工具

绘制一段路径，单击工具栏中的“剪刀工具”按钮，然后单击路径上任意一点，路径就会从单击的地方被剪切为两条路径。按键盘上的向下方向键“↓”，移动剪切的锚点，即可看见剪切后的效果，如图 2-68 所示。

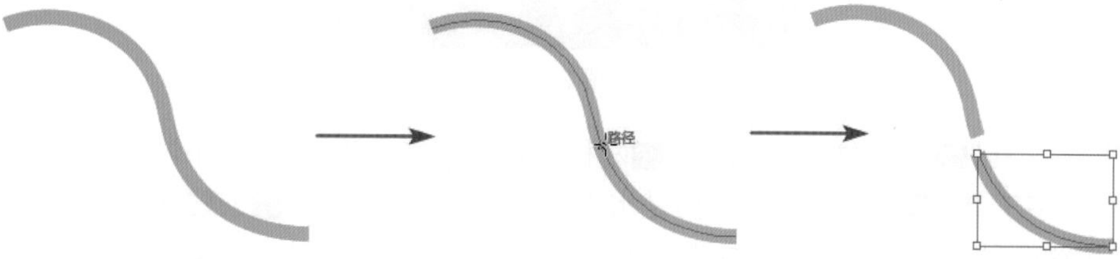
路径

图 2-68

2.6.3 刻刀工具

绘制一段闭合路径，单击工具栏中的“刻刀工具”按钮，在需要的位置单击并按住鼠标左键从路径的上方至下方拖拽出一条线，释放鼠标，闭合路径被裁切为两个闭合路径。单击工具栏中的“选择工具”按钮，选中路径的右半部，按键盘上的向右方向键“→”，移动路径，可以看见路径被裁切为两部分，如图 2-68 所示。

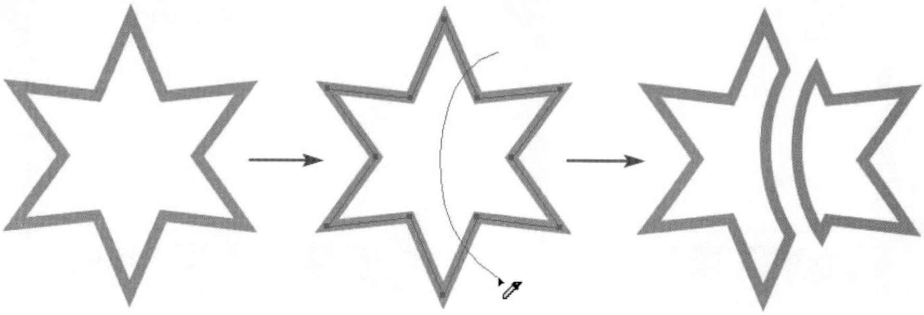

图 2-69

2.7 文字

Illustrator CC 最强大的功能之一就是文字处理，它的文字能与图形自由的结合，十分方便灵活。用户不但可以快捷地更改文本的尺寸、形状以及比例，而且可以将文本精确地排入任何形状的对象中，此外也可以将文本沿不同形状的路径横向或纵向排列，还可以对文字进行图案填充等操作，以创建出精美的艺术文字效果。

2.7.1 文字工具

Illustrator CC 提供了多种类型的文字工具，包括“文字工具”、“区域文字工具”、“路径文字工具”、“直排文字工具”、“直排区域文字工具”、“直排路径文字工具”和“修饰文字工具”7 种文字工具，利用这些文字工具可以自由创建和编辑文字。文字工具栏如图 2-70 所示。

图 2-70

“文字工具”和“直排文字工具”两种工具的使用是相同的，只不过创建的文字方向不同。“文字工具”创建的文字方向是水平的，“直排文字工具”创建的文字方向是垂直的。利用这两种工具创建文字可分为两种，一种是点文字，一种是段落文字。

打开“素材 2.3”，在工具栏中选择“文字工具”，这时光标将变成横排文字光标，在文档中单击可以看到一个快速闪动的光标输入效果，直接输入文字即可创建点文字，如图 2-71 所示。“直排文字工具”的使用与“文字工具”相同，只不过光标将变成直排文字光标。

邀请函

图 2-71

若要创建区域文本，可在要创建文本的区域上拖动鼠标，创建一个矩形的文本框，如图 2-72 所示。接下来，在此矩形文本框中输入文本（按“Enter”键可换行），使用选择工具选择文本对象，完成文本的输入，回到图像的编辑状态。

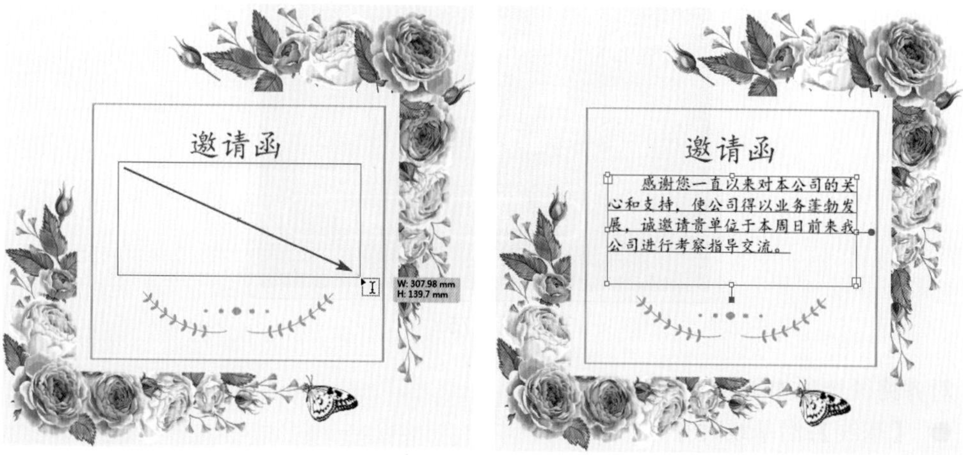
邀请函
W: 307.98 mm
H: 139.7 mm
邀请函
感谢您一直以来对本公司的关心和支持，使公司得以业务蓬勃发展，诚邀请贵单位于本周日前来我公司进行考察指导交流。

图 2-72

2.7.2 使用路径文字工具创建文本

使用路径文字工具可以将普通路径转换为文字路径，然后在文字路径上输入和编辑文字，输入的文字将沿路径形状进行排列。

打开“素材 2.4”，单击工具栏中的“钢笔工具”按钮或按“P”键，在图像中定义一条路径（可以是开放路径，也可以是闭合路径），如图 2-73 所示。然后，单击工具箱中的“路径文字工具”按钮，将鼠标指针置于路径上并单击，然后使用键盘输入文字，即可看到文字沿路径排列，如图 2-74 所示。

图 2-73

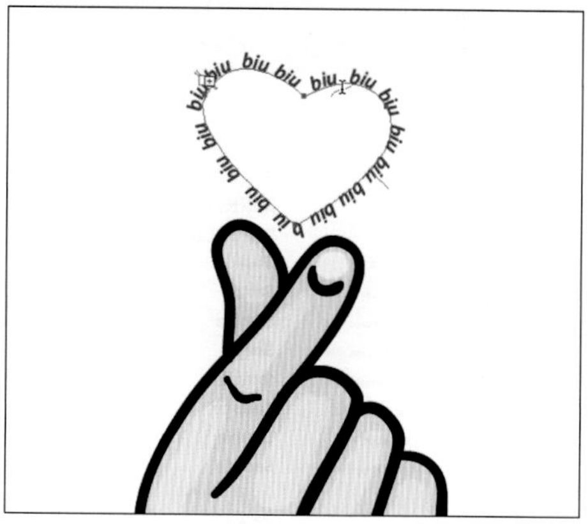

图 2-74

若要修改路径文字，选择路径文本对象，然后选择“文字 / 路径文字”命令，在弹出的子菜单中选择一种效果，通过“对齐路径”下拉列表框，可以指定如何将所有字符对齐到路径，如图 2-75 所示。

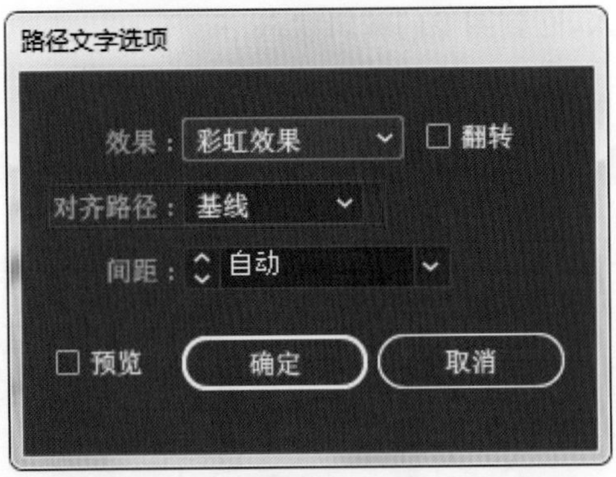
路径文字选项
效果：彩虹效果
翻转
对齐路径：基线
间距：自动
预览
确定
取消

图 2-75

对齐路径选项如下。

- 【基线】：沿基线对齐。
- 【字母上缘】：沿字母上边缘对齐。
- 【字母下缘】：沿字母下边缘对齐。
- 【居中】：沿字母上、下边缘间的中心点对齐。

2.7.3 更改字体

字体是由一组具有相同粗细、宽度和样式的字符（字母、数字和符号）构成的完整集合。通过对相应的字符定义不同的字体，可以表现出不同的风格。

选择文字后，在属性栏的“字体”下拉列表框中可以选择需要的字体，如图 2-76 所示，也可以选择“文字 / 字体”命令，在弹出的子菜单中选择需要的字体，如图 2-77 所示。

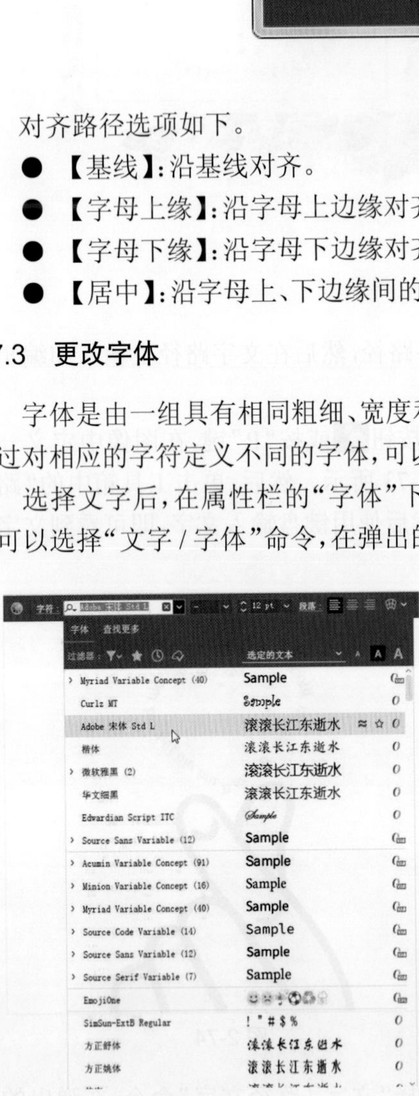

图 2-76

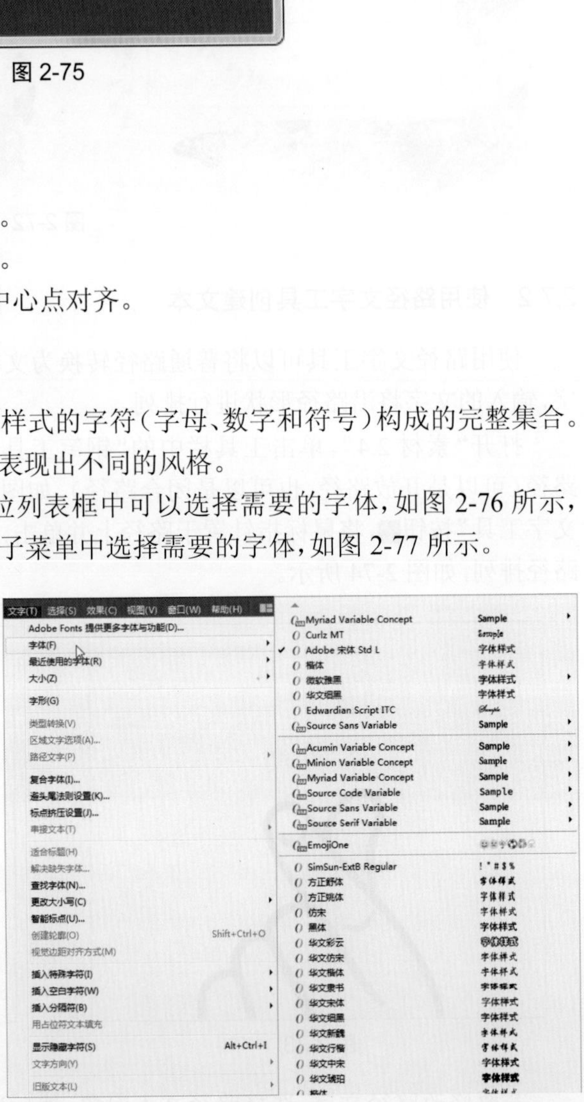

图 2-77

2.7.4 更改文字大小

选择要更改的字符或文字对象，选择“文字 / 大小”命令，在弹出的子菜单中选择所需大小，即可更改其字号。如果选择“其他”命令，则可以打开“窗口 / 文字 / 字符”面板，选择或输入新的字号，如图 2-78 所示；也可以在“字符”面板或控制栏中设置字号，如图 2-79 所示。

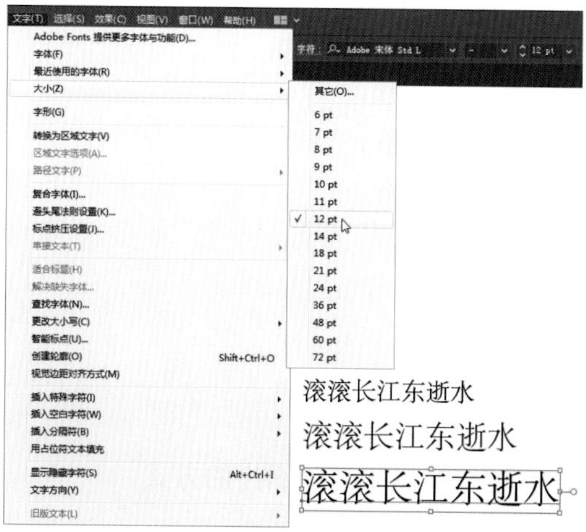
滚滚长江东逝水
滚滚长江东逝水
滚滚长江东逝水

图 2-78

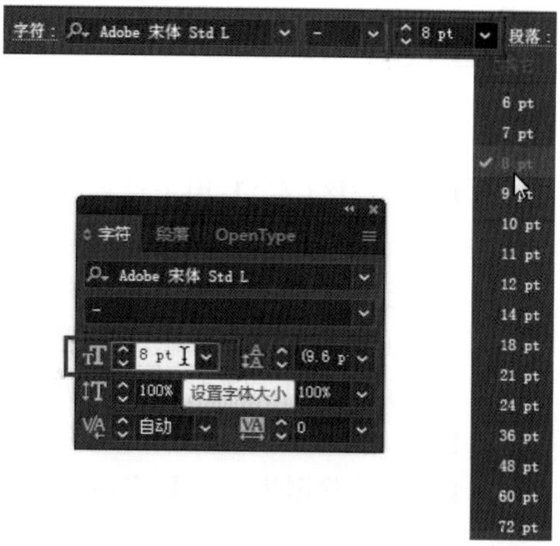
字符：
Adobe 宋体 Std L
8 pt
段落：
6 pt
7 pt
9 pt
10 pt
11 pt
12 pt
14 pt
18 pt
21 pt
24 pt
36 pt
48 pt
60 pt
72 pt
字符
段落
OpenType
设置字体大小

图 2-79

2.7.5 “字符”面板

选择“窗口 / 文字 / 字符”命令或按快捷键“Ctrl+T”，即可打开“字符”面板。该面板专门用来定义页面中字符的属性，如图 2-80 所示。默认情况下，“字符”面板中只显示一些最常用的选项。要显示所有选项，可以单击右上角的按钮，在弹出的菜单中选择“显示选项”命令，如图 2-81 所示。

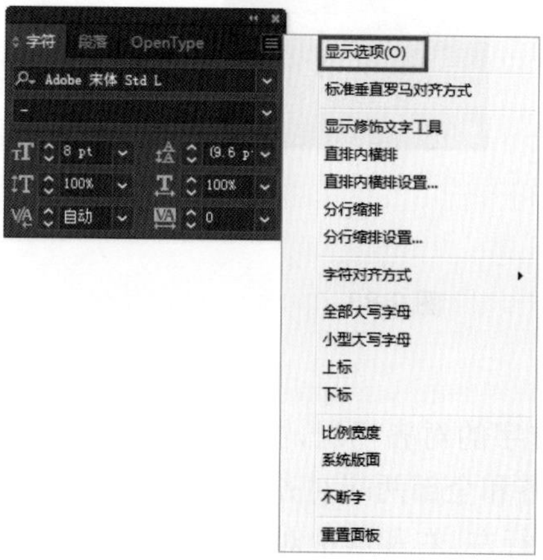
显示选项(O)
标准垂直罗马对齐方式
显示修饰文字工具
直排内横排
直排内横排设置...
分行缩排
分行缩排设置...
字符对齐方式
全部大写字母
小型大写字母
上标
下标
比例宽度
系统版面
不断字
重置面板

图 2-80

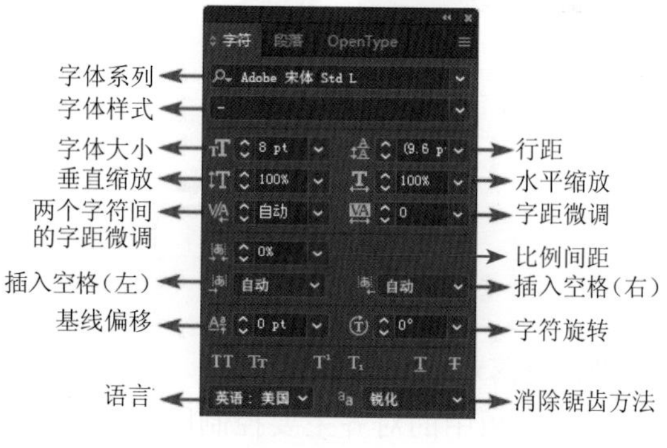
字体系列
字体样式
字体大小
垂直缩放
两个字符间的字距微调
插入空格（左）
基线偏移
语言
行距
水平缩放
字距微调
比例间距
插入空格（右）
字符旋转
消除锯齿方法

图 2-81

- 【设置字体系列】：在该下拉列表框中可以选择文字的字体。
- 【设置字体样式】：设置所选字体的字体样式。
- 【设置字体大小】：在该下拉列表框中可以选择字号，也可以输入自定义数字。
- 【设置行距】：用于设置字符行之间距离的大小。

- 【垂直缩放】：用于设置文字的垂直缩放百分比。
- 【水平缩放】：用于设置文字的水平缩放百分比。
- 【设置两个字符间的字距微调】：设置两个字符间的间距。
- 【字距调整】：用于设置所选字符的间距。
- 【比例间距】：用于设置日语字符的比例间距。
- 【插入空格（左）】：用于设置如何在字符左端插入空格。
- 【插入空格（右）】：用于设置如何在字符右端插入空格。
- 【基线偏移】：用来设置文字与文字基线之间的距离。
- 【字符旋转】：用于设置字符的旋转角度。
- 【下画线】：单击该按钮，可为所选文字添加下画线。
- 【删除线】：单击该按钮，可为所选文字添加删除线。
- 【语言】：用于设置文字的语言类型。
- 【设置消除锯齿方法】：在该下拉列表框中，可选择文字消除锯齿的方式。

2.7.6 “段落”面板

选择“窗口 / 文字 / 段落”命令或按快捷键“Ctrl+Alt+T”，即可打开“段落”面板。该面板主要用来更改段落的格式，如图 2-82 所示。“段落”面板中只显示一些最常用的选项，要显示所有选项，可以单击右上角的按钮，在弹出的菜单中选择“显示选项”命令，如图 2-83 所示。

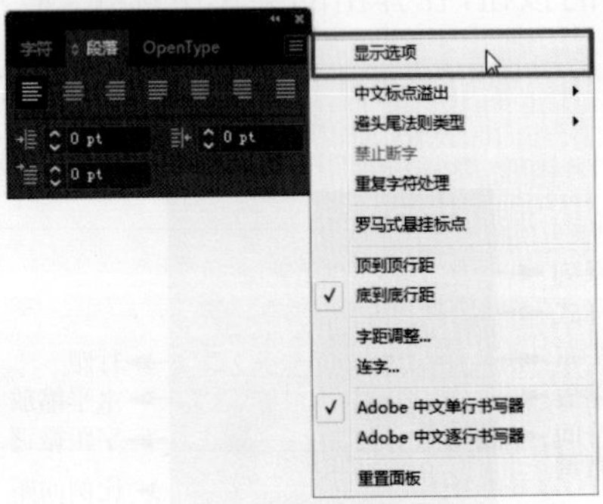
字符
段落
OpenType
0 pt
0 pt
0 pt
显示选项
中文标点溢出
避头尾法则类型
禁止断字
重复字符处理
罗马式悬挂标点
顶到顶行距
底到底行距
字距调整...
连字...
Adobe 中文单行书写器
Adobe 中文逐行书写器
重置面板

图 2-82

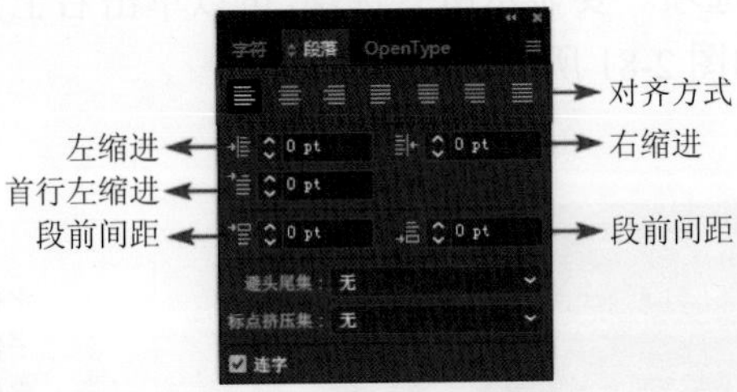
字符
段落
OpenType
对齐方式
左缩进
右缩进
首行左缩进
段前间距
段前间距
0 pt
避头尾集：无
标点挤压集：无
连字

图 2-83

1. 设置段落对齐

“段落”面板中的对齐主要控制段落中的各行文字的对齐情况，主要包括左对齐、居中对齐、右对齐、末行左对齐、末行居中对齐、末行右对齐和全部两端对齐 7 种对齐方式。在这 7 种对齐方式中，左、右和居中对齐比较容易理解，末行左、右和居中对齐是将段落文字除最后一行外，其他的文字两端对齐，最后一行按左、右或居中对齐全部两端对齐是将所有文字两端对齐，如果最后一行的文字过少而不能达到对齐时可以适当地将文字的间距拉大，以匹配两端对齐。打开“素材 2.5”，尝试使用 7 种对齐方法进行段落文本对齐，显示效果如图 2-84 所示。

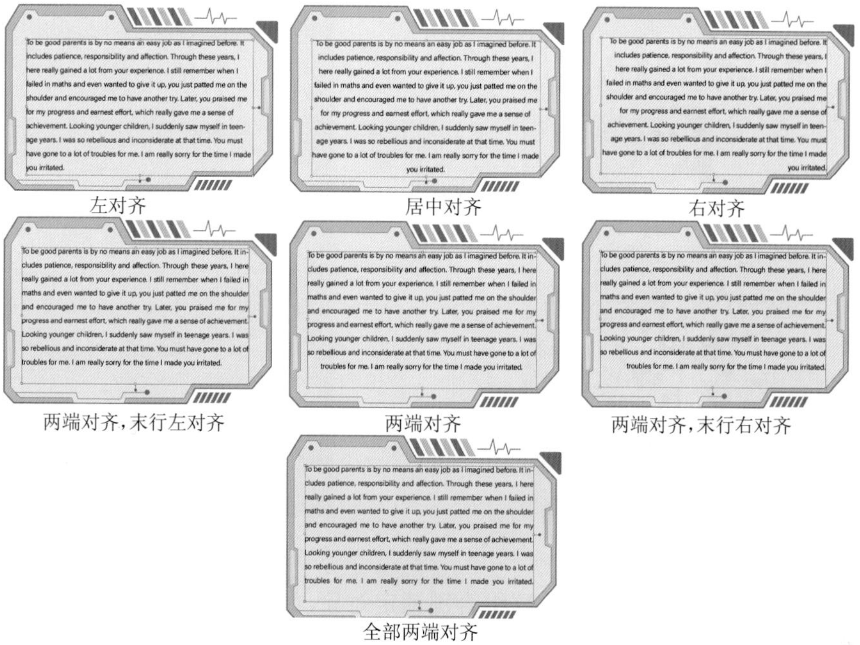
左对齐
居中对齐
右对齐
两端对齐，末行左对齐
两端对齐
两端对齐，末行右对齐
全部两端对齐

图 2-84

2. 设置段落缩进

在“段落”面板中，通过调整段落缩进的数值和使用悬挂缩进来编辑段落，可以使段落边缘显得更加对称。缩进是指段落或单个文字对象边界间的间距量。段落缩进分为左缩进和右缩进两种。缩进只影响选中的段落，因此可以很容易地为多个段落设置不同的缩进。选择文字后打开“段落”面板，调整段落左右缩进的数值，如图 2-85 所示。

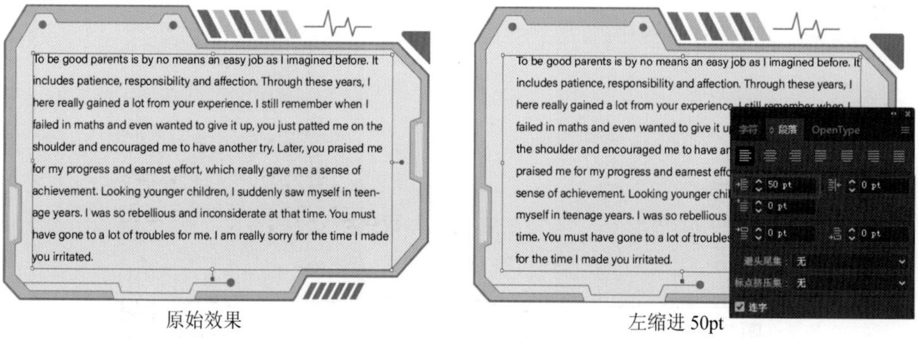
原始效果
左缩进 50pt
字符
段落
OpenType
50 pt
0 pt
连字

图 2-85

案例演练——用“文字工具”制作杂志封面

（1）案例效果如图 2-86 所示。

（2）打开 Illustrator，新建一个宽度为 1020 px，高度为 760 px 的画布。用矩形工具绘制一个与画布相同大小的矩形，填充颜色 # DCF5FF，按“Ctrl+2”组合键锁定对象，如图 2-87 所示。

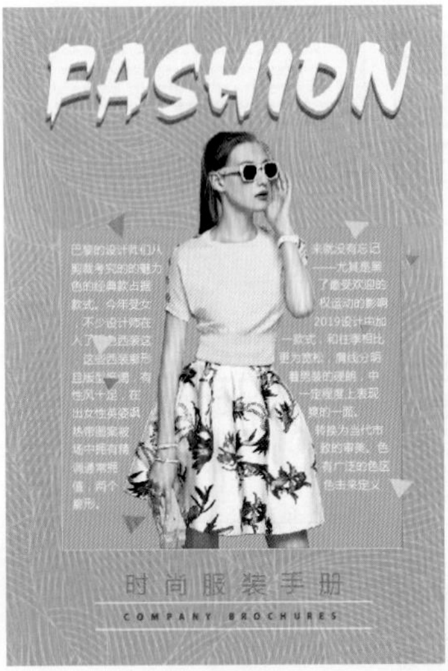
FASHION
时尚服装手册
COMPANY BROCHURES

图 2-86

图 2-87

（3）导入“素材 2.6.1”，按“Ctrl+2”组合键锁定对象，如图 2-88 所示。

（4）使用矩形工具创建一个宽度为 544 px，高度为 492 px 的矩形，填充颜色 # 6FC3B2，将其放置在如图 2-89 所示的位置，按“Ctrl+2”组合键锁定对象。

图 2-88

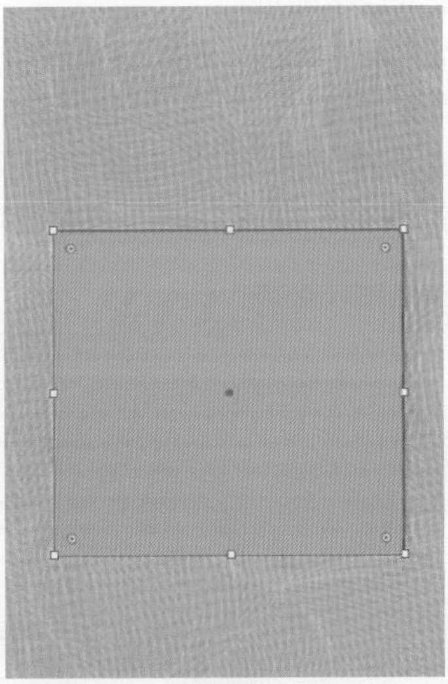

图 2-89

（5）导入“素材 2.6.2”，如图 2-90 所示。

（6）单击工具栏中的“文字工具”按钮，创建一个文本框，设置字体为“方正黑体简体”，字号为 24 pt，文字颜色为 #FFFFFF，键入文本内容，执行段落左对齐，如图 2-91 所示。

图 2-90

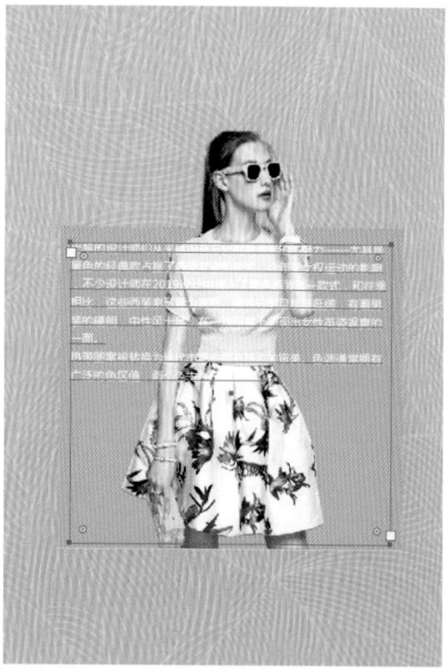

图 2-91

（7）选择文本对象，单击鼠标右键，选择“排列 / 后移一层”命令，将其与人像一起选中，执行“对象 / 文本绕排 / 建立”命令，在弹出的对话框中单击“确定”按钮，如图 2-92 所示。

（8）单击工具栏中的“文字工具”按钮，可以自行选择一种较为夸张的英文字体作为封面标题字体，并为其填充颜色 #B45099，如图 2-93 所示。

图 2-92

FASHION

图 2-93

（9）将标题文字复制两份，分别填充颜色 #ECB3D1 和 #FFFFFF，利用键盘上的向上方向键“↑”在原位置基础上向上移动一些，效果如图 2-94 所示。

（10）单击工具栏中的“文字工具”按钮，创建“点文字”键入封面的中文副标题，填充颜色 #4C93D0；再次创建“点文字”键入封面的英文副标题，填充颜色 #595757。完成后效果如图 2-95 所示。

FASHION

图 2-94

FASHION
时尚服装手册
COMPANY BROCHURES

图 2-95

（11）在英文副标题上方，单击工具栏中的“直线段工具”按钮创建一条长度 444 px 的水平直线，描边颜色 #FFFFFF，描边粗细 1 pt；再将直线复制一份放置在英文副标题下方，选中中英文副标题及两条直线段，在属性栏单击“水平居中对齐”按钮，效果如图 2-96 所示。

（12）继续为封面添加一些彩色的多边形装饰，最终效果如图 2-97 所示。

水平居中对齐
FASHION
时尚服装手册
COMPANY BROCHURES

图 2-96

FASHION
时尚服装手册
COMPANY BROCHURES

图 2-97

2.8 综合实例——制作书包图标

（1）打开 Illustrator，新建一个 800 px×600 px 的画布。用矩形工具绘制一个 800 px×600 px 的矩形，填充颜色 # DCF5FF。命名该图层为“背景”，锁定图层，如图 2-98 所示。

（2）使用矩形工具制作书包的外形，具体参数如图 2-99 所示。画好后使用对齐工具把两个矩形居中对齐。

图 2-98

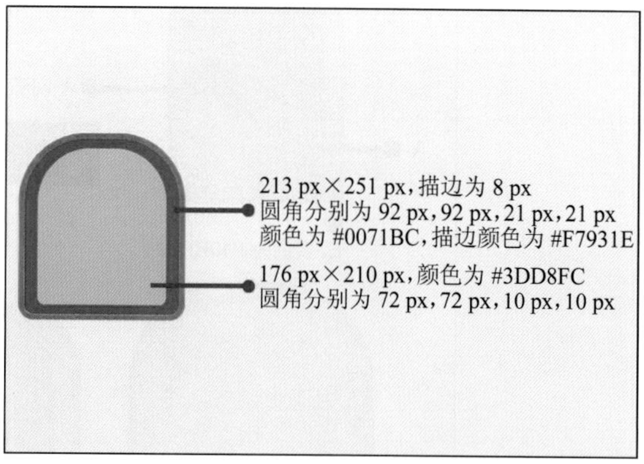
213 px×251 px，描边为 8 px
圆角分别为 92 px，92 px，21 px，21 px
颜色为 #0071BC，描边颜色为 #F7931E
176 px×210 px，颜色为 #3DD8FC
圆角分别为 72 px，72 px，10 px，10 px

图 2-99

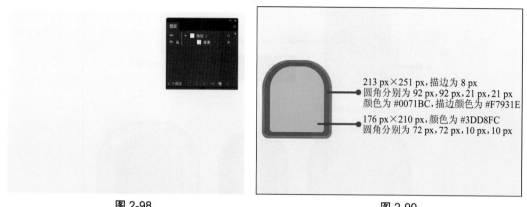

（3）画一个 153 px×221 px 的矩形，描边 8 px，圆角分别为 62 px，62 px，0 px，0 px，颜色为 #057EC1，描边颜色为 # F7931E，然后使用“对象 / 路径 / 轮廓化描边”命令，再右击矩形，选择取消编组，将描边和填充分离开。将 A 原地复制一份，颜色改为 #064187，命名为 C。将 A 向左移动 25 px。使用“路径查找器”减去顶层形状（注意：A 在 C 上面），得到 D，如图 2-100 所示。

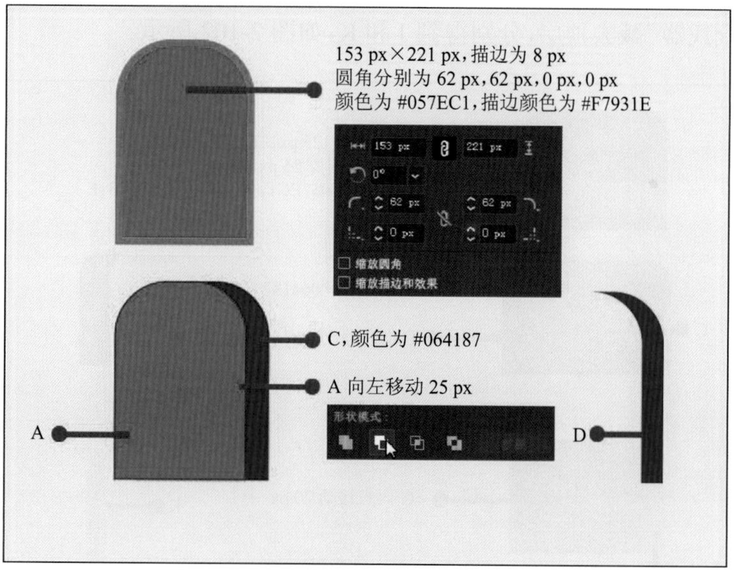
153 px×221 px，描边为 8 px
圆角分别为 62 px，62 px，0 px，0 px
颜色为 #057EC1，描边颜色为 #F7931E
153 px
221 px
0°
62 px
62 px
0 px
0 px
缩放圆角
缩放描边和效果
C，颜色为 #064187
A 向左移动 25 px
形状模式：
A
D

图 2-100

（4）操作同步骤（3），将 A 原地复制一份，颜色改为 #40BBF2，命名为 E。将 A 向右移动 20 px。使用“路径查找器”减去顶层形状（注意：A 在 E 上面），得到 F。做到这一步的时候，效果如图 2-101 所示。

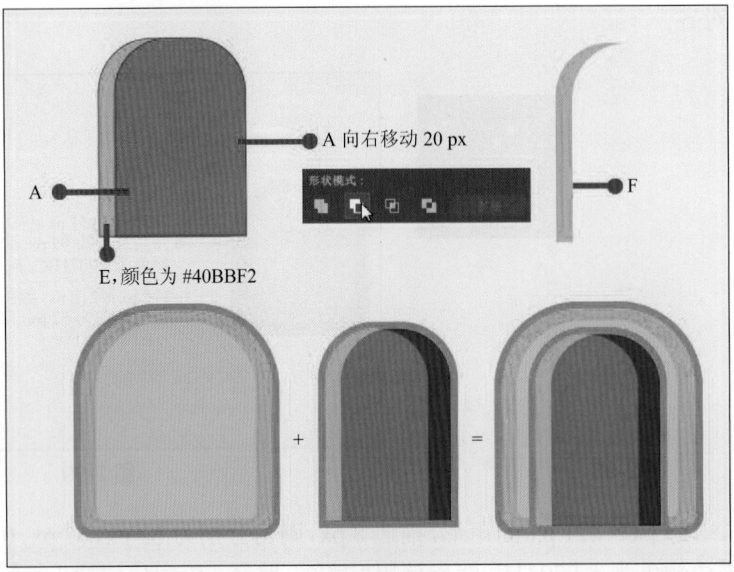
A 向右移动 20 px
形状模式：
A
F
E，颜色为 #40BBF2
+
=

图 2-101

（5）画一个 153 px×122 px 的矩形，描边 8 px，圆角半径分别为 25 px，25 px，0 px，0 px，颜色为 #057EC1，描边颜色为 #F7931E。选择矩形，用“对象 / 路径 / 轮廓化描边”命令将描边和填充分离。把 G 复制两份，改颜色为 #064187 得到 H，改颜色为 #40BBF2 得到 I。接着使用“路径查找器”减去顶层，分别得到 J 和 K，如图 2-102 所示。

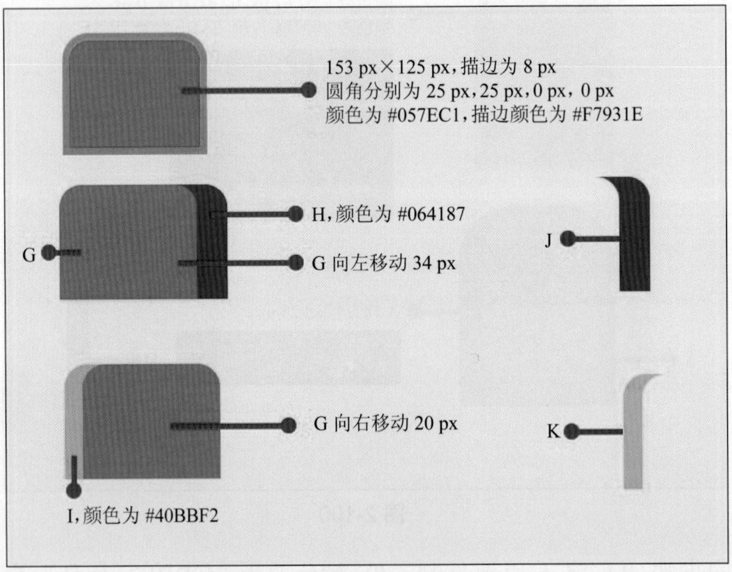
153 px×125 px，描边为 8 px
圆角分别为 25 px，25 px，0 px，0 px
颜色为 #057EC1，描边颜色为 #F7931E
H，颜色为 #064187
G
J
G 向左移动 34 px
G 向右移动 20 px
K
I，颜色为 #40BBF2

图 2-102

（6）将步骤（5）中的图形再复制一份，高度改为 36 px，具体参数在下方，效果如图 2-103 所示。

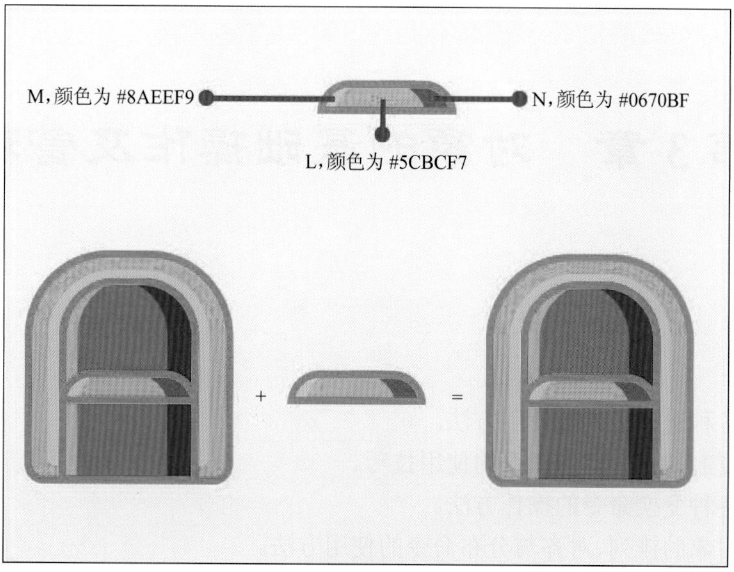
M，颜色为 #8AEEF9
N，颜色为 #0670BF
L，颜色为 #5CBCF7
+
=

图 2-103

（7）为了效果更佳美观，可以按照自己的想法和创意继续为图标添加装饰，最终效果参考图 2-104。

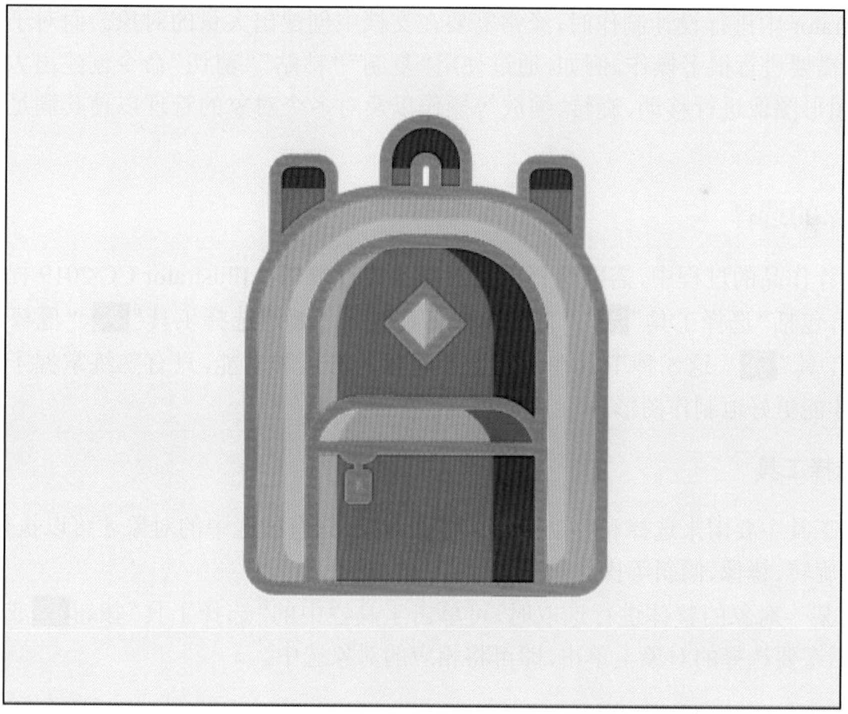

图 2-104

第 3 章　对象的基础操作及管理

学习目标

- 掌握各种选择工具的使用方法。
- 掌握复制、粘贴、剪切命令的使用技巧。
- 掌握各种变换命令的操作方法。
- 掌握对象的排列、对齐与分布命令的使用方法。
- 掌握编组与锁定功能的使用方法。
- 掌握如何隐藏与显示对象。

导语

Illustrator 中进行设计制作时，经常需要在文档中创建出大量的对象。而对于这些已有的对象也需要进行很多操作，例如，通过使用“复制”“粘贴”“剪切”命令创建出大量重复的对象，对图形图像进行移动、旋转、缩放等操作以及对多个对象的管理以使其满足设计制作的需求。

3.1　对象的选择

在设计作品的过程中，需要选择图形对象来进行编辑。Illustrator CC 2019 提供了 5 种选择工具，包括“选择工具”、“直接选择工具”、“编组选择工具”、“魔棒工具”和“套索工具”。这 5 种工具在使用上各有各的特点和功能，只有熟练掌握了这些工具的用法，才能更好地制作图形。

3.1.1　选择工具

选择工具主要用来选择和移动图形或图像对象，只有被选中的对象才可以执行移动、复制、缩放、旋转、镜像、倾斜等操作。

针对某一对象的整体进行选取时，可单击工具栏中的“选择工具”按钮或按快捷键“V”，然后在要选择的对象上单击，即可将相应的对象选中。

案例演练——使用选择工具选择对象

（1）在 Illustrator 中打开“素材 3.1”，如图 3-1 所示。单击工具栏中的“选择工具”按钮，然后单击图形中的任意一个对象。对象被选中后，将显示出它的路径和一个定界框；在定界框的四周显示 8 个空心的正方形，表示定界框的控制点；在定界框的中心位置，还将显示定界框的中心点。此时表明对象已被选中，如图 3-2 所示。

图 3-1

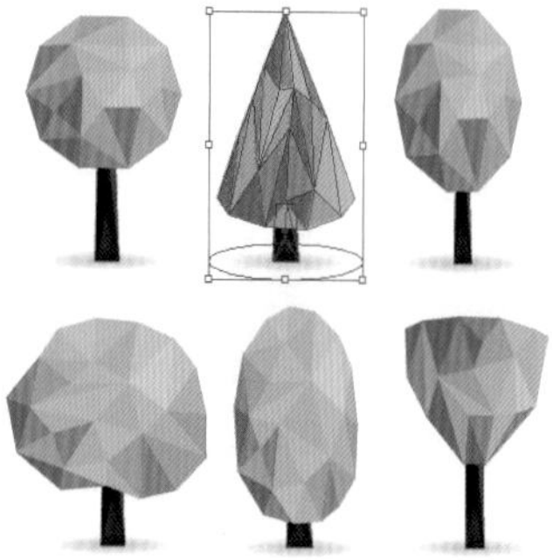

图 3-2

（2）如果不想显示定界框，可以执行菜单栏中的“视图 / 隐藏定界框”命令，如图 3-3 所示，即可将其隐藏，如图 3-4 所示。此时“隐藏定界框”命令将变成“显示定界框”命令。另外，执行快捷键“Shift+Ctrl+B”，可以快速切换定界框的显示与否。

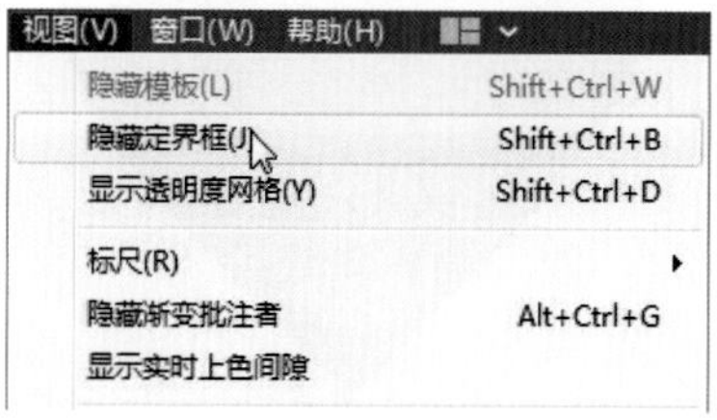
视图(V)
窗口(W)
帮助(H)
隐藏模板(L)
Shift+Ctrl+W
隐藏定界框(J)
Shift+Ctrl+B
显示透明度网格(Y)
Shift+Ctrl+D
标尺(R)
隐藏渐变批注者
Alt+Ctrl+G
显示实时上色间隙

图 3-3

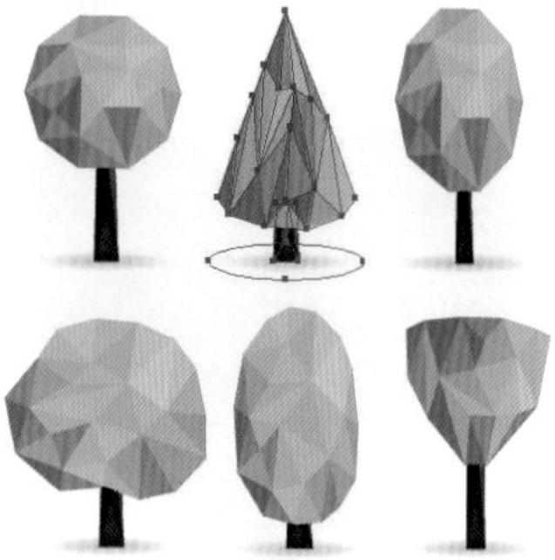

图 3-4

（3）按住“Shift”键单击各个对象，可以选择多个对象，如图 3-5 所示。在多个对象被选中的状态下，如果要将其中的一些对象取消选中状态，可在按住“Alt”键时单击要取消的对象。

（4）如果要同时选中多个相邻对象，可以单击工具栏中的“选择工具”按钮，再单击并拖拽出一个虚拟的矩形选框，即可将图形对象选中，如图 3-6 所示。在框选图形对象时，不管图形对象是部分与矩形选框接触相交还是全部在矩形选框内都将被选中。

3.1.2　直接选择工具

“直接选择工具”与“选择工具”在用法上基本相同，但“直接选择工具”主要用来选择和调整图形对象的锚点、曲线控制柄和路径线段。利用“直接选择工具”单击可以选择图形对象上的一个或多个锚点，也可以直接选择一个图形对象上的所有锚点。

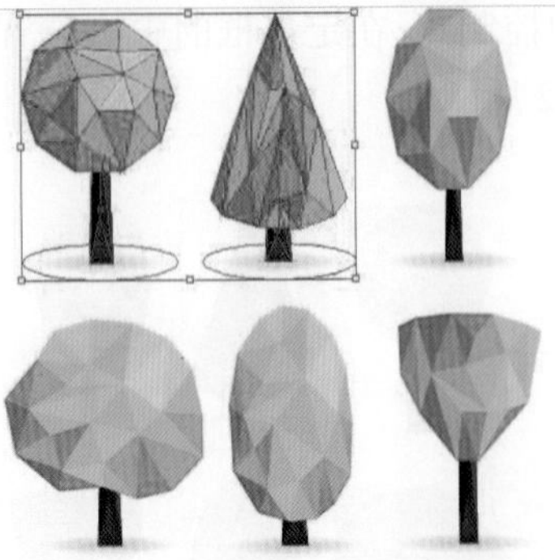

图 3-5

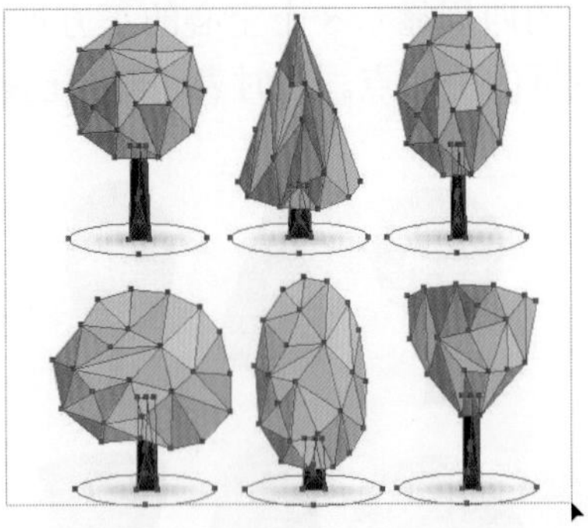

图 3-6

案例演练——直接选择工具的使用

（1）在 Illustrator 中打开“素材 3.2”，如图 3-7 所示。如果想要对图形对象的锚点进行选择、移动和删除，单击工具栏中的“直接选择工具”按钮或按快捷键“A”，然后将鼠标光标移动到包含锚点的路径上，单击即可选中锚点，如图 3-8 所示；拖拽鼠标可以移动锚点，如图 3-9 所示；按“Delete”键可以删除锚点，如图 3-10 所示。

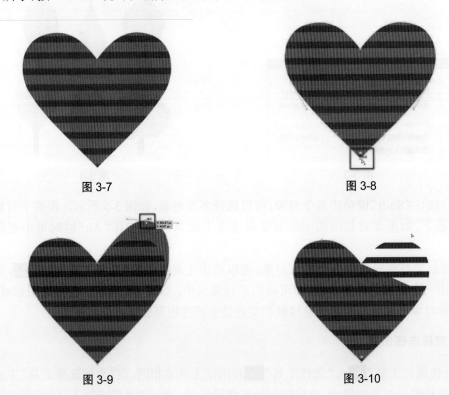

图 3-7

图 3-8

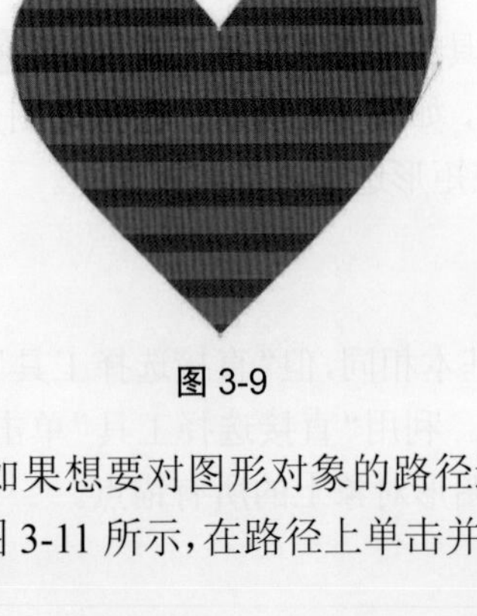

图 3-9

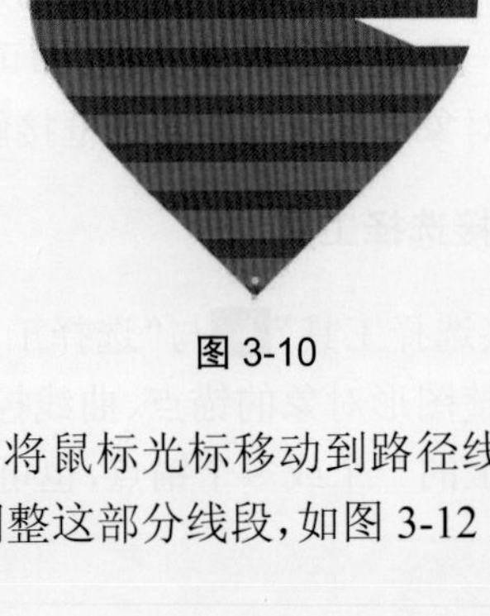

图 3-10

（2）如果想要对图形对象的路径进行选择和移动，将鼠标光标移动到路径线段上单击选中，如图 3-11 所示，在路径上单击并移动鼠标，即可调整这部分线段，如图 3-12 所示。

图 3-11

图 3-12

3.1.3　编组选择工具

在 Illustrator 中，可以将多个对象合并到一个组中，以便同时对它们进行移动或变换操作。使用“编组选择工具”可以在不解除编组的情况下，选择组内的对象或子组。

案例演练——使用“编组选择工具”选择编组对象

（1）在 Illustrator 中打开“素材 3.3”，如图 3-13 所示。如果使用“选择工具”单击编组对象的任意一个对象，选择的是整个组，如图 3-14 所示；而单击工具栏中的“编组选择工具”按钮，然后单击要选择的组内对象，则可以直接选择组内的一个对象，如图 3-15 所示。

ASADAL
Thank you

图 3-13

ASADAL
Thank you

图 3-14

ASADAL
Thank you

图 3-15

（2）再次单击，选择的是对象所在的组，如图 3-16 所示。

（3）第 3 次单击则添加第 2 个组，如图 3-17 所示。

ASADAL
Thank you

图 3-16

ASADAL
Thank you

图 3-17

3.1.4 魔棒工具

通过“魔棒工具”可以快速地将整个文档中属性相近的对象同时选中。单击工具栏中的“魔棒工具”按钮或按快捷键“Y”，然后单击要选取的对象，即可将文件中属性与之相似的对象同时选中。

案例演练——使用“魔棒工具”选择对象

（1）在 Illustrator 中打开“素材 3.4”，工具栏中“魔棒工具”按钮，然后单击绿色填色图形，如图 3-18 所示。之后画面中所有与之填色相似的对象会被全部选中，如图 3-19 所示。

图 3-18

图 3-19

（2）双击工具栏中的“魔棒工具”按钮，弹出“魔棒”面板。在该面板中选中不同的选项，可以定义使用“魔棒工具”选择对象的依据，如图 3-20 所示。

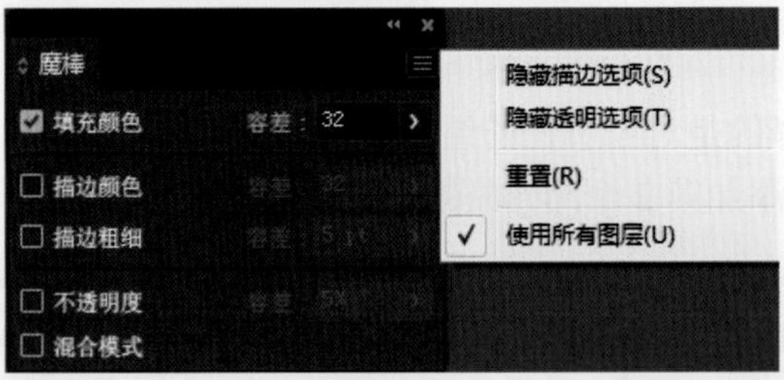
魔棒
填充颜色
容差：32
描边颜色
描边粗细
不透明度
混合模式
隐藏描边选项(S)
隐藏透明选项(T)
重置(R)
使用所有图层(U)

图 3-20

- 【填充颜色】：若要根据对象的填充颜色选择对象，选中“填充颜色”复选框，然后输入“容差”值。对于 RGB 模式，该值应介于 0~255；对于 CMYK 模式，该值应介于 0~100。容差值越小，所选的对象与单击的对象就越相似；容差值越大，所选的对象所具有的属性范围就越广。
- 【描边颜色】：若要根据对象的描边颜色选择对象，选中“描边颜色”复选框，然后输入“容差”值。对于 RGB 模式，该值应介于 0~255；对于 CMYK 模式，该值应介于 0~100。

● 【描边粗细】：若要根据对象的描边粗细选择对象，选中“描边粗细”复选框，然后输入“容差”值。该值应介于 0~1 000 点。

● 【不透明度】：若要根据对象的透明度选择对象，选中“不透明度”复选框，然后输入“容差”值。该值应介于 0~100%。

● 【混合模式】：若要根据对象的混合模式选择对象，选中“混合模式”复选框。

3.1.5　套索工具

使用套索工具围绕整个对象或对象的一部分拖动鼠标，可以非常容易地选择对象、锚点或路径线段。

案例演练——使用套索工具选择对象

在 Illustrator 中打开“素材 3.5”，单击工具栏中的“套索工具”按钮或按快捷键“Q”，在眼部区域上按住鼠标左键拖动，释放鼠标即可完成锚点的选取，如图 3-21 所示。

单击工具栏中的“套索工具”按钮后，按住“Shift”键的同时拖动鼠标，可以加选更多的对象。按住“Alt”键的同时拖动鼠标，可以将不需要的对象从当前选择中删去。

图 3-21

3.2　使用菜单命令选择图形

Illustrator 除了在工具栏中提供大量的“选择工具”外，还在“选择”菜单中提供了一些用于辅助选择的命令，如图 3-22 所示。

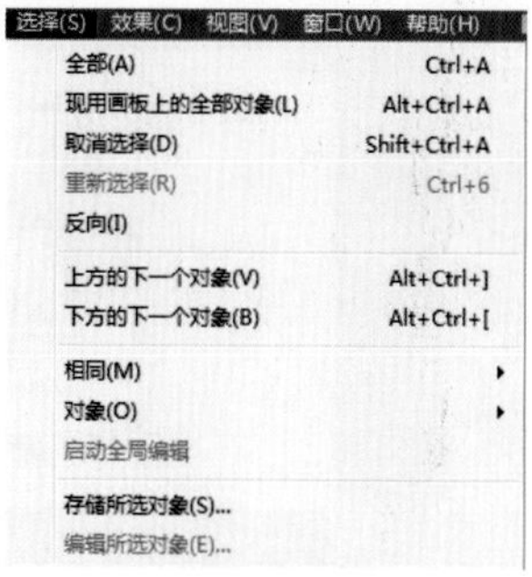

选择(S) 效果(C) 视图(V) 窗口(W) 帮助(H)
全部(A) Ctrl+A
现用画板上的全部对象(L) Alt+Ctrl+A
取消选择(D) Shift+Ctrl+A
重新选择(R) Ctrl+6
反向(I)
上方的下一个对象(V) Alt+Ctrl+]
下方的下一个对象(B) Alt+Ctrl+[
相同(M)
对象(O)
启动全局编辑
存储所选对象(S)...
编辑所选对象(E)...

图 3-22

案例演练——使用菜单命令选择图形

在 Illustrator 中打开“素材 3.6”，如图 3-23 所示，进行以下命令的操作。

图 3-23

1. 全部选择

选择“选择 / 全部”命令或按快捷键“Ctrl+A”，可以将当前文档中的所有对象全部选中，如图 3-24 所示。

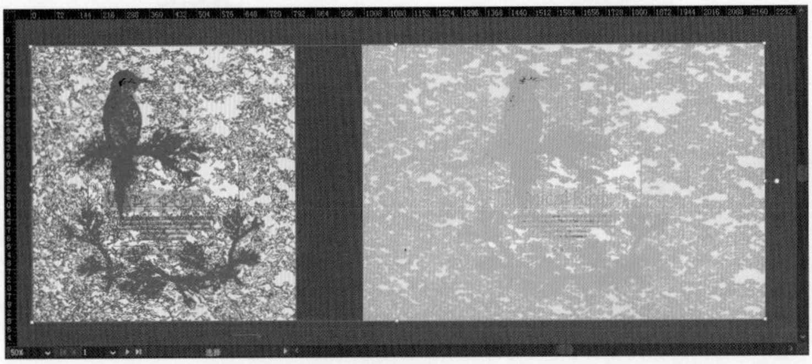

图 3-24

2. 选择现有画板上的全部对象

使用工具栏中的“画板工具”选择当前文件的“画板 1”，选择“选择 / 现用画板上的全部对象”命令或按快捷键“Ctrl+Alt+A”，可以将当前画板中的所有对象全部选中，如图 3-25 所示。

图 3-25

3. 取消选择

选择“选择 / 取消选择”命令或按快捷键“Shift+Ctrl+ A”，或在绘图窗口中的空白区域单击，即可取消选择所有对象。

4. 重新选择

若要重复上次使用的选择命令，选择“选择 / 重新选择”命令或按快捷键“Ctrl+6”，即可恢复选择上次所选的对象。

5. 选择未被选中的对象

选择“选择 / 反向”命令，可以取消当前被选中对象的选中状态，然后快速将之前未被选中的未锁定对象选中。

6. 选择堆叠的对象

当多个对象堆叠在一起时，使用“选择工具”单击，只能选中最上面的对象。若要选择所选对象上方或下方距离最近的对象，可以选择“选择 / 上方的下一个对象”或“选择 / 下方的下一个对象”命令，如图 3-26 所示。

BACKGROUND

图 3-26

7. 选择具有相同属性的对象

若要选择具有相同属性的所有对象，首先选择一个具有所需属性的对象，然后执行“选择 / 相同”命令，在弹出的子菜单中选择所需属性（如“外观”“外观属性”“混合模式”“填色和描边”“填充颜色”“不透明度”“描边颜色”“描边粗细”“图形样式”“形状”“符号实例”和“链接块系列”），即可选择文件中具有该属性的所有对象，如图 3-27 所示。

8. 选择特定类型的对象

若要选择文件中某一特定类型的所有对象，首先需要取消所有对象的选择，然后选择“选择 / 对象”命令，在弹出的子菜单中选择所需对象类型（如“画笔描边”“剪切蒙版”“游离点”和“文本对象”等），即可选择文件中所有该类型的对象，如图 3-28 所示。

9. 存储所选对象

该命令主要用于首先选择一个或多个对象，然后选择“选择 / 存储所选对象”命令，弹出如图 3-29 所示的“存储所选对象”对话框，在“名称”文本框中输入相应名称，单击“确定”按钮即可将其保存。此时，在“选择”菜单的底部可以看到保存的选择状态选项，选择所需选项即可快速地选中相应的对象。

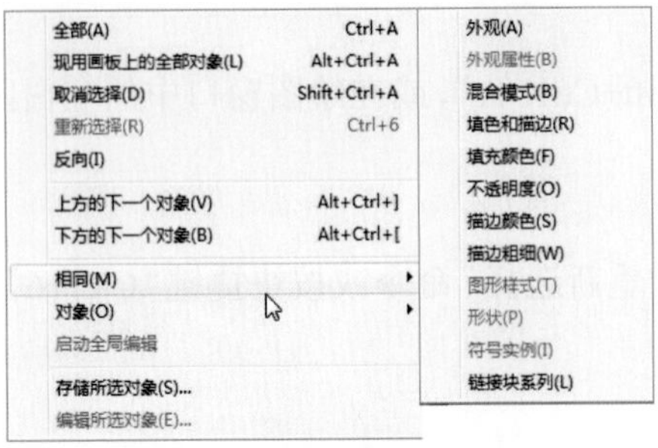
全部(A) Ctrl+A
现用画板上的全部对象(L) Alt+Ctrl+A
取消选择(D) Shift+Ctrl+A
重新选择(R) Ctrl+6
反向(I)
上方的下一个对象(V) Alt+Ctrl+]
下方的下一个对象(B) Alt+Ctrl+[
相同(M)
对象(O)
启动全局编辑
存储所选对象(S)...
编辑所选对象(E)...
外观(A)
外观属性(B)
混合模式(B)
填色和描边(R)
填充颜色(F)
不透明度(O)
描边颜色(S)
描边粗细(W)
图形样式(T)
形状(P)
符号实例(I)
链接块系列(L)

图 3-27

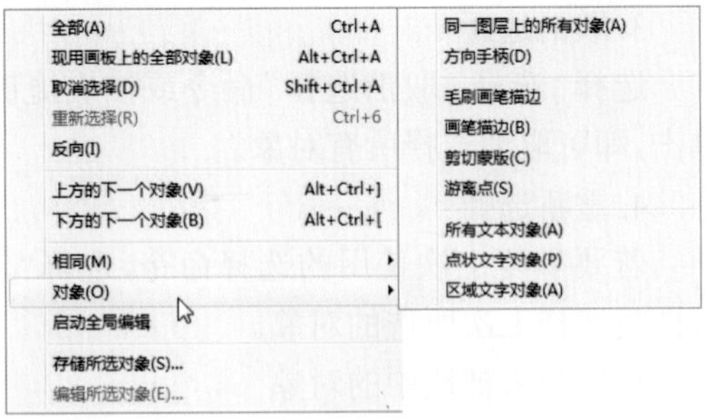
全部(A) Ctrl+A
现用画板上的全部对象(L) Alt+Ctrl+A
取消选择(D) Shift+Ctrl+A
重新选择(R) Ctrl+6
反向(I)
上方的下一个对象(V) Alt+Ctrl+]
下方的下一个对象(B) Alt+Ctrl+[
相同(M)
对象(O)
启动全局编辑
存储所选对象(S)...
编辑所选对象(E)...
同一图层上的所有对象(A)
方向手柄(D)
毛刷画笔描边
画笔描边(B)
剪切蒙版(C)
游离点(S)
所有文本对象(A)
点状文字对象(P)
区域文字对象(A)

图 3-28

10. 编辑所选对象

选择“选择 / 编辑所选对象”命令，在弹出的“编辑所选对象”对话框中选中要进行编辑的选择状态选项，即可编辑已保存的对象，如图 3-30 所示。

- 【名称】：在该文本框中输入相应的字符，可以对名称进行修改。
- 【删除】：可以将相应的选择状态选项删除。

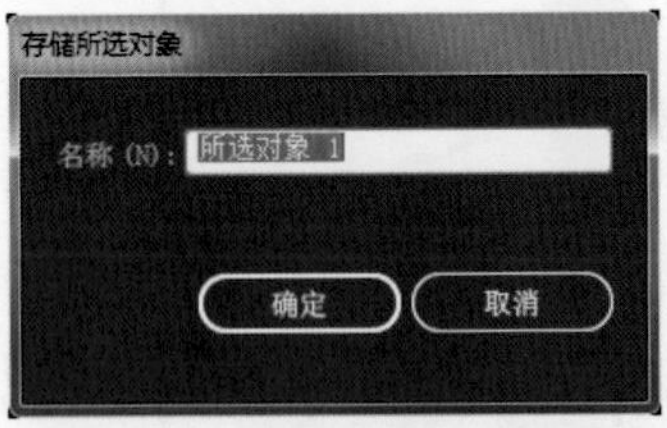
存储所选对象
名称 (N)：所选对象 1
确定
取消

图 3-29

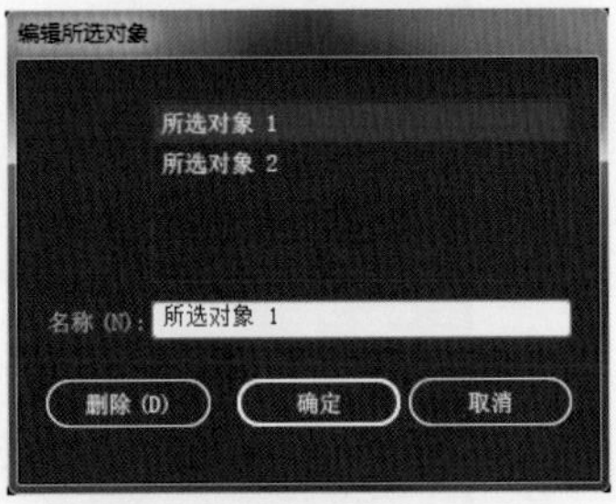
编辑所选对象
所选对象 1
所选对象 2
名称 (N)：所选对象 1
删除 (D)
确定
取消

图 3-30

3.3 还原与重做

在设计制作的过程中，难免会出现错误，这时可以选择“编辑 / 还原”命令或按快捷键“Ctrl+Z”来修正错误；执行还原之后，还可以选择“编辑 / 重做”命令或按快捷键“Shift+Ctrl+ Z”来撤销还原，使操作对象恢复到还原操作之前的状态；如果选择“文件 / 恢复”命令，则可以将文件恢复到上一次存储的版本。需要注意的是，选择“文件 / 恢复”命令将无法还原。

即使选择过“文件 / 存储”命令，也可以进行还原操作，但是如果关闭了文件又重新打开，则无法再还原。当“还原”命令显示为灰色时，表示该命令不可用，也就是操作无法还原。还原操作不限制次数，只受内存大小的限制。

3.4 剪切对象

“剪切”命令是把当前选中的对象移入剪贴板中，原位置的对象将消失，但是可以通过“粘贴”命令调用剪贴板中的该对象。也就是说，“剪切”命令经常与“粘贴”命令配合使用。在 Illustrator 中，剪切和粘贴对象可以在同一文档中或者不同文档间进行。

案例演练——使用“剪切”“粘贴”命令制作广告

在 Illustrator 中打开“素材 3.7.1”，将文件中的对象选中，执行“编辑 / 剪切”命令或按快捷键“Ctrl+X”，即可将所选对象剪切到剪贴板中（被剪切的对象将从画面中消失）；之后打开“素材 3.7.2”，执行“编辑 / 粘贴”命令或按快捷键“Ctrl+V”，此时“素材 3.7”中的对象已被剪切并粘贴到“素材 3.7.2”中，效果如图 3-31 所示。

SUM
MER
BACKGROUND

图 3-31

3.5　复制对象

在设计过程中经常会出现重复的对象，选中对象进行复制、粘贴就无须重复创建了。

通过“复制”命令可以便捷地制作出多个相同的对象。首先选择对象，然后选择“编辑 / 复制”命令或按快捷键“Ctrl+C”，即可将其复制；也可以使用“选择工具”选中某一对象后，按住“Alt”键，当鼠标光标变为双箭头时进行移动，即可将其复制到相应位置。

案例演练——使用“复制”“粘贴”命令制作海报

打开“素材 3.8”，选择热带鱼图形，按住“Alt”键，当鼠标光标变为双箭头时移动该图形，执行多次复制、缩放命令后，效果如图 3-32 所示。

图 3-32

3.6 粘贴对象

Illustrator 提供了多种粘贴方式，可以将复制或剪切的对象贴在前面或后面，也可以进行就地粘贴，还可以在所有画板上粘贴该对象，如图 3-33 所示。

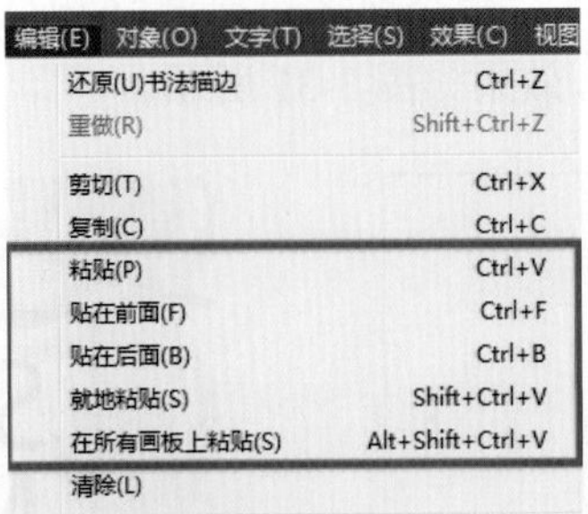
编辑(E) 对象(O) 文字(T) 选择(S) 效果(C) 视图
还原(U)书法描边 Ctrl+Z
重做(R) Shift+Ctrl+Z
剪切(T) Ctrl+X
复制(C) Ctrl+C
粘贴(P) Ctrl+V
贴在前面(F) Ctrl+F
贴在后面(B) Ctrl+B
就地粘贴(S) Shift+Ctrl+V
在所有画板上粘贴(S) Alt+Shift+Ctrl+V
清除(L)

图 3-33

1. 粘贴

执行了“复制”或“剪切”命令后，选择“编辑 / 粘贴”命令或按快捷键“Ctrl+V”，即可将其粘贴到当前文档中。

2. 贴在前面

选择“编辑 / 贴在前面”命令或按快捷键“Ctrl+F”，可将剪贴板中的对象粘贴到文档中原始对象所在的位置，并置于当前图层中对象堆叠的顶层。但是，如果在执行此功能前就选择了一个对象，则剪贴板中的内容将堆放到该对象的最前面。

案例演练——使用“剪切”“粘贴”命令调整图层顺序

打开“素材 3.9”，在图层控制面板中选择文字编组图层，执行“编辑 / 剪切”命令，然后选择“编辑 / 贴在前面”命令，效果如图 3-34 所示。

NOW ON
GREAT
VALENTINE'S
DAY
SALE
SWEET SAVINGS
NOW ON
GREAT
VALENTINE'S
DAY
SALE
SWEET SAVINGS

图 3-34

3. 贴在后面

选择“编辑 / 贴在后面”命令或按快捷键“Ctrl+B”，可将剪贴板中的内容粘贴到对象堆叠的底层或紧跟在选定对象之后。

4. 就地粘贴

选择“编辑 / 就地粘贴”命令或按快捷键“Shift+Ctrl+V”，可以将图稿粘贴到当前画板中。

5. 在所有画板上粘贴

在剪切或复制图稿后，选择“编辑 / 在所有画板上粘贴”命令或按快捷键“Alt+Shift+Ctrl+V”，可将其粘贴到所有画板上。

案例演练——利用“复制”“在所有画板上粘贴”命令复制多个对象

打开“素材 3.10”，选择卡通图形，执行“编辑 / 复制”命令，然后执行“编辑 / 在所有画板上粘贴”命令，效果如图 3-35 所示。

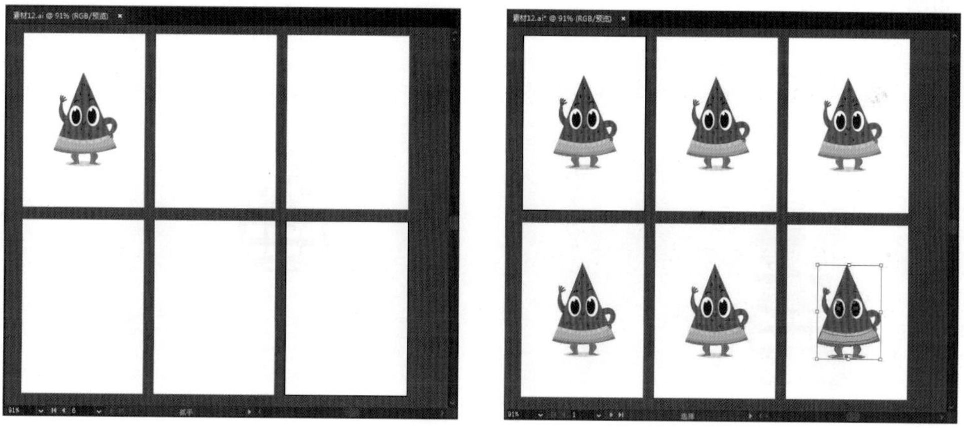

图 3-35

3.7　清除对象

首先选择想要清除的一个或多个对象，然后执行“编辑 / 清除”命令或按“Delete”键，即可删除选中的对象，如图 3-36 所示。

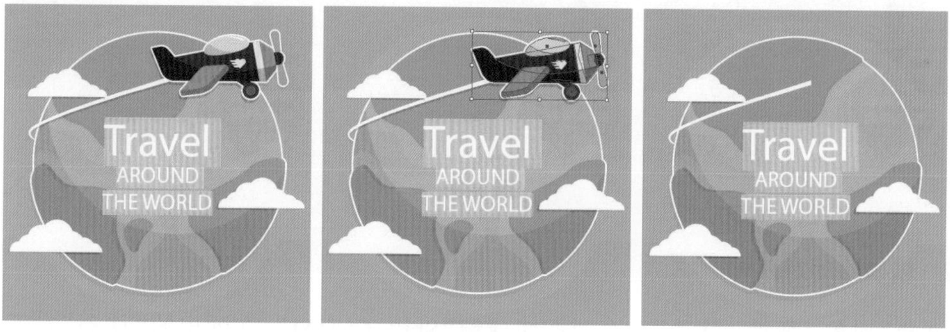
Travel
AROUND
THE WORLD
Travel
AROUND
THE WORLD
Travel
AROUND
THE WORLD

图 3-36

3.8 移动对象

在 Illustrator 中想要移动某一对象非常简单，既可以使用选择，也可以通过执行相应的命令进行精确的移动。

3.8.1 使用“选择工具”移动对象

单击工具栏中的“选择工具”按钮或按“V”键，选中要进行移动的对象，按住鼠标左键的同时拖动鼠标到要移动的位置，释放鼠标后，对象的位置就会发生改变。

案例演练——使用“选择工具”移动对象

在 Illustrator 中打开“素材 3.11”，使用“选择工具”选中对象并拖动鼠标将其移动，效果如图 3-37 所示。

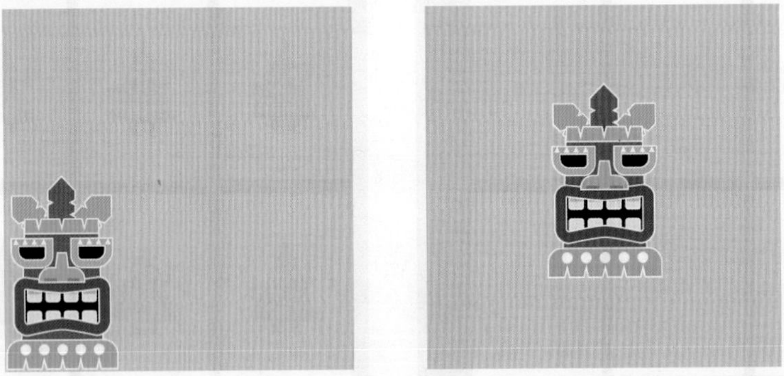

图 3-37

按住“Shift”键拖动鼠标，可以沿水平、垂直或 45° 角移动对象，如图 3-38 所示。

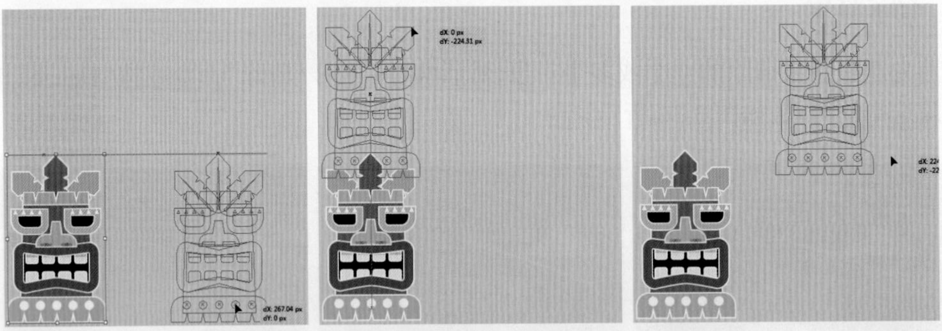

图 3-38

3.8.2 精确移动对象

选择“对象 / 变换 / 移动”命令或按快捷键“Shift+Ctrl+M”，在弹出的“移动”对话框中设置相应的参数，单击“确定”按钮，可以精确地移动对象，如图 3-39 所示。

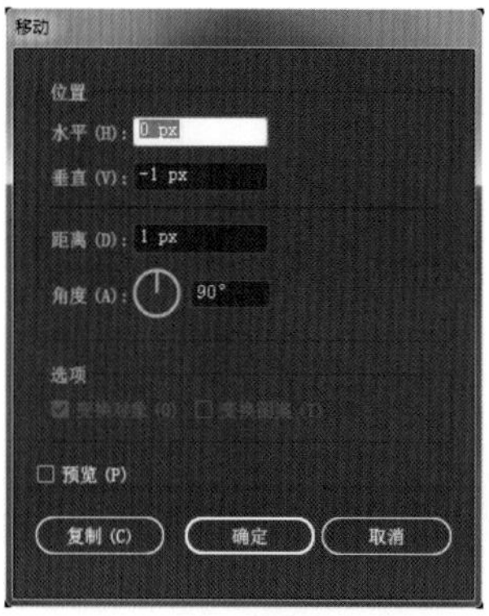
移动
位置
水平 (H)：0 px
垂直 (V)：-1 px
距离 (D)：1 px
角度 (A)：90°
选项
预览 (P)
复制 (C)
确定
取消

图 3-39

- 【水平】：在该文本框中输入相应的数值，可以定义对象在画板水平方向上的定位位置。
- 【垂直】：在该文本框中输入相应的数值，可以定义对象在画板垂直方向上的定位位置。
- 【距离】：在该文本框中输入相应的数值，可以定义对象移动的距离。
- 【角度】：在该文本框中输入相应的数值，可以定义对象移动的角度。
- 【选项】：当对象中填充了图案时，可以通过选中“对象”和“图案”复选框，定义对象移动的部分。
- 【预览】：选中该复选框，可以在进行最终的移动操作前查看相应的效果。
- 【复制】：单击该按钮，可以将移动的对象进行复制。

3.9　变换对象

当设计制作一幅图形时，经常需要对图形对象进行变换以达到更好的效果。除了使用路径编辑工具编辑路径，Illustrator 还提供了相当丰富的图形变换工具，使得图形变换十分方便。变换可以用两种方法来实现：一种是使用菜单命令进行变换，另一种是使用工具栏中现有的工具对图形对象进行直观的变换。

3.9.1　旋转对象

“旋转工具”主要用来旋转对象。它不但可以沿所选图形的中心点来旋转图形，还可以自行设置所选图形的旋转中心，使旋转更具有灵活性。利用旋转工具不但可以对所选图形进行旋转，还可以只旋转图形对象的填充图案，旋转的同时还可以利用辅助键来完成复制。

案例演练——使用“旋转工具”旋转对象

（1）在 Illustrator 中打开“素材 3.12”，将要旋转的对象选中，然后单击工具栏中的“旋转工具”按钮或按“R”键，可以看到对象中出现中心点标志，在画面中按住鼠标左键并拖动鼠标，即可围绕当前中心点进行旋转，如图 3-40 所示。

（2）按住“Shift”键，可以锁定旋转的角度为 45° 的倍值，如图 3-41 所示。将鼠标光标放置到中心点以外的区域，单击鼠标左键即可改变中心点的位置，此时拖动鼠标旋转对象将得到不同的效果，如图 3-42 所示。

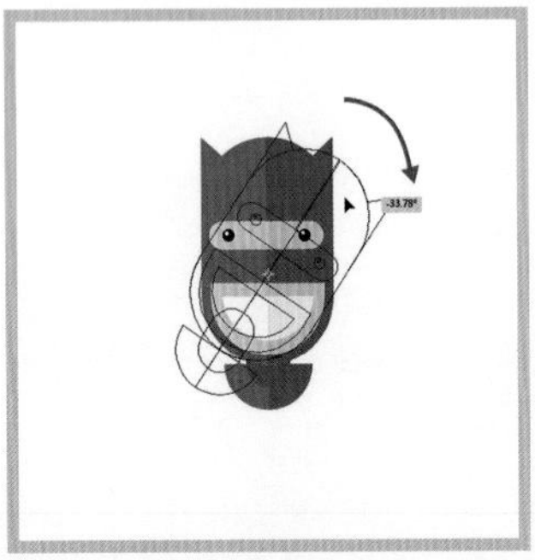

图 3-40

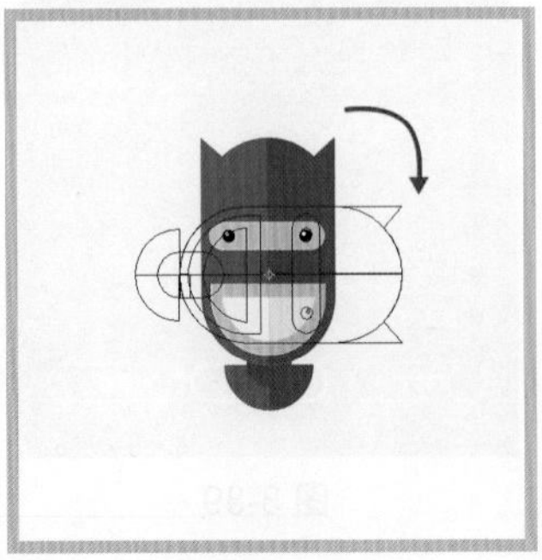

图 3-41

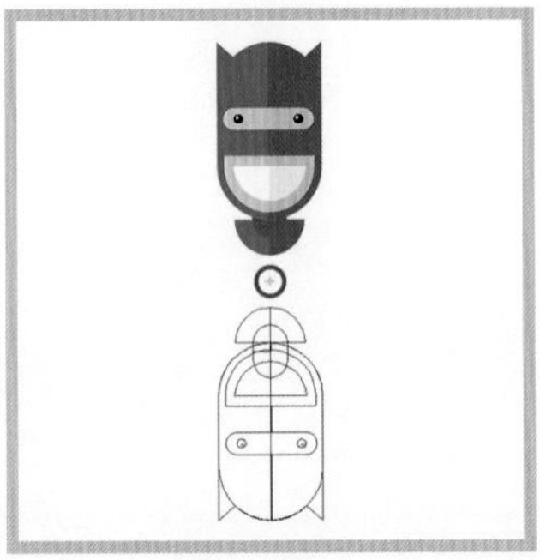

图 3-42

（3）使用旋转工具还可以进行精确的旋转。选中要进行旋转的对象，双击工具栏中的“旋转工具”按钮，在弹出的如图 3-43 所示的“旋转”对话框（也可以通过选择“对象 / 变换 / 旋转”命令打开该对话框）中对“角度”以及“选项”等参数进行设置，然后单击“确定”按钮即可精确旋转对象。

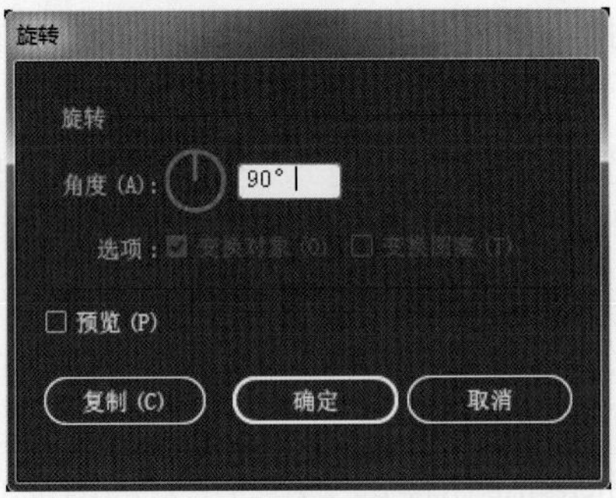
旋转
旋转
角度 (A)：
90°
选项：变换对象 (O) 变换图案 (T)
预览 (P)
复制 (C)
确定
取消

图 3-43

● 【角度】：用于设置旋转角度。输入负角度可顺时针旋转对象，输入正角度可逆时针旋转对象。

● 【选项】：如果对象包含图案填充，选中“对象”和“图案”复选框，可以同时旋转对象和图案。如果只想旋转图案，而不想旋转对象，取消选中“对象”复选框即可。

● 【复制】：单击该按钮，可以将旋转的对象进行复制。

案例演练——使用“旋转”命令制作花环效果

（1）在 Illustrator 中打开“素材 3.13”，选择花朵素材，单击工具栏中的“选择工具”按钮，在花朵上单击将其选中，然后按快捷键“Ctrl+C”执行“复制”命令，再按快捷键“Ctrl+V”执行“粘贴”命令，复制出另一个花朵并将其放置在画面底部，如图 3-44 所示。

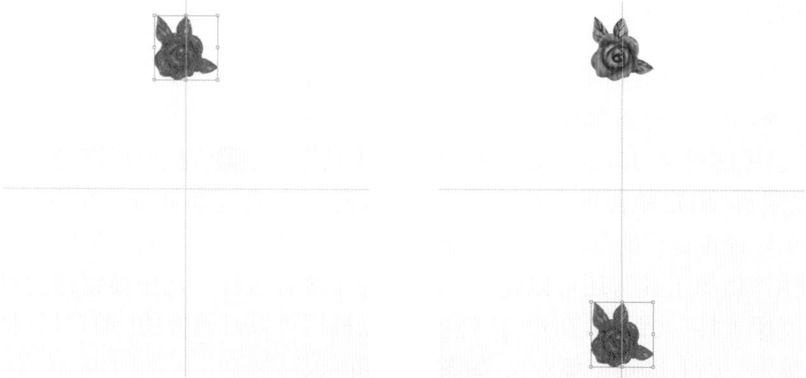

图 3-44

（2）使用“选择工具”将两个花朵素材全部选中，确保其定界框中心点位于画面正中间，然后双击工具栏中的“旋转工具”按钮，在弹出的“旋转”对话框（如图 3-45 所示）中设置“角度”为 45°，单击“复制”按钮，即可在旋转的同时以中心标记为 45° 角进行复制，效果如图 3-46 所示。

（3）双击工具栏中的“旋转工具”按钮，在弹出的“旋转”对话框中单击“复制”按钮，重复执行多次，结果如图 3-47 所示。

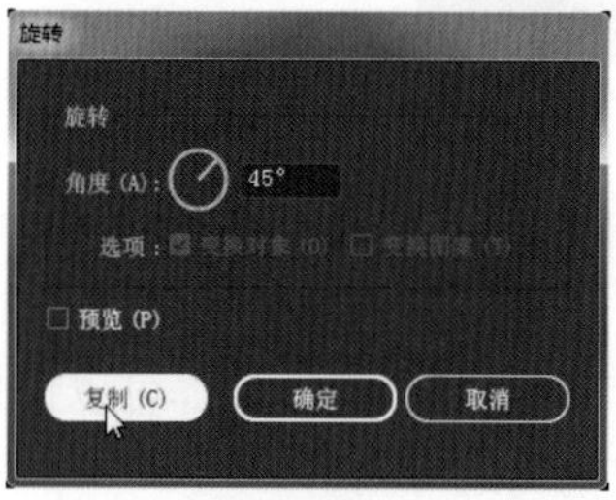
旋转
旋转
角度 (A): 45°
预览 (P)
复制 (C)
确定
取消

图 3-45

图 3-46

图 3-47

3.9.2 镜像对象

镜像就是以看不见的轴来翻转对象，一般用来制作对称图形或倒影。使用“镜像工具”或“镜像”命令，都可以对图像进行镜像。

选中要镜像的对象，单击工具栏中的“镜像工具”按钮或按“O”键，然后直接在对象的外侧拖曳鼠标，确定镜像的角度后释放鼠标，即可完成镜像处理。在拖拽的同时按住“Shift”键，可以锁定镜像的角度为45° 的倍值；按住“Alt”键，可以复制镜像的对象。

除了使用“镜像工具”，还可以使用“镜像”命令进行镜像。选中要镜像的对象，双击工具栏中的“镜像工具”按钮，在弹出“镜像”对话框后可以对镜像的“轴”进行精确的设置，然后单击“确定”按钮，即可镜像对象，如图 3-48 所示。

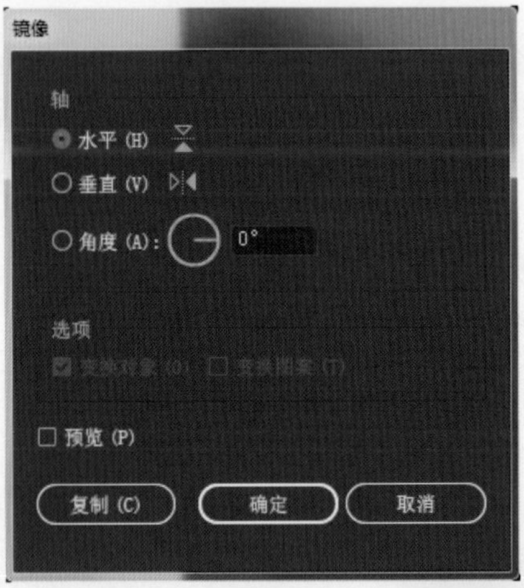
镜像
轴
水平 (H)
垂直 (V)
角度 (A):
0°
选项
预览 (P)
复制 (C)
确定
取消

图 3-48

● 【轴】：用于确定镜像的轴。可以设置为“水平”或“垂直”，也可以选中“角度”按钮，然后在其右侧文本框中自定义轴的角度。

● 【选项】：如果对象包含图案填充，选中“对象”和“图案”复选框，可以同时镜像对象和图案。如果只想镜像其中一项，将另一项的选项取消勾选即可。

● 【复制】：单击该按钮，将以复制的形式镜像对象。

案例演练——使用“镜像工具”制作对象倒影

（1）在 Illustrator 中打开“素材 3.14”，如图 3-49 所示。选择图标对象，将要镜像的对象选中，然后单击工具栏中的“镜像工具”按钮，可以看到对象中出现中心点标志，按住“Alt”键的同时将中心点拖拽至图形底部，此时会弹出“镜像”对话框，如图 3-50 所示。

（2）选择“水平”复选框，单击“复制”按钮，结果如图 3-51 所示。在属性栏中设置复制图形的不透明度为 40%，如图 3-52 所示。最终效果如图 3-53 所示。

图 3-49

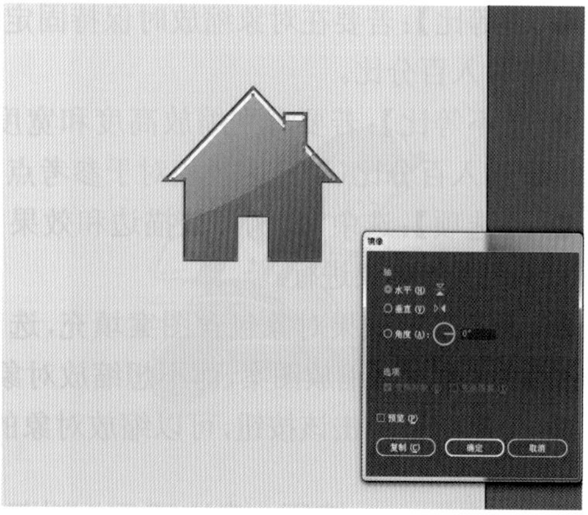
镜像
轴
水平 (H)
垂直 (V)
角度 (A):
预览 (P)
复制 (C)
确定
取消

图 3-50

图 3-51

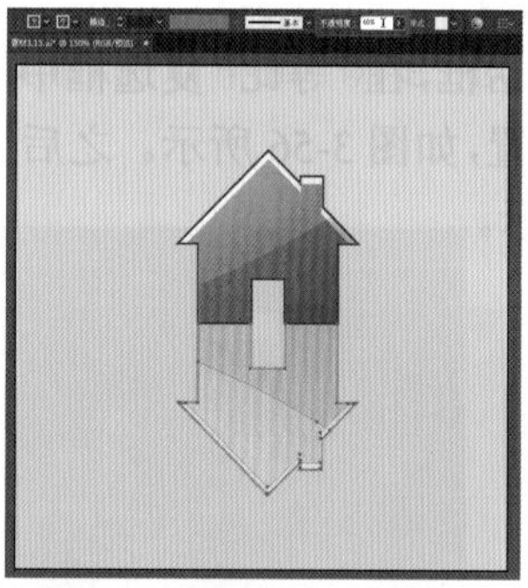

图 3-52

图 3-53

3.9.3　缩放对象

使用“比例缩放工具”可对图形进行任意的缩放。选中要进行比例缩放的对象，然后单击工具栏中的“比例缩放工具”按钮或按“S”键，直接拖拽鼠标，即可对对象进行比例缩放处理。在缩放的同时，如果按住“Shift”键，可以保持对象原始的长宽比例。

如果要精确缩放对象，将其选中后双击工具栏中的“比例缩放工具”按钮，在弹出的“比例缩放”对话框中对缩放方式以及比例进行设置，如图 3-54 所示。

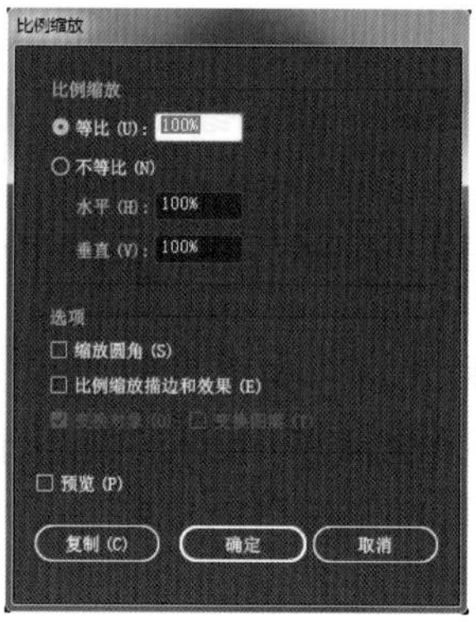
比例缩放
比例缩放
等比 (U): 100%
不等比 (N)
水平 (H): 100%
垂直 (V): 100%
选项
缩放圆角 (S)
比例缩放描边和效果 (E)
预览 (P)
复制 (C)
确定
取消

图 3-54

3.11.1 对齐对象

在 Illustrator 中，使用“对齐”面板和控制栏中的对齐选项都可以沿指定的轴对齐或分布所选对象。首先将要进行对齐的对象选中，执行“窗口 / 对齐”命令或按“Shift+F7”键，打开“对齐”面板，在其中的“对齐对象组”选项中可以看到对齐控制按钮，如图 3-80 所示。

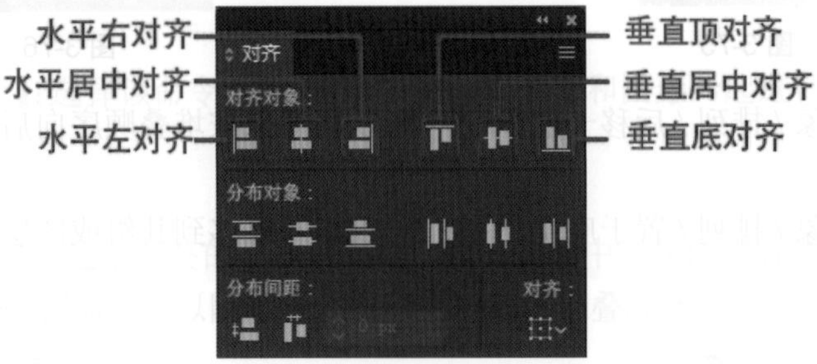
水平右对齐
水平居中对齐
水平左对齐
垂直顶对齐
垂直居中对齐
垂直底对齐
对齐
对齐对象：
分布对象：
分布间距：
对齐：

图 3-80

将要进行对齐的对象选中，在控制栏中也可以看到相应的对齐控制按钮，如图 3-81 所示。

图 3-81

● 【水平左对齐】：单击该按钮时，选中的对象将以最左侧的对象为基准，将所有对象的左边界调整到一条基线上，如图 3-82（b）所示。

● 【水平居中对齐】：单击该按钮时，选中的对象将以中心的对象为基准，将所有对象的垂直中心线调整到一条基线上，如图 3-82（c）所示。

● 【水平右对齐】：单击该按钮时，选中的对象将以最右侧的对象为基准，将所有对象的右边界调整到一条基线上，如图 3-82（d）所示。

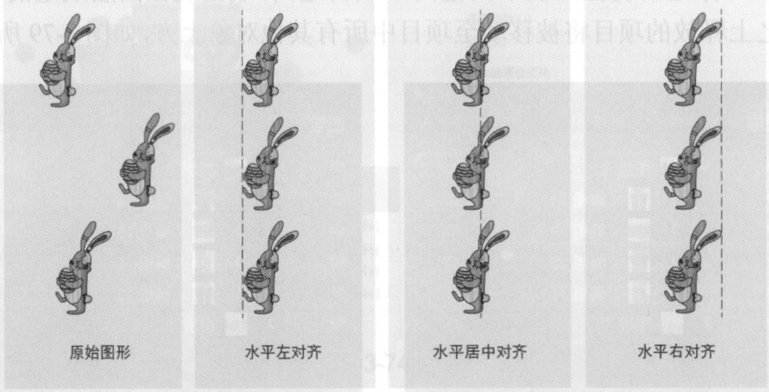
原始图形
水平左对齐
水平居中对齐
水平右对齐

（a） （b） （c） （d）

图 3-82

● 【垂直顶对齐】：单击该按钮时，选中的对象将以顶部的对象为基准，将所有对象的上边界调整到一条基线上，如图 3-83（b）所示。

● 【垂直居中对齐】：单击该按钮时，选中的对象将以水平的对象为基准，将所有对象的水平中心线调整到一条基线上，如图 3-83（c）所示。

● 【垂直底对齐】：单击该按钮时，选中的对象将以底部的对象为基准，将所有对象的下边界调整到一条基线上，如图 3-83（d）所示。

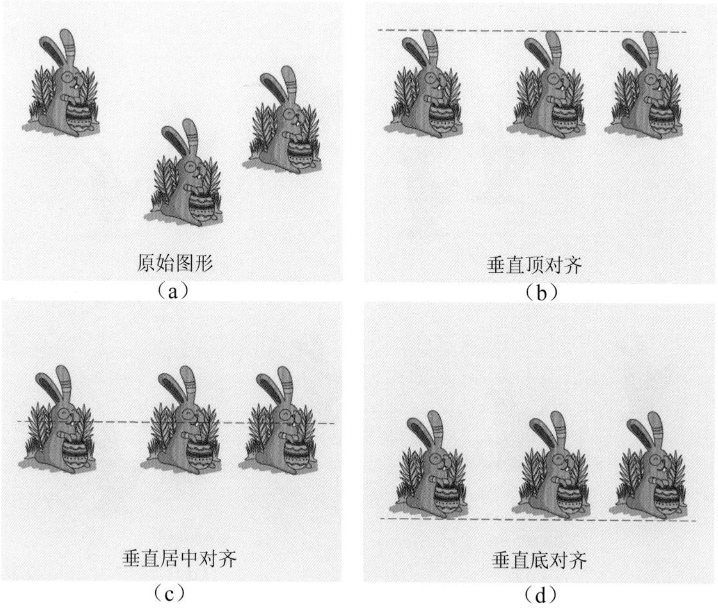
原始图形
（a）
垂直顶对齐
（b）
垂直居中对齐
（c）
垂直底对齐
（d）

图 3-83

3.11.2　分布对象

执行“窗口 / 对齐”命令或按“ Shift+F7”键，将“对齐”面板显示出来。在“分布对象”选项组中可以看到相应的分布控制按钮，如图 3-84 所示。将要进行分布的对象选中，在控制栏中也可以看到相应的分布控制按钮，如图 3-85 所示。

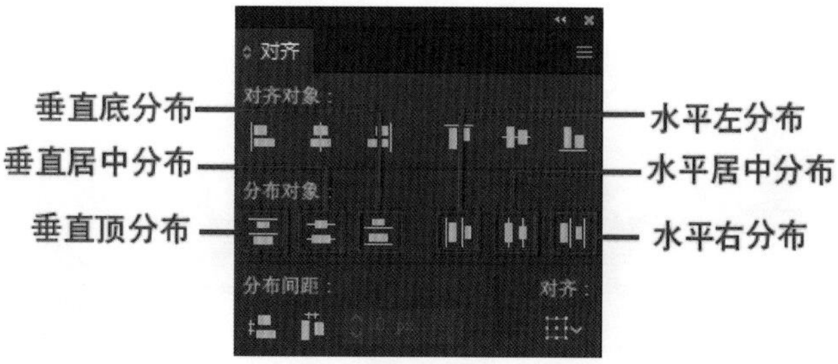
对齐
对齐对象：
分布对象：
分布间距：
对齐：
垂直底分布
垂直居中分布
垂直顶分布
水平左分布
水平居中分布
水平右分布

图 3-84

将要进行分布的对象选中，在控制栏中也可以看到相应的分布控制按钮，如图 3-84 所示。

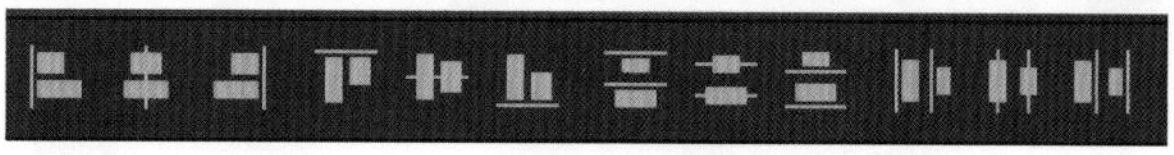

图 3-85

● 【垂直顶分布】：单击该按钮时，将平均每一个对象顶部基线之间的距离，调整对象的位置，如图 3-86（b）所示。

● 【垂直居中分布】：单击该按钮时，将平均每一个对象水平中心基线之间的距离，调整对象的位置，如图 3-86（c）所示。

● 【垂直底分布】：单击该按钮时，将平均每一个对象底部基线之间的距离，调整对象的位置，如图 3-86（d）所示。

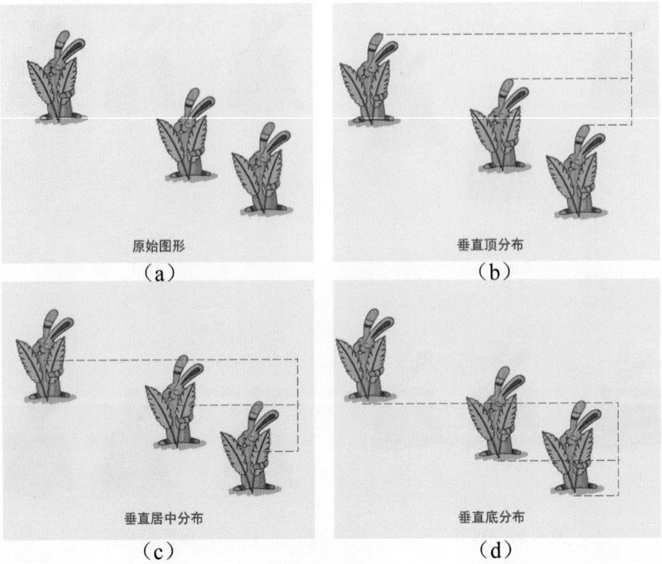
原始图形
垂直顶分布
垂直居中分布
垂直底分布

（a） （b） （c） （d）

图 3-86

● 【水平左分布】：单击该按钮时，将平均每一个对象左侧基线之间的距离，调整对象的位置，如图 3-87（b）所示。

● 【水平居中分布】：单击该按钮时，将平均每一个对象垂直中心基线之间的距离，调整对象的位置，如图 3-87（c）所示。

● 【水平右分布】：单击该按钮时，将平均每一个对象右侧基线之间的距离，调整对象的位置，如图 3-87（d）所示。

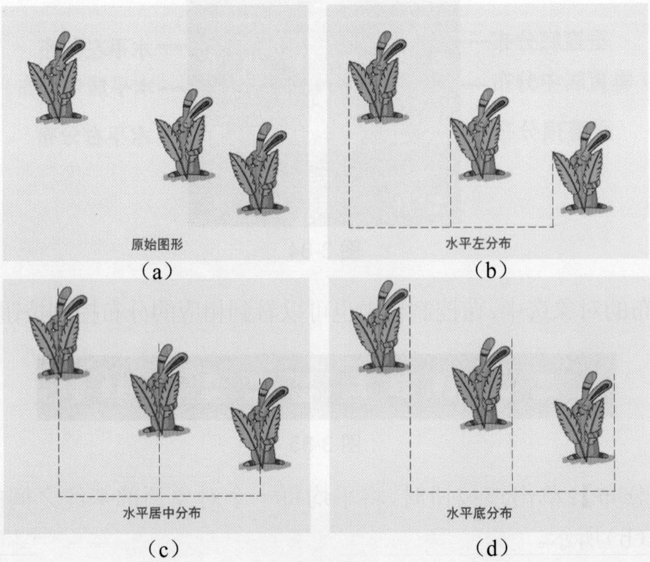
原始图形
水平左分布
水平居中分布
水平底分布

（a） （b） （c） （d）

图 3-87

3.11.3　分布间距

在 Illustrator 中能够以特定的间距数值来分布对象，首先需要选中要进行分布的对象，使用“选择工具”单击要在其周围分布其他对象的“关键对象”，如图 3-88 所示；此时“关键对象”上出现加粗的轮廓效果，并且将在原位置保留不动；此时对齐依据为对齐“关键对象”，输入想要分布的对象之间的间距量；然后在“分布间距”选项组中，选择单击“垂直分布间距”按钮或“水平分布间距”按钮，点击后可以看到关键对象没有移动，而另外两个对象则以当前设置的间距数值，在水平方向或垂直方向进行均匀分布。

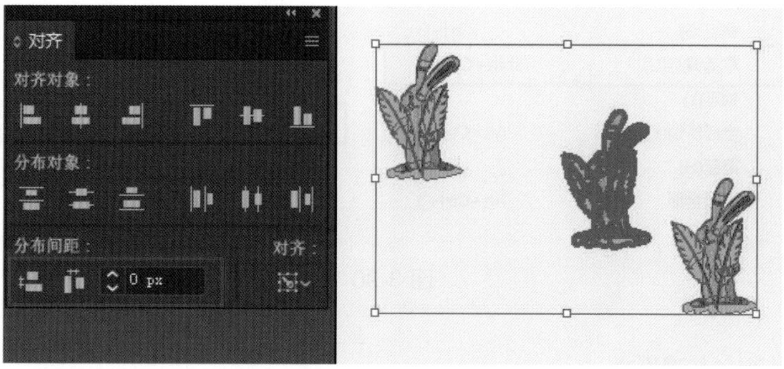
对齐
对齐对象：
分布对象：
分布间距：
对齐：
0 px

图 3-88

3.12　对象的成组与解组

进行平面设计时，作品中经常会包含大量的内容，而且每个部分都可能由多个对象组成。如果需要对多个对象同时进行相同的操作，可以将这些对象组合成一个整体“组”，成组后的对象仍然保持其原始属性，并且可以随时解散组合。

3.12.1　成组对象

首先将要进行成组的对象选中，执行“对象 / 编组”命令或按“Ctrl+G”键即可将对象进行编组，单击鼠标右键也可以执行“编组”命令。编组后，使用“选择工具”进行选择时只能选中该组，只有使用“编组选择工具”才能选中组中的某个对象，如图 3-89 所示。还可以是嵌套结构，也就是说，组可以被编组到其他对象或组中，形成更大的组。组在“图层”面板中显示为 < 编组 > 项目。可以使用“图层”面板在组中移入或移出项目。

图 3-89

3.12.2 取消编组

当需要对编组对象解除编组时，可以选中该组，执行“对象 / 取消编组”命令或单击鼠标右键执行“取消编组”命令，或按“Shift+Ctrl+G”键，组中的对象即可解组为独立对象，如图 3-90 所示。

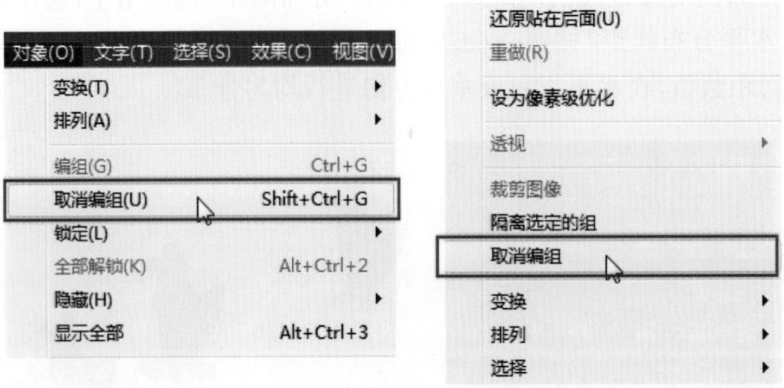
对象(O) 文字(T) 选择(S) 效果(C) 视图(V)
变换(T)
排列(A)
编组(G) Ctrl+G
取消编组(U) Shift+Ctrl+G
锁定(L)
全部解锁(K) Alt+Ctrl+2
隐藏(H)
显示全部 Alt+Ctrl+3
还原贴在后面(U)
重做(R)
设为像素级优化
透视
裁剪图像
隔离选定的组
取消编组
变换
排列
选择

图 3-90

3.13 对象的锁定与解锁

在制图过程中经常会遇到需要将页面中暂时不需要编辑的对象固定在一个特定的位置，使其不能进行移动、变换等编辑，此时可以运用锁定功能。一旦需要对锁定的对象进行编辑时，还可以使用解锁功能恢复对象的可编辑性。

3.13.1 锁定对象

首先选择要锁定的对象，然后执行“对象 / 锁定 / 所选对象”命令，或按“Ctrl+2”键即可将所选对象锁定。锁定之后的对象无法被选中，也无法被编辑，如图 3-91 所示。

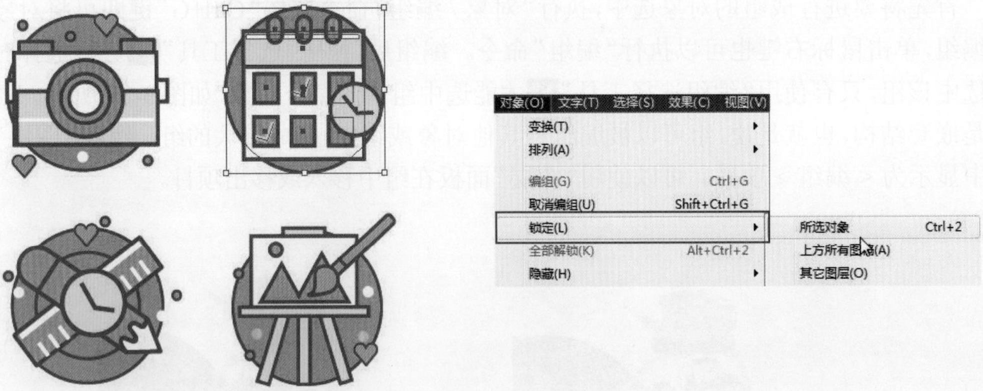
对象(O) 文字(T) 选择(S) 效果(C) 视图(V)
变换(T)
排列(A)
编组(G) Ctrl+G
取消编组(U) Shift+Ctrl+G
锁定(L)
全部解锁(K) Alt+Ctrl+2
隐藏(H)
所选对象 Ctrl+2
上方所有图稿(A)
其它图层(O)

图 3-91

3.13.2 解锁对象

执行“对象 / 全部解锁”命令，或按“Ctrl+Alt+2”键即可解锁文档中的所有锁定的对象。

若要解锁单个对象，则在“图层”面板中选择要解锁的对象对应的锁定图标即可，如图 3-92 所示。

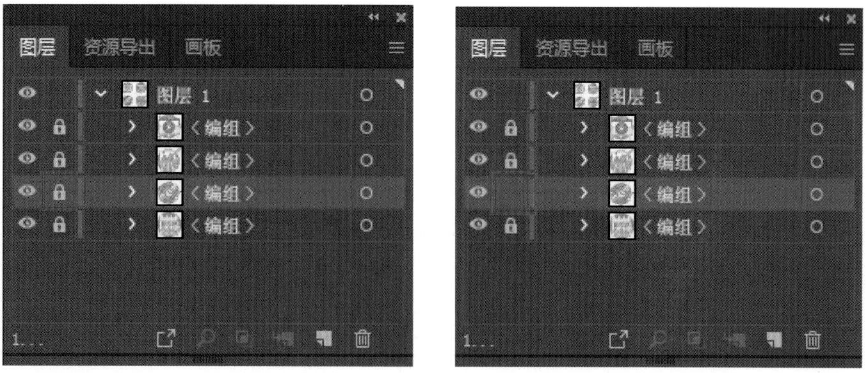
图层
资源导出
画板
图层 1
〈编组〉
〈编组〉
〈编组〉
〈编组〉
图层
资源导出
画板
图层 1
〈编组〉
〈编组〉
〈编组〉
〈编组〉

图 3-92

3.14　隐藏与显示

当文件中包含过多对象时，可能会出现不利于细节观察的问题，在 Illustrator 中可以将对象进行隐藏，以便于其他对象的观察。隐藏的对象是不可见、不可选择的，而且也无法被打印出来。但隐藏仍然存在于文档中，文档关闭和重新打开时，隐藏对象会重新出现。

3.14.1　隐藏对象

选择要隐藏的对象，执行“对象 / 隐藏 / 所选对象”命令，或按 Ctrl+3 键即可将所选对象隐藏，如图 3-93 所示。

GREEN
TRAVEL
STOP
SIGN IN
GREEN
TRAVEL
STOP
SIGN IN

图 3-93

3.14.2　显示对象

执行“对象 / 显示全部”命令或按“Ctrl+Alt+3”键，之前被隐藏的所有对象都将显示出来，并且之前选中的对象仍保持选中状态，如图 3-94 所示。使用“显示全部”命令时无法只显示少数几个隐藏对象。若要只显示某个特定对象，可以通过“图层”面板进行控制。

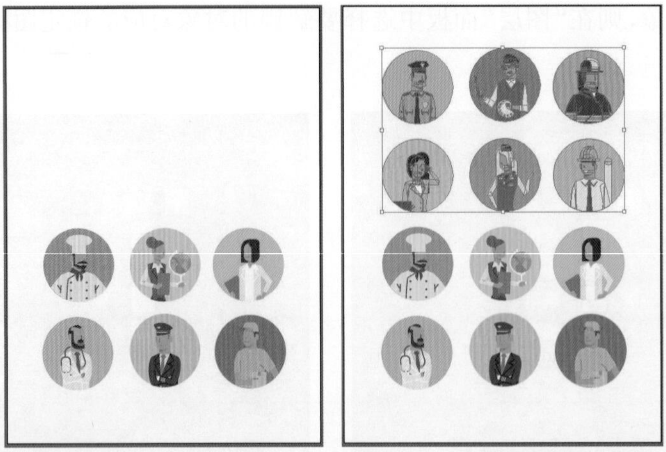

图 3-94

3.15 综合案例实战——制作 APP 用户界面

（1）在 Illustrator 中执行“文件 / 新建”命令，在“新建文档”对话框中设置文件名称为“社交 APP 用户界面”，宽度与高度分别为 1080 px 和 1920 px，取向为横向，单击“创建”按钮完成文档创建操作，如图 3-95 所示。

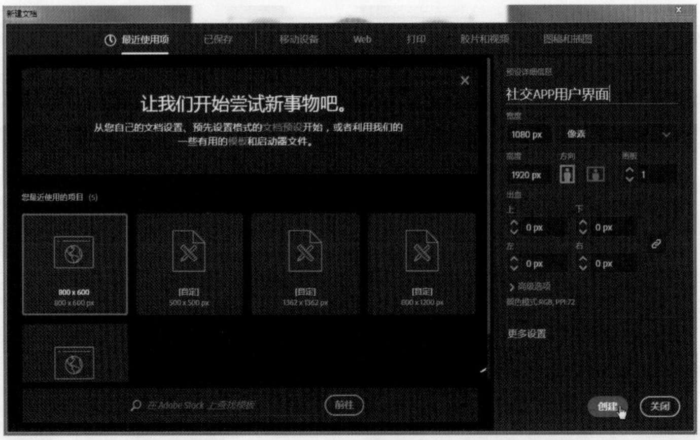
最近使用项
已保存
移动设备
Web
打印
胶片和视频
图稿和插图
让我们开始尝试新事物吧。
社交APP用户界面
1080 px
像素
1920 px
更多设置
创建
关闭

图 3-95

（2）选择“矩形工具”，创建宽度与高度分别为 1080 px 和 1920 px 的与画布相同大小的矩形，填充颜色 #8EE4BD，将矩形对象锁定，如图 3-96 所示。

（3）再次选择“矩形工具”创建宽度与高度分别为 1080 px 和 168 px 的矩形，填充颜色 #FFFFFF 后将矩形对象锁定，如图 3-97 所示。

（4）选择“圆角矩形工具”，创建宽度与高度分别为 952 px 和 1312 px，圆角为 12 px 的圆角矩形，填充颜色 #FFFFFF。用“选择工具”选中圆角矩形，按“Shift+F7”键，打开“对齐”面板，选择对齐画板复选项后单击“水平居中对齐”按钮，如图 3-98 所示。

图 3-96

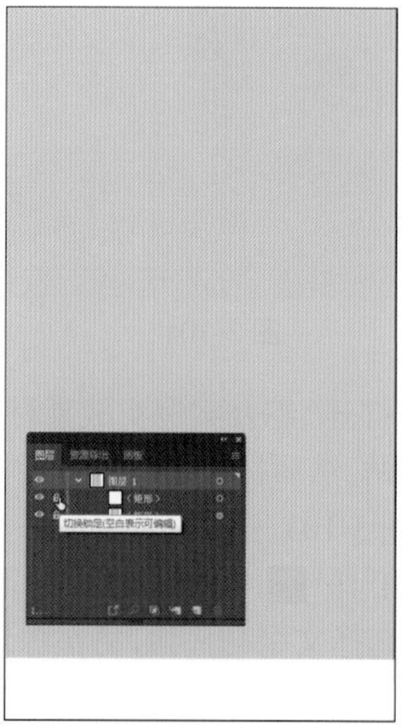

图 3-97

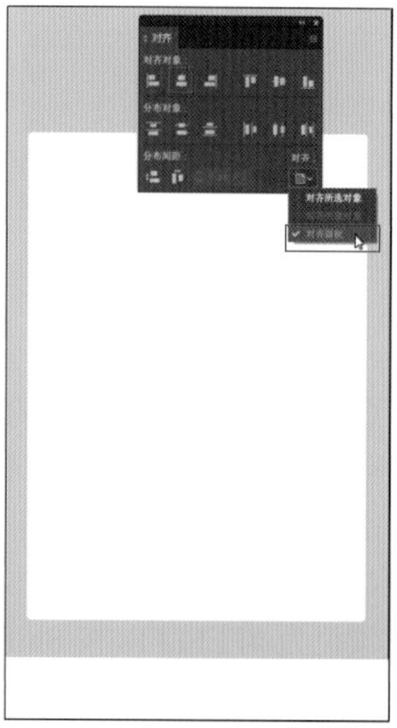

图 3-98

（5）选择“直线工具”，创建长度为 40 px，角度为 90° 的直线，设置描边颜色 #FFFFFF，描边粗细 5 px；用“选择工具”选中该直线，双击“旋转工具”，打开“旋转”对话框，设置旋转角度为 90° ，单击“复制”按钮创建直线副本；将直线与其副本一同选中，按“Ctrl+G”键进行编组；再次双击“旋转工具”，打开“旋转”对话框，设置旋转角度 315° ，单击“确定”按钮确认旋转，如图 3-99 所示。

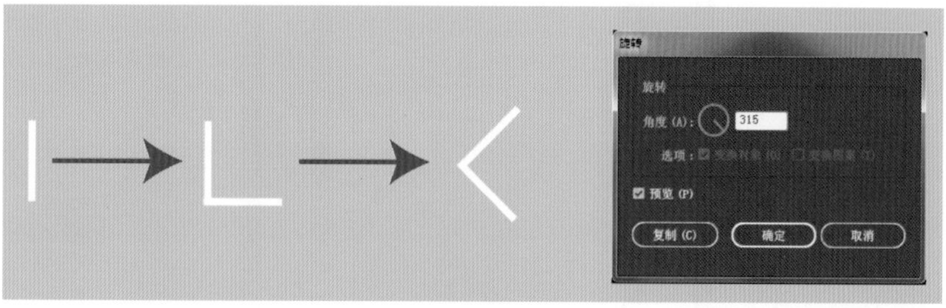
旋转
角度 (A):
315
预览 (P)
复制 (C)
确定
取消

图 3-99

（6）按“Shift”键选择圆角矩形与直线编组对象，在“对齐”面板中选择“对齐所选对象”复选项后单击“水平左对齐”按钮，如图 3-100 所示。

（7）选择“直线工具”，创建长度为 60 px，角度为 0° 的直线，设置描边颜色为 #FFFFFF，描边粗细 5 px；用“选择工具”选中该直线，单击鼠标右键，选择“变换 / 移动”命令，设置“垂直”参数为 50 px，点击“复制”按钮；选择复制出的直线，按“Ctrl+C”键和“Ctrl+V”键复制一条直线放在两条水平直线的中间；框选三条直线，在“对齐”面板中分别单击“水平居中对齐”按钮、“垂直居中分布”按钮，对齐后执行“Ctrl+G”键对该组直线进行编组，如图 3-101 所示。

（8）按 Shift 键选择第一组直线编组对象与新创建的直线编组对象，在“对齐”面板中单击“垂直顶对齐”按钮；接着再按 Shift 键选择圆角矩形与新创建的直线编组对象，在“对齐”面板中单击“水平右对齐”按钮，如图 3-102 所示。

图 3-100

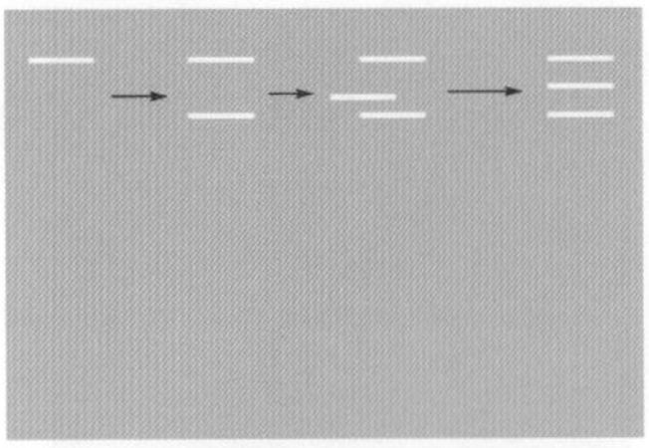

图 3-101

图 3-102

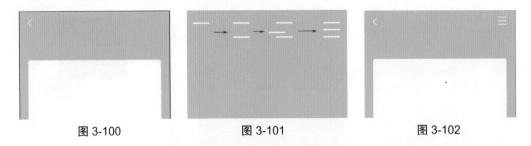

（9）选择“文件 / 打开”命令，打开“综合案例实战素材”，首先选择头像按“Ctrl+C”键复制，再回到文档，按“Ctrl+V”键粘贴，然后按 Shift 键选择圆角矩形与该素材，在“对齐”面板中单击“水平居中对齐”按钮，如图 3-103 所示。

（10）单击工具栏中的“文字工具”，在控制栏中设置字体、大小，然后输入文字，设置填充颜色为 #FFFFFF，按 Shift 键选择文字与头像，将头像设为“关键对象”，执行“水平居中对齐”，如图 3-104 所示。

（11）单击工具栏中的“文字工具”，在控制栏中设置字体、大小、不同颜色，然后输入文字，最后框选两组文字进行“垂直顶对齐”，如图 3-105 所示。

图 3-103

读书爱好者

图 3-104

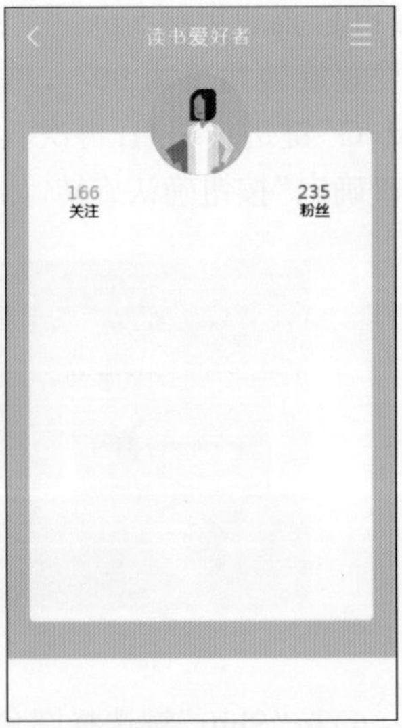
读书爱好者
166
关注
235
粉丝

图 3-105

（12）选择“直线工具”，创建长度为 954 px，角度为 0° 的直线，设置描边颜色 #808080，描边粗细 0.5 px；将其与圆角矩形“水平居中对齐”，如图 3-106 所示。

（13）选择新创建的直线，按“Ctrl+C”键和“Ctrl+V”键复制粘贴 5 份，先将这些复制的直线与圆角矩形执行“水平居中对齐”；再把这些直线一起选中，执行“垂直居中分布”，如图 3-107 所示。

（14）将“综合案例实战素材”中的实色图标一起框选，按“Ctrl+C”键复制，再回到文档，按“Ctrl+V”键粘贴，将这些实色图标纵向排列，分别执行“水平居中对齐”和“垂直居中分布”，如图 3-108 所示。

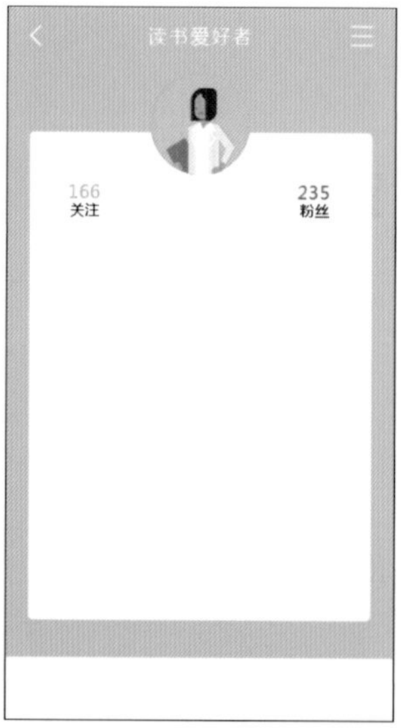
读书爱好者
166
关注
235
粉丝

图 3-106

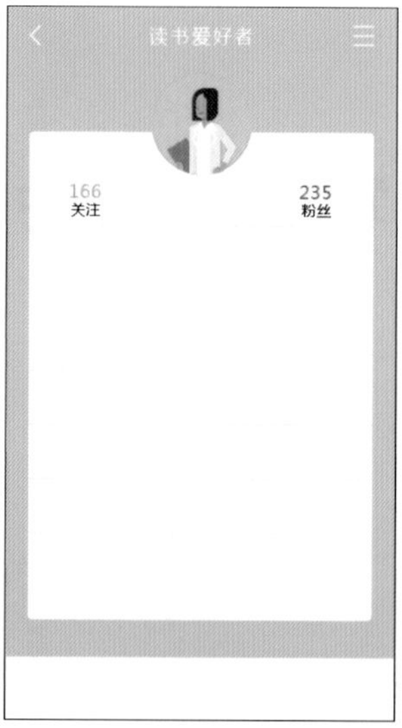
读书爱好者
166
关注
235
粉丝

图 3-107

读书爱好者
166
关注
235
粉丝

图 3-108

（15）单击工具栏中的“文字工具”，在控制栏中设置字体、大小，然后输入文字，设置填充颜色为 #000000；按 Shift 键将这些文字一同选中，分别执行“水平居中对齐”和“垂直居中分布”，如图 3-109 所示。

（16）将“素材 3.14”中的镂空图标一起框选，按“Ctrl+C”键复制，再回到文档，按“Ctrl+V”键粘贴，将这些镂空图标横向排列，分别执行“垂直居中对齐”和“水平居中分布”，如图 3-110 所示。

（17）单击工具栏中的“文字工具”，在控制栏中设置字体、大小，然后输入文字，设置填充颜色为 #000000；按 Shift 键将这些文字一同选中，分别执行“垂直居中对齐”和“水平居中分布”，案例最终效果如图 3-111 所示。

读书爱好者
166
关注
235
粉丝
我的收藏
我的通知
我的分享
我的笔记
购买记录

图 3-109

读书爱好者
166
关注
235
粉丝
我的收藏
我的通知
我的分享
我的笔记
购买记录

图 3-110

读书爱好者
166
235
粉丝
我的收藏
我的通知
我的分享
我的笔记
购买记录
书城
书架
我的

图 3-111

第 4 章　填充和描边

学习目标

● 掌握“颜色”面板、“色板”面板、“描边”面板、“渐变”面板、“透明度”面板的使用方法。

● 掌握多种单色填充及渐变填充的方法。

● 掌握描边的设置方法。

● 掌握实时上色的使用方法。

导语

本章将带领大家在丰富多彩的颜色工具及面板的使用过程中，探究这些工具的妙用，了解各种颜色变幻的设置方法。Illustrator 提供了非常便于使用的填色与描边工具控件及命令，熟练掌握这些工具和面板，可以加强设计师对颜色的掌控力，提高配色技巧，激发创意灵感。

4.1　认识填充及描边

对象的填充是填充形状内部的颜色。可以将一种颜色、图案或渐变应用于整个对象，也可以使用实时上色组并为对象内的不同部分应用不同的颜色。在 Illustrator 中开放路径或闭合的图形以及“实时上色”组都可以使用填充上色。路径部分主要是利用描边来上色，可以对其宽度、颜色进行更改，也可以使用“路径”选项来创建虚线描边，并使用画笔为风格化描边上色。描边可以应用于对象、路径或实时上色组边缘的可视轮廓。

4.1.1　填充

对象的填充是指形状内部的颜色填充。可以将一种颜色、图案或渐变应用于整个对象，也可以使用实时上色组并为对象内的不同部分应用不同的颜色。在 Illustrator 中填充可以设置为颜色、渐变或图案，如图 4-1 所示。

图 4-1

4.1.2　描边

在 Illustrator 中可以为描边设置纯色、渐变或图案，还可以对描边的粗细、虚线以及特殊形态进行设置，如图 4-2 所示。

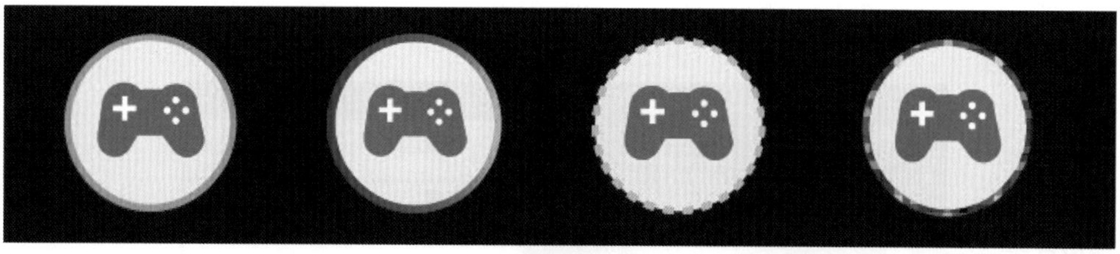

图 4-2

4.2　实色填充

实色填充也叫单色填充，它是颜色填充的基础，一般可以使用“颜色”和“色板”来编辑用于填充的实色。对图形对象的填充分为两个部分：一是内部的填充，二是描边填色。在设置颜色前要先确认填充的对象，是内部填充还是描边填色。确认的方法很简单，可以通过工具栏底部相关颜色控制组件来设置，也可以通过“颜色”面板来设置。

4.2.1　颜色控制组件

在工具栏底部可以看到颜色控制组件，在这里可以对所选对象进行填充和描边的设置。如果没有选中任何对象，则可以为即将创建的对象设置填充和描边属性，如图 4-3 所示。

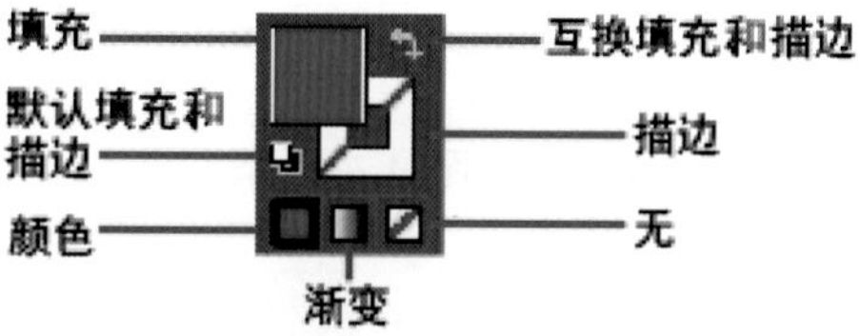
填充
默认填充和描边
颜色
渐变
互换填充和描边
描边
无

图 4-3

- 【填充】按钮：通过双击此按钮，可以使用拾色器来选择填充颜色。
- 【描边】按钮：通过双击此按钮，可以使用拾色器来选择描边颜色。
- 【互换填充和描边】按钮：通过单击此按钮，可以在填充和描边之间互换颜色。
- 【默认填充和描边】按钮：通过单击此按钮，可以恢复默认颜色设置（白色填充和黑色描边）。
- 【颜色】按钮：通过单击此按钮，可将上次选择的纯色应用于具有渐变填充或者没有描边或填充的对象。
- 【渐变】按钮：通过单击此按钮，可将当前选择的填充更改为上次选择的渐变。
- 【无】按钮：通过单击此按钮，可以删除选定对象的填充或描边。

4.2.2 使用“颜色”面板设置填充或描边

“颜色”面板可以将颜色应用于对象的填充和描边，还可以编辑和混合颜色。“颜色”面板可使用不同颜色模型显示颜色值。选择“窗口 / 颜色”命令或使用快捷键 F6，可以打开“颜色”面板。默认情况下，“颜色”面板中只显示最常用的选项，如图 4-4 所示。

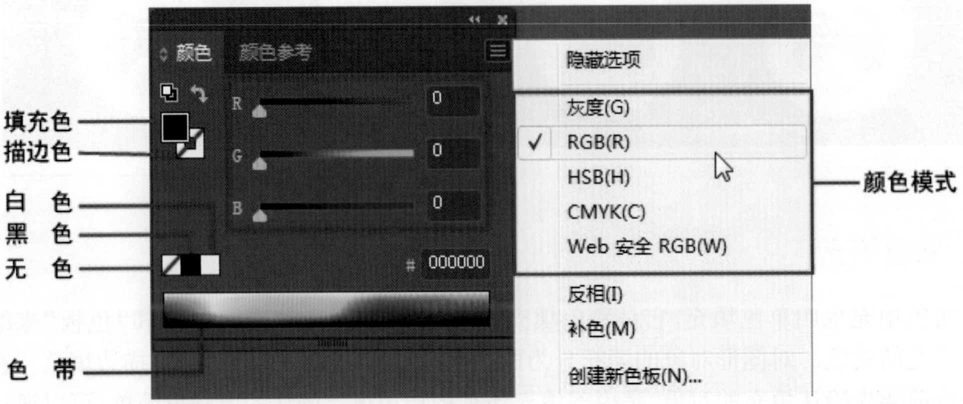
颜色
颜色参考
填充色
描边色
白 色
黑 色
无 色
色 带
R
G
B
0
0
0
000000
隐藏选项
灰度(G)
RGB(R)
HSB(H)
CMYK(C)
Web 安全 RGB(W)
反相(I)
补色(M)
创建新色板(N)...
颜色模式

图 4-4

在“颜色”面板中，通过单击“填充颜色”或“描边颜色”来确定设置颜色的对象，通过拖动“颜色滑块”或修改“颜色值”来精确设置颜色，也可以直接在下方的色带中吸取一种颜色，如果不想设置颜色，可以单击“无色”区，将选择的对象设置为无颜色。

案例演练——为“城堡”图标填充颜色

（1）案例效果如图 4-5 所示。

（2）在 Illustrator 中打开“素材 4.1”，如图 4-6 所示。

图 4-5

图 4-6

（3）选择“窗口 / 颜色”命令或使用快捷键 F6，调出“颜色”面板，点击“填充颜色”，选择“RGB”色彩模式，选择“直接选择工具”，按住“Shift”键的同时点击图标最上方的两个屋顶，为其填充纯色，RGB 数值为“141/128/187”，如图 4-7 所示。

（4）按住“Shift”键选择旗杆、圆形屋顶，为其填充纯色，RGB 数值为“215/0/15”，如图 4-8 所示。

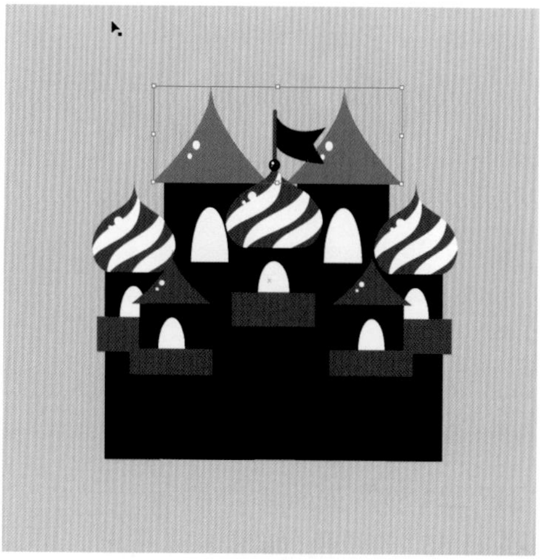

图 4-7

图 4-8

（5）按住“Shift”键的同时选择中间一排城堡的墙体部分，为其填充 RGB 数值为“0/114/53”的纯色，如图 4-9 所示。

（6）按住“Shift”键选择前排城堡墙体部分，为其填充纯色，RGB 数值为“0/159/232”，如图 4-10 所示。

图 4-9

图 4-10

（7）以相同的方式填充后排的城堡墙体部分，RGB 数值为“42/33/112”，如图 4-11 所示。

（8）为城堡的阳台、圆形屋顶的花纹及旗杆底座填充纯色，RGB 数值为“246/170/0”，如图 4-12 所示。

图 4-11

图 4-12

（9）继续填充前排城堡的屋顶，RGB 数值为“217/224/33”，如图 4-13 所示。

（10）选择所有门洞，为其填充 RGB 数值为“83/71/65”的纯色，如图 4-14 所示。

图 4-13

图 4-14

（11）为画面中剩余未填色的部分填充 RGB 数值为“241/90/36”的纯色，如图 4-15 所示。

（12）选择背景的矩形图形，将其 RGB 数值修改为“172/235/255”，最终效果如图 4-16 所示。

图 4-15

图 4-16

4.2.3　使用“色板”设置填充或描边

使用“色板”面板可以控制文档的颜色、渐变和图案。在“色板”面板中可以命名和存储颜色、渐变和图案。

选择需要填充的对象，在使用“色板”面板之前首先需要在颜色控制组件中单击“填色”或“描边”按钮，以确定要设置的是对象的哪一项属性，然后选择“窗口 / 色板”命令，打开“色板”面板。在“色板”面板中展示了很多种纯色、渐变以及图案的色块。选择其中某一项即可设置为当前的填充或描边颜色。单击“色板”面板下方的“显示色板类型菜单”按钮，弹出显示色板类型菜单。在此菜单中可以选择面板中显示的色板类型，如图 4-17 所示。

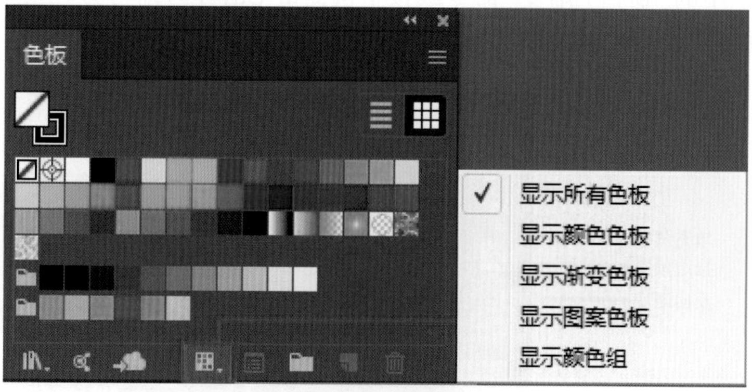
色板
显示所有色板
显示颜色色板
显示渐变色板
显示图案色板
显示颜色组

图 4-17

色板库是预设颜色的集合，包括油墨库和主题库。打开一个色板库时，该色板库将显示在新面板而不是“色板”面板中。选择“窗口 / 色板库”命令，在子菜单中可以看到色板库列表，如图 4-18 所示；或在“色板”面板中单击“色板库菜单”按钮，然后从列表中选择库即可打开相应色板库，如图 4-19 所示。

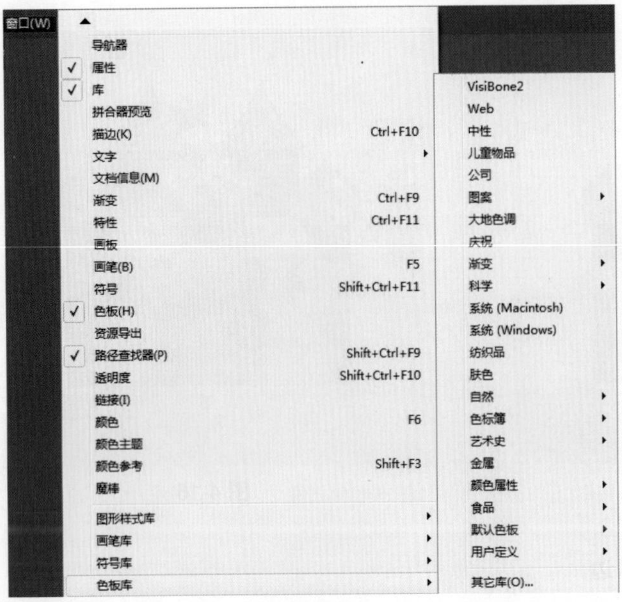
窗口(W)
导航器
属性
库
拼合器预览
描边(K) Ctrl+F10
文字
文档信息(M)
渐变 Ctrl+F9
特性 Ctrl+F11
画板
画笔(B) F5
符号 Shift+Ctrl+F11
色板(H)
资源导出
路径查找器(P) Shift+Ctrl+F9
透明度 Shift+Ctrl+F10
链接(I)
颜色 F6
颜色主题
颜色参考 Shift+F3
魔棒
图形样式库
画笔库
符号库
色板库
VisiBone2
Web
中性
儿童物品
公司
图案
大地色调
庆祝
渐变
科学
系统 (Macintosh)
系统 (Windows)
纺织品
肤色
自然
色标簿
艺术史
金属
颜色属性
食品
默认色板
用户定义
其它库(O)...

图 4-18

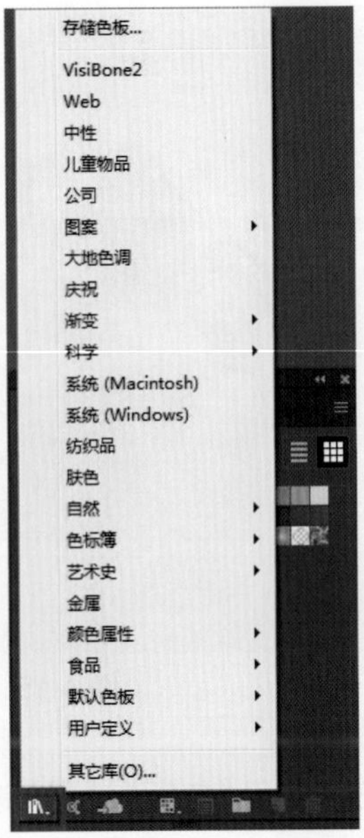
存储色板...
VisiBone2
Web
中性
儿童物品
公司
图案
大地色调
庆祝
渐变
科学
系统 (Macintosh)
系统 (Windows)
纺织品
肤色
自然
色标簿
艺术史
金属
颜色属性
食品
默认色板
用户定义
其它库(O)...

图 4-19

4.3 渐变填充

渐变填充是矢量绘图中使用率非常高的一种填充方式，它与实色填充最大的不同就是实色由单色进行填色，而渐变则是由两种或两种以上的颜色组成。

4.3.1 使用“渐变”面板设置填充或描边

执行菜单栏中的“窗口 / 渐变”命令或按下快捷键 Ctrl+F9，即可打开“渐变”面板，如图 4-20 所示，该面板主要用来编辑渐变颜色。

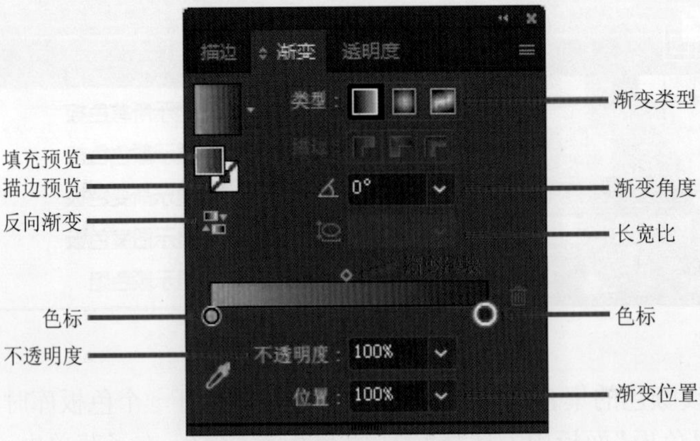
描边
渐变
透明度
类型：
0°
不透明度：100%
位置：100%
填充预览
描边预览
反向渐变
色标
不透明度
渐变类型
渐变角度
长宽比
色标
渐变位置

图 4-20

案例演练——使用“渐变”面板制作金属图标

（1）案例效果如图 4-21 所示。

（2）打开 Illustrator CC，使用快捷键“Ctrl+N”新建 800 px×800 px 的空白文档，如图 4-22 所示。

图 4-21

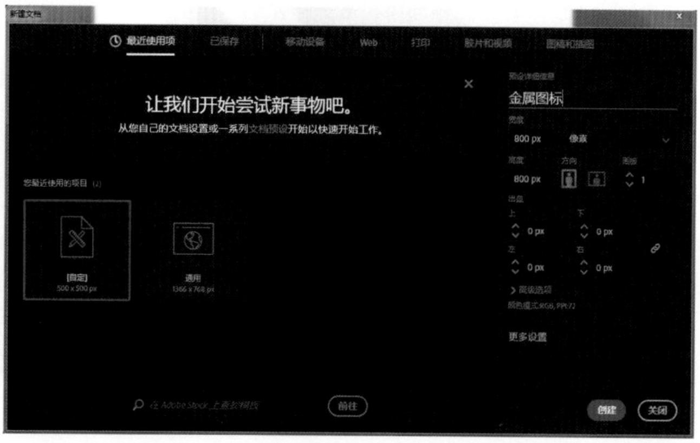
最近使用项
让我们开始尝试新事物吧。
金属图标
800 px
更多设置
创建
关闭

图 4-22

（3）选择工具栏中的“圆角矩形工具”按钮，单击画面空白区域，弹出“圆角矩形”对话框，创建宽度 512 px，高度 512 px，圆角半径 90 px 的圆角矩形，单击“确定”按钮完成操作，如图 4-23 所示。

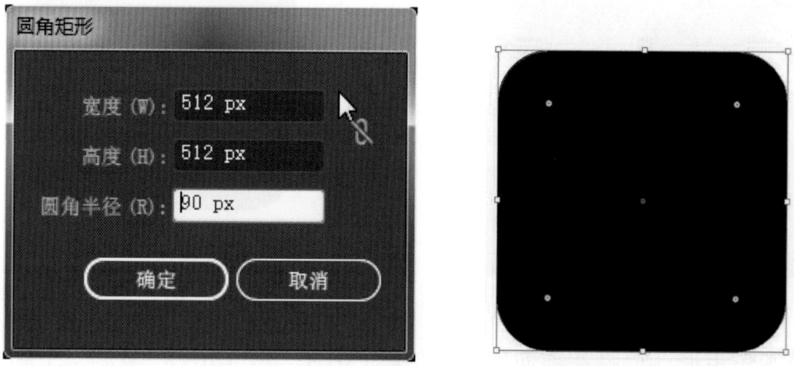
圆角矩形
宽度 (W): 512 px
高度 (H): 512 px
圆角半径 (R): 90 px
确定
取消

图 4-23

（4）选择“窗口 / 渐变”命令，或者按“Ctrl+F9”快捷键，打开“渐变”面板；在“类型”按钮中选择“径向渐变”选项。双击左侧色标，选择 RGB 色彩模式，输入数值“135/134/138”，如图 4-24 所示；接着双击右侧色标，选择 RGB 色彩模式，输入数值“60/54/52”，如图 4-25 所示。

（5）点击渐变滑块，设置滑块位置为 30%，如图 4-26 所示；选中圆角矩形，然后单击“渐变填色缩览图”按钮，将当前编辑的渐变赋予圆角矩形，渐变效果如图 4-27 所示。

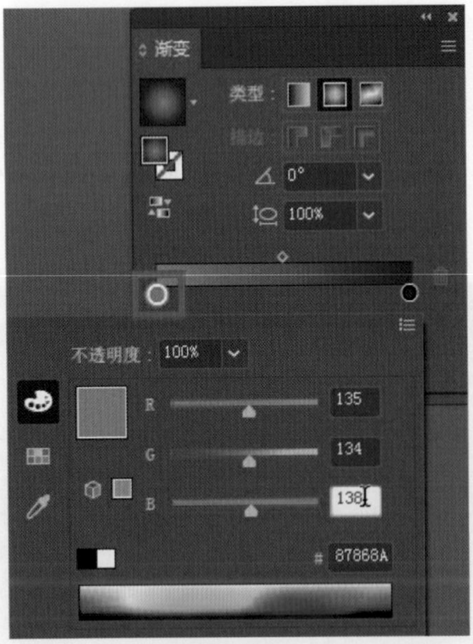
渐变
类型：
描边：
0°
100%
不透明度：100%
R 135
G 134
B 138
87868A

图 4-24

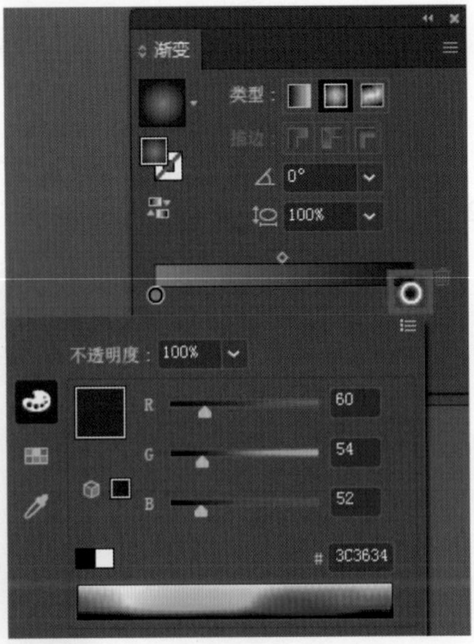
渐变
类型：
描边：
0°
100%
不透明度：100%
R 60
G 54
B 52
3C3634

图 4-25

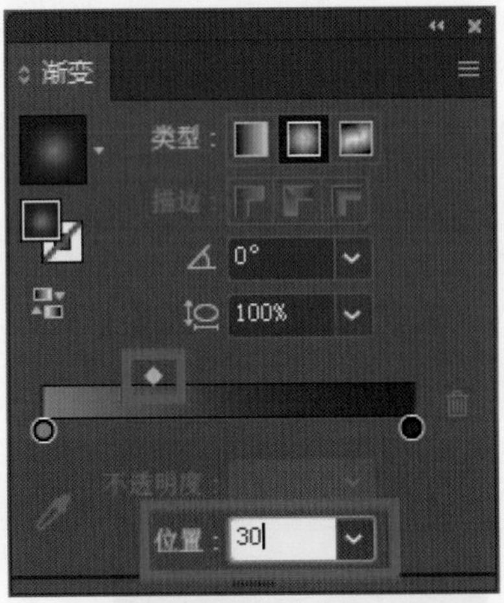
渐变
类型：
描边：
0°
100%
不透明度：
位置：30

图 4-26

图 4-27

（6）选择圆角矩形，用“贴在前面”的快捷键“Ctrl+C”和“Ctrl+F”复制一个副本，并将副本向右上方各移动 4 px，并修改填色以便观察，如图 4-28 所示；打开“渐变”面板，在“类型”按钮中选择“线性渐变”，设置渐变角度为 -40°，双击左侧色标，选择 RGB 色彩模式，输入数值“194/195/201”；点击色带空白区域添加新色标，选择 RGB 色彩模式，输入数值“184/184/190”，并设置新色标的位置为 15%；继续点击色带空白区域添加新色标，选择 RGB 色彩模式，输入数值“230/231/233”，并设置新色标的位置为 78%；接着双击右侧色标，选择 RGB 色彩模式，输入数值“209/208/210”；最后调整色标间滑块的位置，如图 4-29 所示。

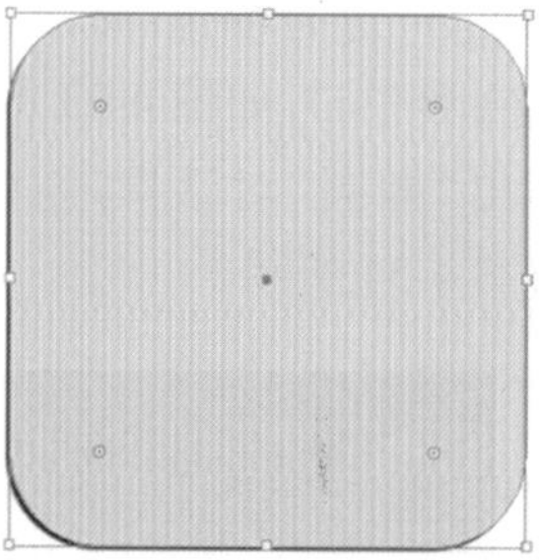

图 4-28

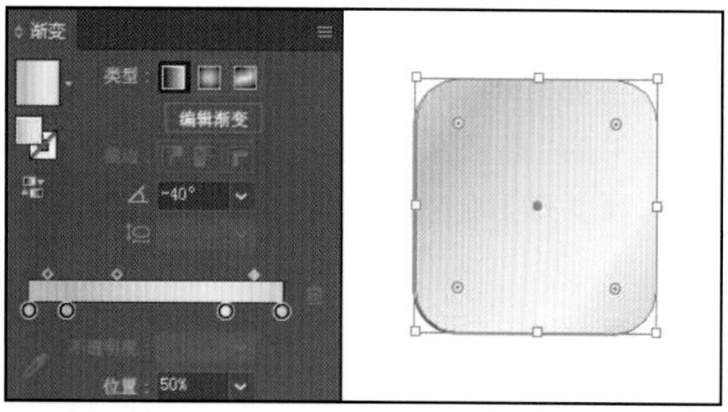
渐变
类型
编辑渐变
-40°
位置：50%

图 4-29

（7）选择工具栏中的“椭圆工具”按钮，单击画面空白区域，弹出“椭圆”对话框，创建宽度为 325 px，高度为 325 px 的圆形，单击“确定”按钮完成操作；将圆形与圆角矩形中心对齐，并为圆形填充 RGB 数值为“62/58/57”的纯色，如图 4-30 所示。

椭圆
宽度 (W)：325 px
高度 (H)：325px
确定
取消

图 4-30

（8）选择工具栏中的“圆角矩形工具”按钮，单击画面空白区域，弹出“圆角矩形”对话框，创建宽度 68 px，高度 22 px，圆角半径 11 px 的圆角矩形，单击“确定”按钮完成操作，如图 4-31 所示；继续单击画面空白区域，弹出“圆角矩形”对话框，创建宽度为 22 px，高度为 92 px，圆角半径为 11 px 的圆角矩形，单击“确定”按钮完成操作，如图 4-32 所示。

圆角矩形
宽度 (W)：68 px
高度 (H)：22 px
圆角半径 (R)：11 px
确定
取消

图 4-31

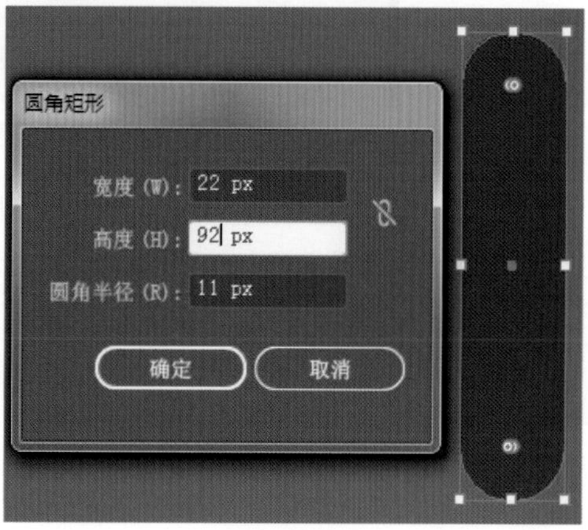
圆角矩形
宽度 (W)：22 px
高度 (H)：92 px
圆角半径 (R)：11 px
确定
取消

图 4-32

（9）将两个新创建的图形摆放成 90° 夹角并执行“Ctrl+G”进行编组；然后为其填充 RGB 数值为“204/204/204”的纯色；将编好组的图形放置在圆形中心，如图 4-33 所示；选择工具栏中的“椭圆工具”按钮，单击画面空白区域，弹出“椭圆”对话框，创建宽度为 100 px，高度为 100 px 的圆形，并为其添加径向渐变，参数如图 4-34 所示。

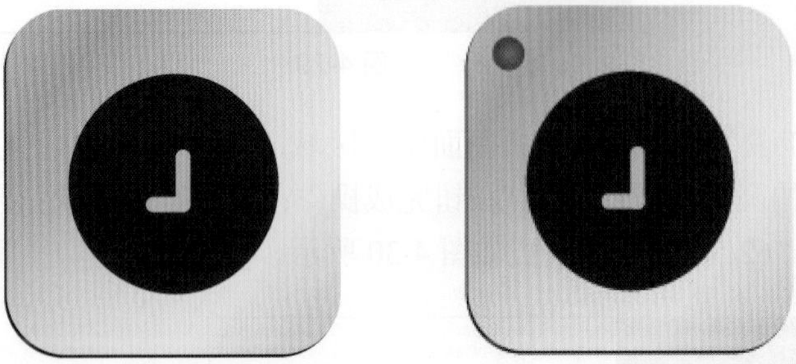

图 4-33

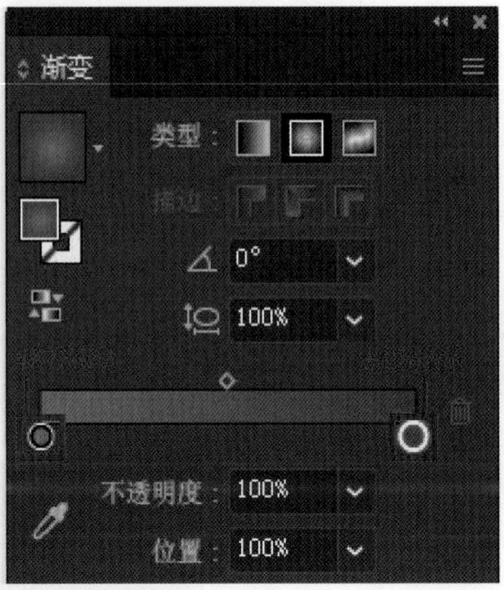
渐变
类型：
描边：
0°
100%
不透明度：100%
位置：100%

图 4-34

（10）选择新创建的圆形，用“贴在前面”的快捷键“Ctrl+C”和“Ctrl+F”复制一个副本，并将其向右上方各移动 2 px，为其添加径向渐变，参数如图 4-35 所示。

渐变
类型：
描边：
0°
100%
不透明度：100%
位置：43.24%

图 4-35

（11）选择工具栏中的“矩形工具”按钮，单击画面空白区域，弹出“椭圆”对话框，创建宽度为 8 px，高度为 34 px 的矩形，并为其添加径向渐变；将该矩形复制一份，然后旋转 90° ，并将这两个矩形一同选中执行快捷键“Ctrl+G”进行编组，如图 4-36 所示。

（12）将做好的图钉再复制 3 份，分别放置在图标的另外 3 个角，最终完成效果如图 4-37 所示。

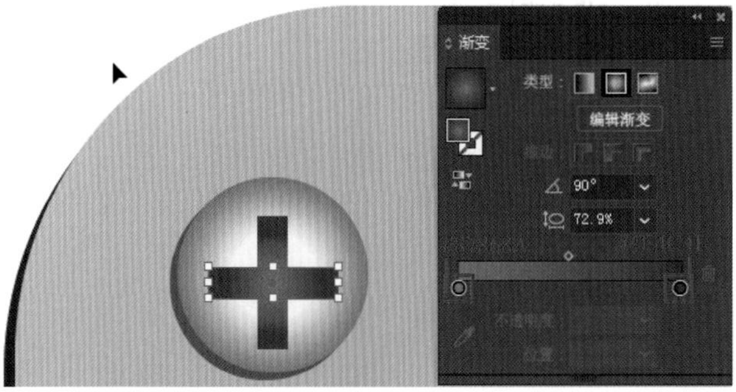
渐变
类型：
编辑渐变
90°
72.9%

图 4-36

图 4-37

4.3.2　使用渐变工具设置填充或描边

渐变工具主要用来对对象进行渐变填充。利用该工具不仅可以填充渐变，还可以在对象上通过拖动渐变滑块得到不同的渐变效果。使用“渐变工具”和使用“渐变”面板相比，最大的好处是比较直观，便于修改渐变的角度和位置。要使用“渐变工具”修改渐变填充，首先要选择被填充渐变的对象，然后在工具栏中选择“渐变工具”，在合适的位置按住鼠标确定渐变的起点，然后在不释放鼠标的情况下拖动鼠标确定渐变的方向，达到满意的效果后释放鼠标，确定渐变的终点，即可修改渐变填充。

案例演练——使用“渐变”工具制作播放按钮

（1）案例效果如图 4-38 所示。

（2）打开 Illustrator CC，使用快捷键“Ctrl+N”新建 500 px×500 px 的空白文档，如图 4-39 所示。

图 4-38

最近使用项
已保存
移动设备
Web
打印
胶片和视频
图稿和插图
让我们开始尝试新事物吧。
播放按钮
500 px
像素
更多设置
创建
关闭

图 4-39

（3）使用工具栏中的“矩形工具”创建 500 px×500 px 的矩形作为背景；单击“渐变工具”，在属性栏选择“径向渐变”，为矩形设置渐变色，参数如图 4-40 所示。

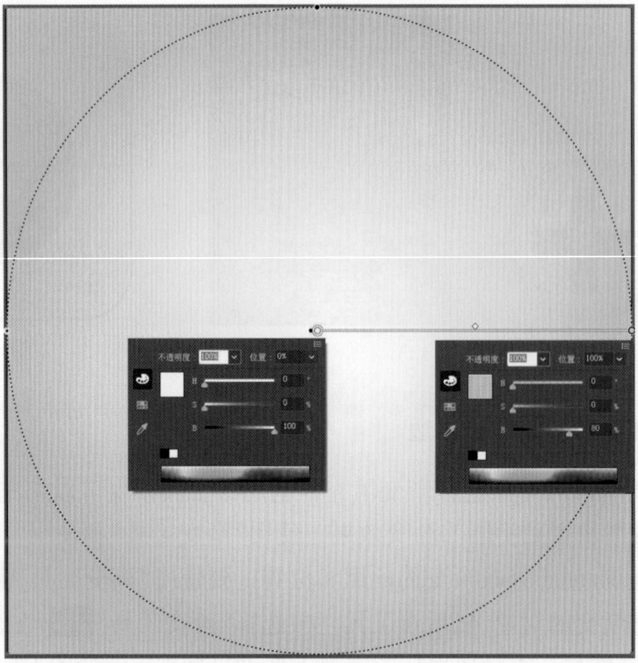

图 4-40

（4）使用工具栏中的“椭圆工具”创建 280 px×280 px 的圆，单击“渐变工具”，在属性栏选择“线性渐变”，为圆设置渐变色，参数如图 4-41 所示。

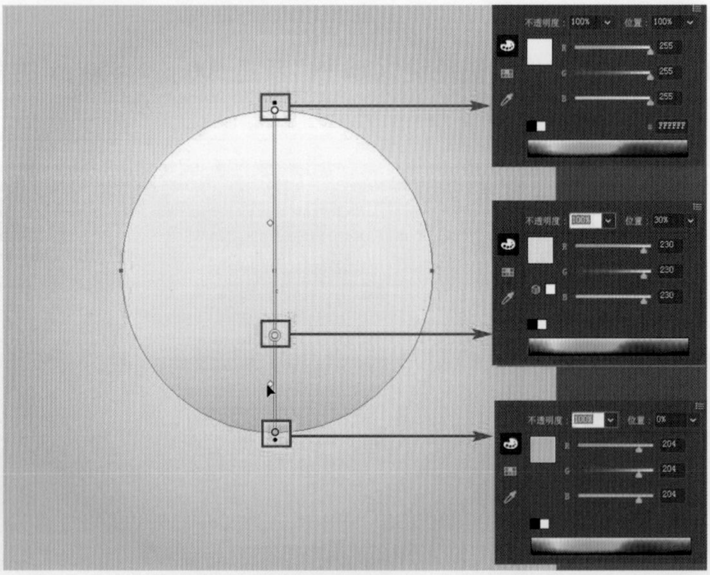
不透明度 100% 位置 100%
255
255
255
FFFFFF
不透明度 100% 位置 30%
230
230
230
不透明度 100% 位置 0%
204
204
204

图 4-41

（5）使用工具栏中的“椭圆工具”创建 250 px×250 px 的圆，单击“渐变工具”，在属性栏选择“线性渐变”，为圆设置渐变色，参数如图 4-42 所示，将其与步骤（4）中的圆中心对齐。

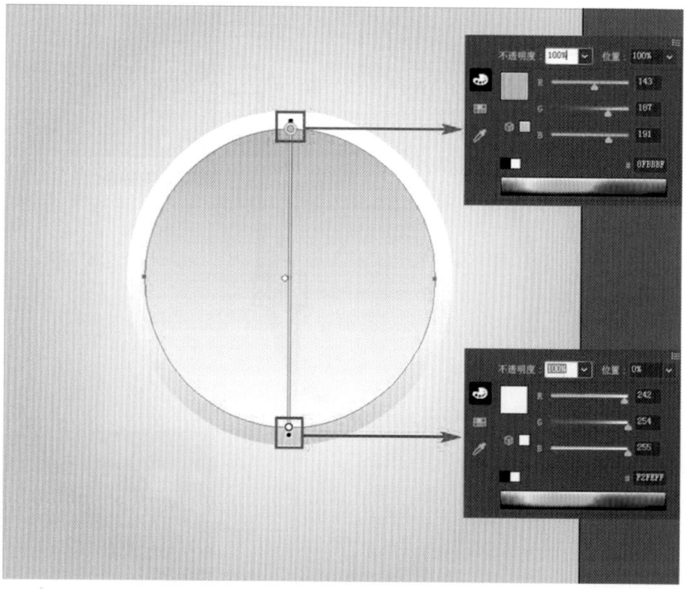
不透明度 100% 位置 100%
R 143
G 187
B 191
8FBBBF
不透明度 100% 位置 0%
R 242
G 254
B 255
F2FEFF

图 4-42

（6）继续使用工具栏中的“椭圆工具”创建 226 px×226 px 的圆，接着单击“渐变工具”，在属性栏选择“径向渐变”，为圆设置渐变色，参数如图 4-43 所示，将其与步骤（4）、（5）中的圆中心对齐。

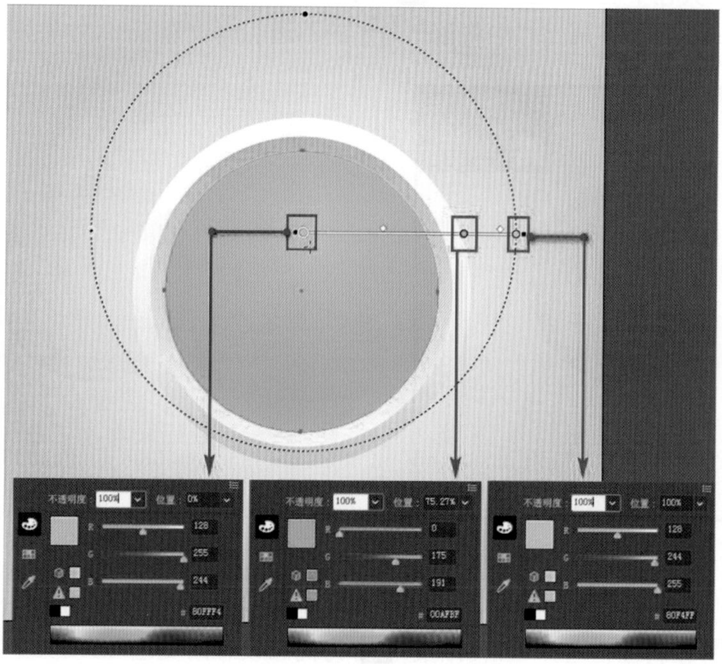
不透明度 100% 位置 0%
R 128
G 255
B 244
80FFF4
不透明度 100% 位置 75.27%
R 0
G 175
B 191
00AFBF
不透明度 100% 位置 100%
R 128
G 244
B 255
80F4FF

图 4-43

（7）选择步骤（5）创建的圆，用“贴在前面”的快捷键“Ctrl+C”和“Ctrl+F”复制一个副本，为复制的圆设置“径向渐变”，参数如图 4-44 所示。

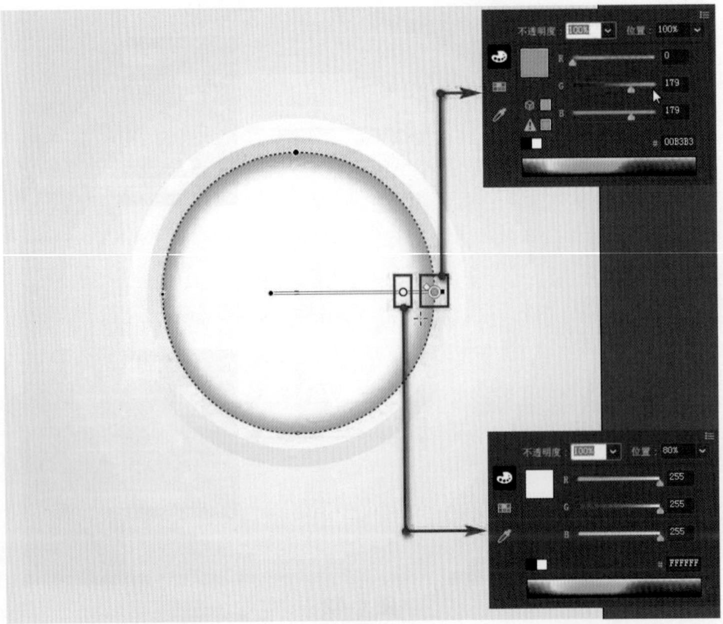
不透明度
100%
位置
100%
R
0
G
179
B
179
00B3B3
不透明度
100%
位置
80%
R
255
G
255
B
255
FFFFFF

图 4-44

（8）执行“窗口 / 透明度”命令，打开透明度面板，将该圆形的混合模式改为“正片叠底”，如图 4-45 所示。

（9）使用工具栏中的“多边形工具”创建半径为 50 px，边数为 3 的三角形；为其设置白色填充，调整其方向，在属性栏中将该三角形的不透明度改为 50%，效果如图 4-46 所示。

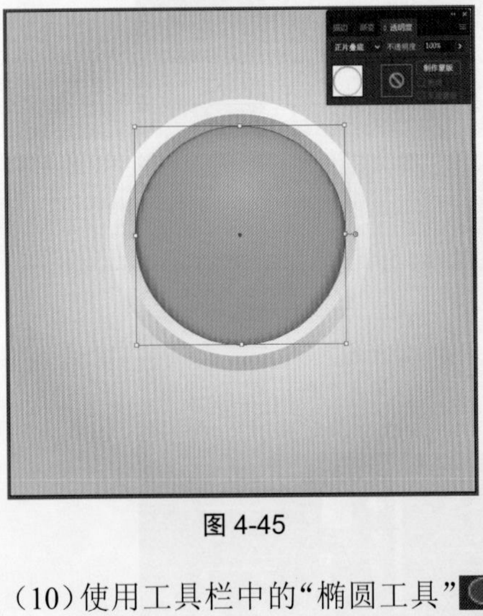

图 4-45

图 4-46

（10）使用工具栏中的“椭圆工具”创建宽度为 370 px，高度为 50 px 的椭圆；单击“渐变工具”，在属性栏选择“径向渐变”，为椭圆设置渐变色，修改长宽比为 11%；执行“窗口 / 透明度”命令，打开透明度面板，将该椭圆的混合模式改为“正片叠底”，如图 4-47 所示。

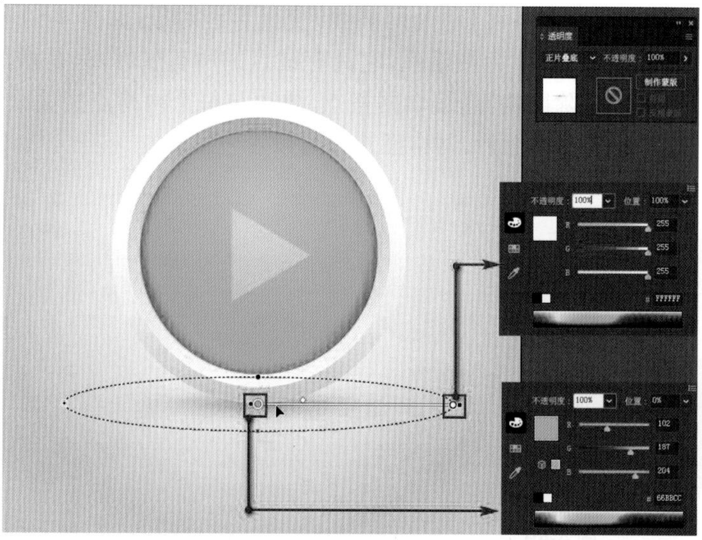
透明度
正片叠底
不透明度：100%
制作蒙版
不透明度：100%
位置：100%
255
255
255
FFFFFF
不透明度：100%
位置：0%
102
187
204
66BBCC

图 4-47

（11）最终完成效果如图 4-48 所示。

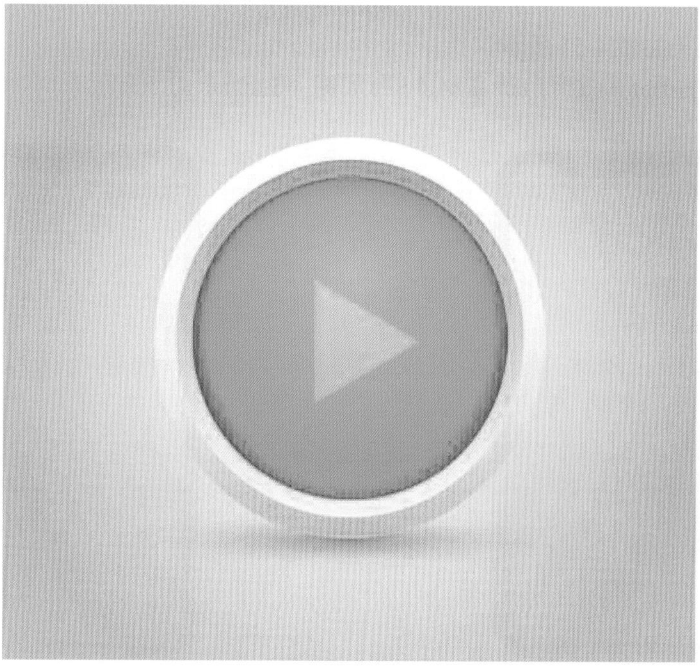

图 4-48

4.3.3 使用渐变网格工具创建渐变

网格对象是一种多色填充的对象，其上的颜色可以沿不同方向顺畅分布，并且从一点平滑过渡到另一点。移动和编辑网格线上的点，可以更改颜色的变化强度，或者更改对象上的着色区域范围，如图 4-49 所示。

创建网格对象时，会有多条线（称为网格线）交叉穿过对象，如图 4-50 所示。在网格线的相交处有一种特殊的锚点，称为网格点，它具有锚点的所有属性，只是增加了接受颜色的功能。我们可以添加和删除网格点、编辑网格点、更改与每个网格点相关联的颜色。任意 4 个网格点之间的区域称为网格面片，网格面片也可以着色。

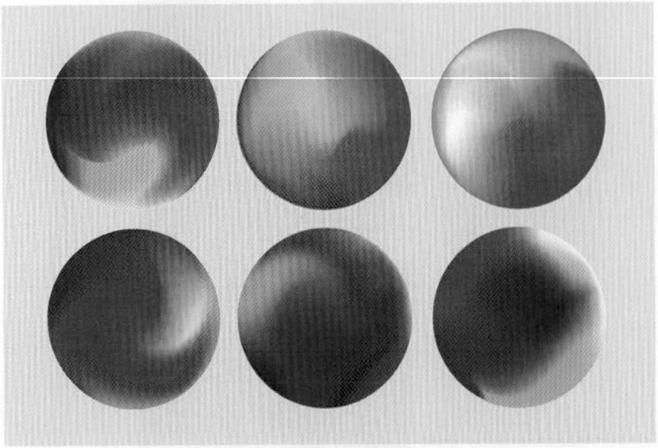

图 4-49

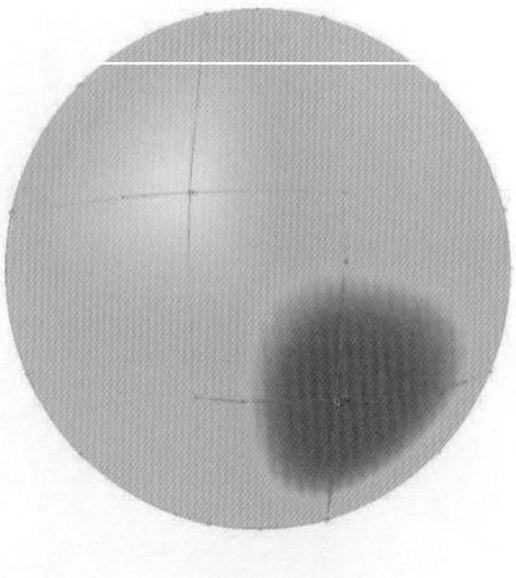

图 4-50

案例演练——使用“网格工具”制作 UI 流体渐变背景

（1）案例效果如图 4-51 所示。

（2）使用 Illustrator CC 打开“素材 4.5”，如图 4-52 所示。

2019
COLORS
Desing

图 4-51

图 4-52

（3）选择“屏幕”对象，单击工具栏中的“网格工具”，在形状的垂直路径和水平路径上分别点击两次以创建网格，如图 4-53 所示。

（4）用“直接选择工具”依次单击网格上的锚点或网格面片，双击“填色”图标打开拾色器，为锚点或网格面片选择想要变换的颜色，点击确定，最终效果如图 4-54 所示。

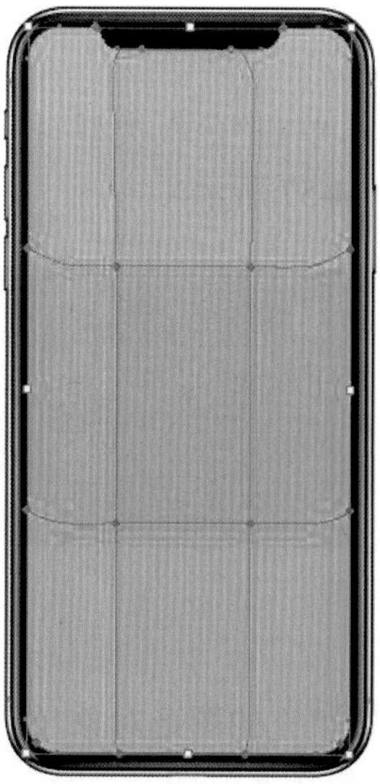

图 4-53

图 4-54

（5）网格内部的各个锚点可以根据需要使用“直接选择工具”移动到理想的位置，效果如图 4-55 所示。

（6）置入 PNG 格式“素材 4.4”，最终效果如图 4-56 所示。

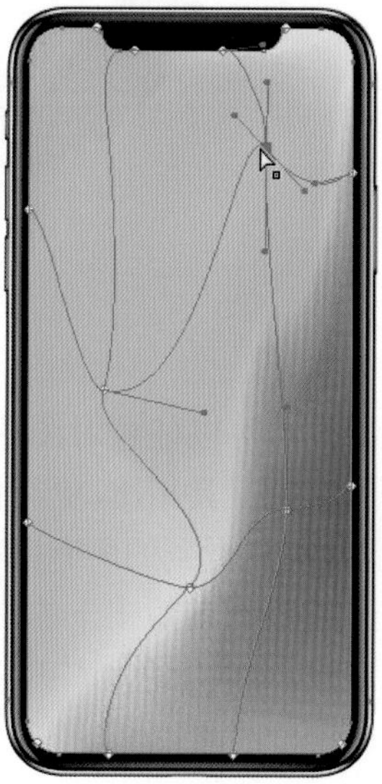

图 4-55

2019
COLORS
Desing

图 4-56

4.4　图案填充

图案填充是一种特殊的填充，在“色板”面板中 Illustrator CC 为用户提供了两种图案。图案填充与渐变填充不同，它不但可以用来填充图形的内部区域，也可以用来填充路径描边。图案填充会自动根据图案和所要填充对象的范围决定图案的拼贴效果。图案填充是一个非常简单但又相当有用的填充方式。除了使用预设的图案填充，还可以自行创建自己需要的图案。

执行菜单栏中的“窗口 / 色板”命令，打开“色板”面板，单击“色板类型”按钮，选择“显示图案色板”命令，则“色板”面板中只显示图案填充，如图 4-57 所示。

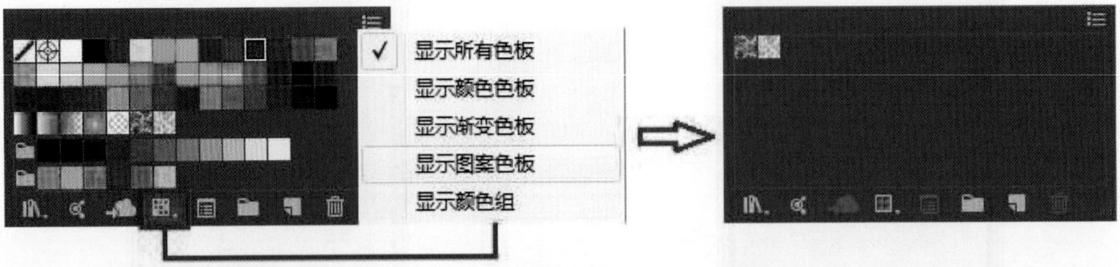
显示所有色板
显示颜色色板
显示渐变色板
显示图案色板
显示颜色组

图 4-57

使用图案填充图形的操作方法十分简单。首先选中要填充的图形对象，然后在“色板”面板中单击要填充的图案图标，即可将选中的图形对象填充图案。图案填充效果如图 4-58 所示。

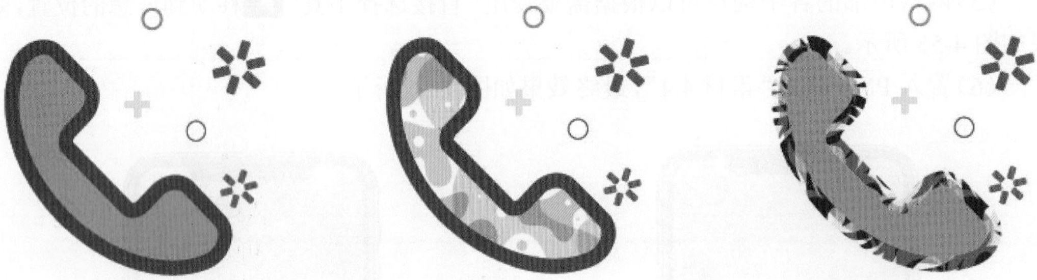

图 4-58

4.5 实时上色

实时上色是一种创建彩色图画的直观方法。采用这种方法可以任意对图稿进行着色，就像对画布或纸上的绘画进行着色一样。实时上色与其他上色工具相比，更类似于使用传统着色工具上色，它将所有路径对象转换成一个实时上色组，用户看到的所有图稿均在一个平面上。实时上色与其他的上色方法最大的不同之处在于，它没有前后上下的堆叠次序，用户不用考虑哪些图形在上面、哪些图形在下面、有没有被遮挡，实时上色组中的所有对象都可以被视为同一平面中的一部分。

案例演练——使用实时上色制作立体图标

（1）案例效果如图 4-59 所示。

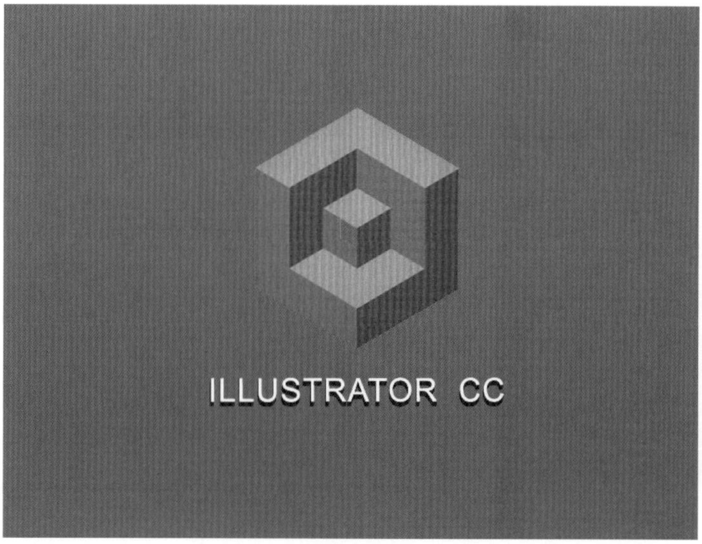
ILLUSTRATOR CC
图 4-59

（2）打开 Illustrator CC，使用快捷键“Ctrl+N”新建宽 800 px、高 600 px 的空白文档；选择工具栏中的“直线段工具”按钮，单击画面空白区域，弹出“直线段”对话框，创建长度 500 px，角度 90° 的直线，单击“确定”按钮完成操作，如图 4-60 所示。

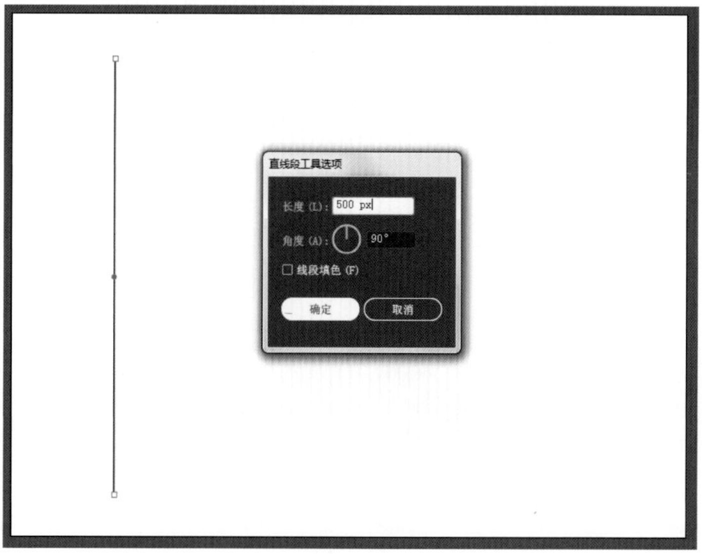
直线段工具选项
长度 (L)：500 px
角度 (A)：90°
线段填色 (F)
确定
取消
图 4-60

（3）使用“选择工具”选择该直线，单击鼠标右键执行“变换 / 移动”命令，打开“移动”对话框后，设置水平位移参数 10 px，如图 4-61 所示，点击“复制”按钮进行移动复制，效果如图 4-62 所示。

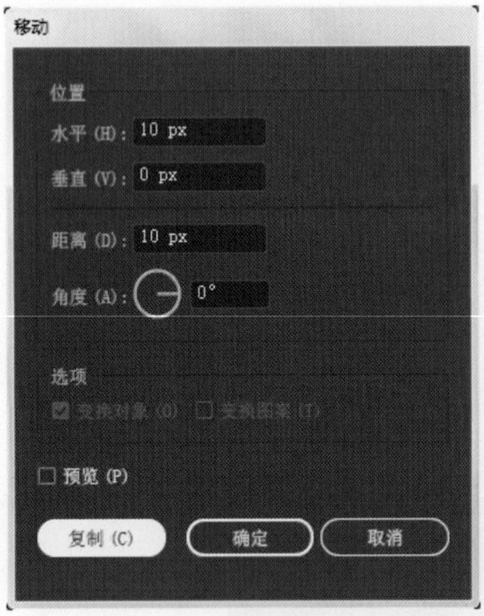
移动
位置
水平 (H): 10 px
垂直 (V): 0 px
距离 (D): 10 px
角度 (A): 0°
选项
变换对象 (O)
变换图案 (T)
预览 (P)
复制 (C)
确定
取消

图 4-61

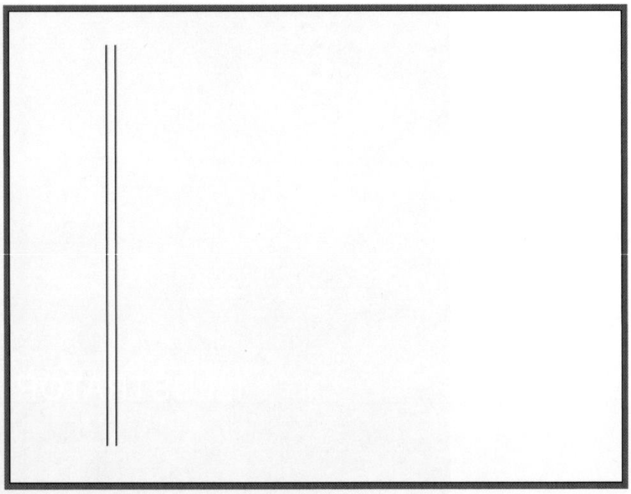

图 4-62

（4）执行“再次变换”命令的快捷键“Ctrl+D”，重复此操作 50 次左右，框选所有直线，执行快捷键“Ctrl+G”进行编组，效果如图 4-63 所示。

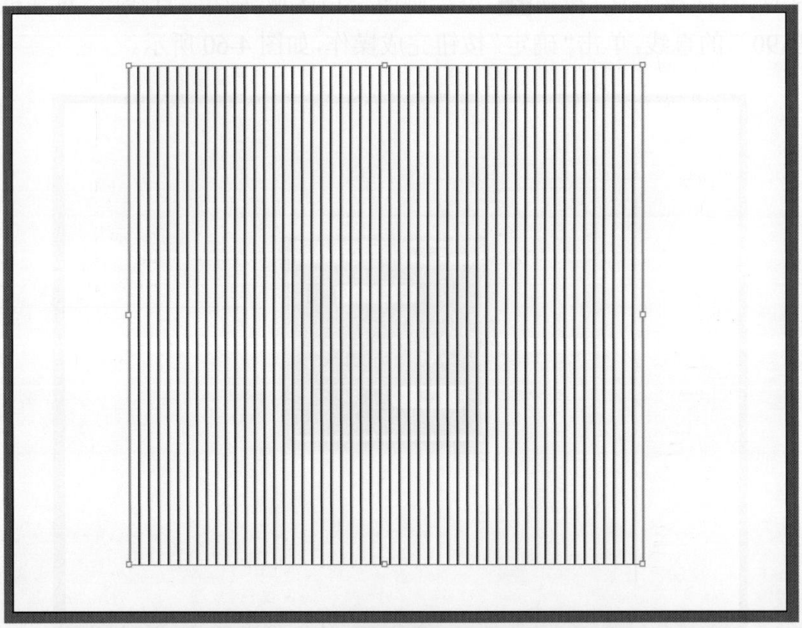

图 4-63

（5）选择该编组对象，双击“旋转工具”，打开“旋转”对话框，分别进行 60° 的复制旋转和 120° 的复制旋转，如图 4-64 所示。

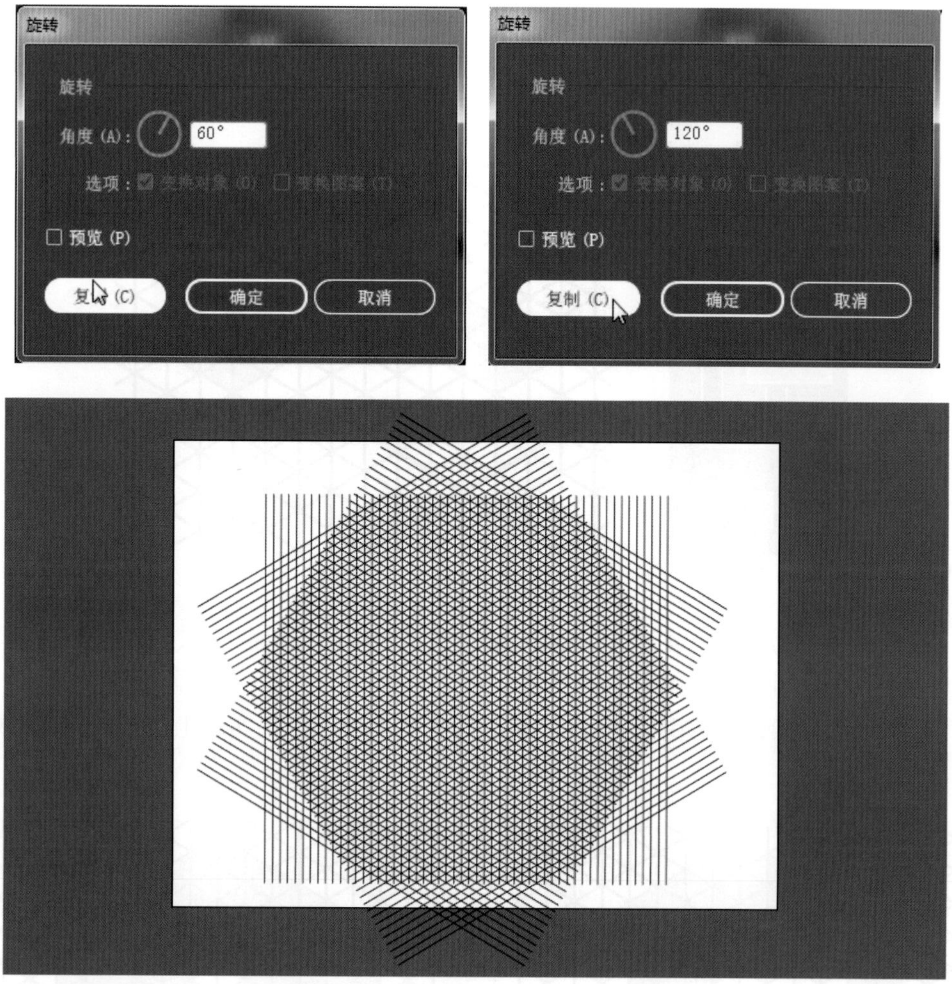
旋转
旋转
角度 (A):
60°
选项:
预览 (P)
复 (C)
确定
取消
旋转
旋转
角度 (A):
120°
选项:
预览 (P)
复制 (C)
确定
取消
图 4-64

（6）选择两组旋转复制后的编组对象，使用“选择工具”进行移动，将所有斜线交叉点与第一组垂线对齐，如图 4-65 所示。

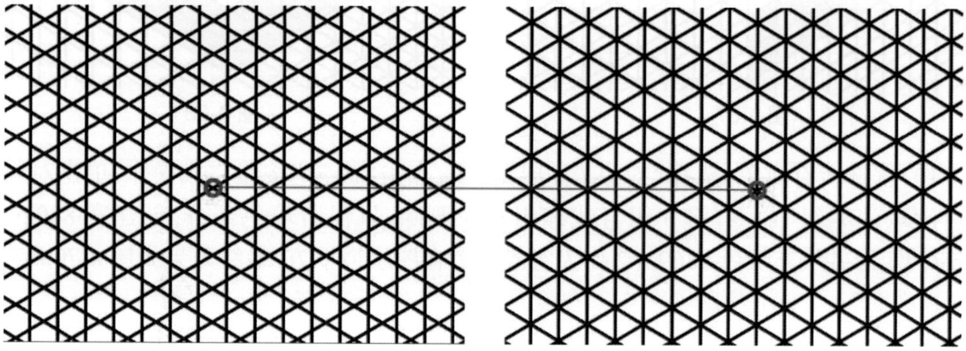
图 4-65

（7）框选所有编组对象，选择“对象 / 实时上色 / 建立”命令建立实时上色组；设置填色为 #FBB03B，单击工具栏中的实时上色工具，点击如图 4-66 所示的三角区域为对象进行填色。

图 4-66

（8）修改填色为 #F78614 和 #FF5500，单击工具栏中的“实时上色工具”，继续为对象进行填色，效果如图 4-67 和图 4-68 所示。

（9）按照上述操作及运用使用过的颜色，对照图 4-69，使用“实时上色工具”将剩余颜色填充完成。

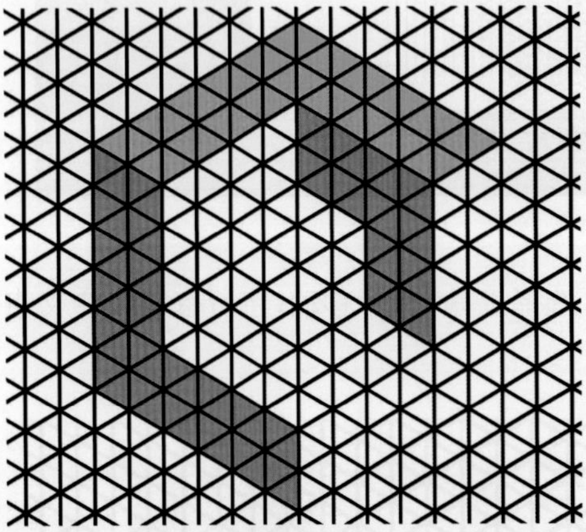

图 4-67

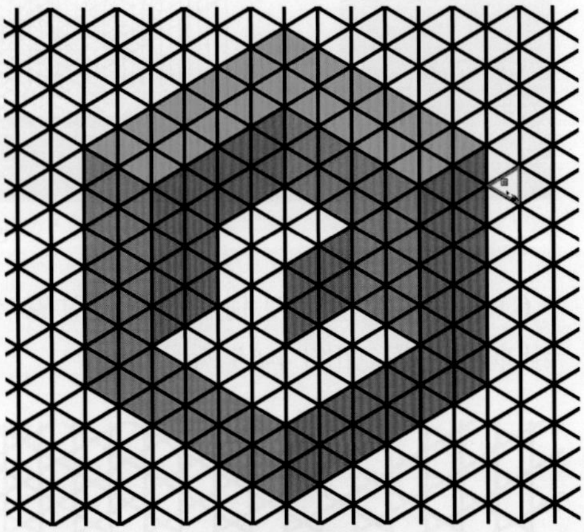

图 4-68

（10）框选所有对象，选择“对象 / 扩展”命令，点击“确定”按钮完成操作；单击对象，右键执行“取消编组”命令，将 3 组直线编组对象删除，只保留填色部分；创建宽 800 px、高 600 px 的矩形并填充颜色 #8693F2 作为背景放置在图层最下方，最终效果如图 4-70 所示。

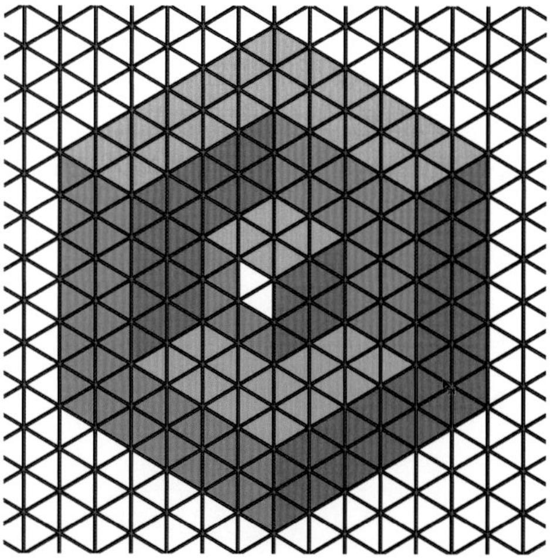

图 4-69

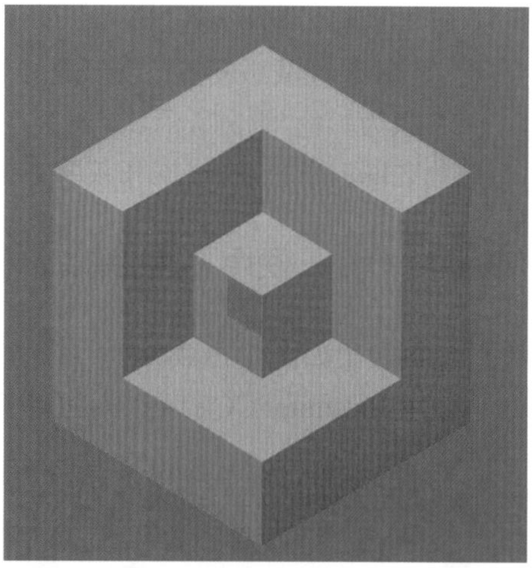

图 4-70

4.6　透明度

在 Illustrator CC 中，可以通过"透明度"面板来调整图形的透明度。可以将一个对象的填色、笔画或对象群组，从 100% 的不透明变更为 0% 的完全透明。当降低对象的透明度时，其下方的图形会透过该对象显示出来。

4.6.1　设置图形的透明度

要设置图形的透明度，首先选择一个图形对象，然后执行菜单栏中的"窗口 / 透明度"命令，或按" Shift+Ctrl+F10"快捷键打开"透明度"面板，在"不透明度"文本框中输入新的数值，以设置图形的透明程度。设置图形透明度操作如图 4-71 和图 4-72 所示。

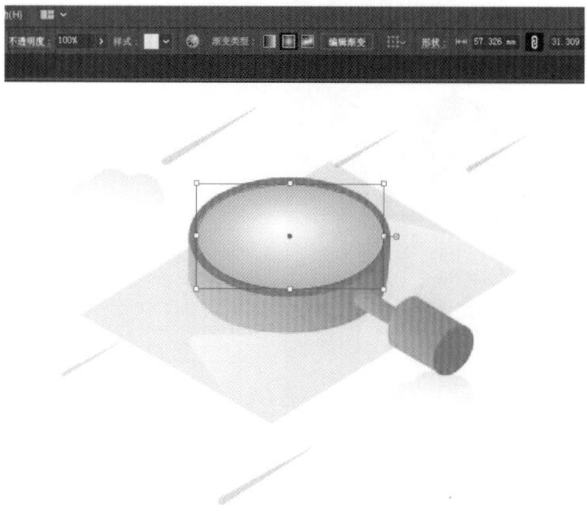

图 4-71

图 4-72

4.6.2　创建不透明蒙版

调整不透明度参数值的方法，只能修改整个图形的透明程度，而不能局部调整图形的透明程度。如果想调整局部透明度，就需要应用不透明蒙版来创建。不透明蒙版可以制作出透明过渡效果，通过蒙版图形来创建透明度过渡，用作蒙版的图形的颜色决定了透明的程度。如果蒙版为黑色，则蒙版后将完全不透明；如果蒙版为白色，则蒙版后将完全透明；介于白色与黑色之间的颜色，将根据其灰度的级别显示为半透明状态，级别越高则越不透明。

案例演练——使用不透明蒙版制作倒影效果

（1）案例效果如图 4-73 所示。

（2）使用 Illustrator CC 打开“素材 4.6”，如图 4-74 所示。

何以解忧
唯有春游

图 4-73

何以解忧
唯有春游

图 4-74

（3）使用工具栏中的“选择工具”选中“banner”组，并对其执行“编辑 / 复制”“编辑 / 就地粘贴”命令；使用“选择工具”选择复本对象，单击鼠标右键，在弹出的快捷菜单中执行“变换 / 对称”命令，打开“镜像”对话框，选中“水平”选项，单击“确定”按钮完成操作；继续选中副本对象并向下移动至适当位置，如图 4-75 所示。

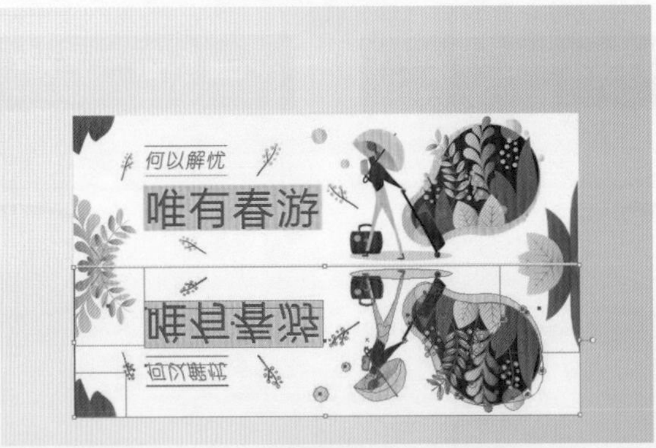
何以解忧
唯有春游

图 4-75

（4）单击工具栏中的“矩形工具”按钮，在副本对象上建立一个和它相同大小的矩形，如图 4-76 所示。

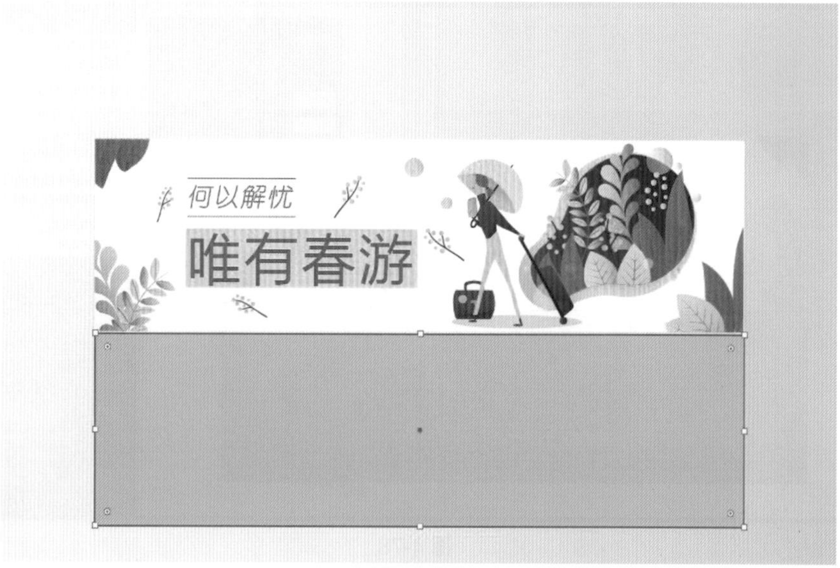
何以解忧
唯有春游

图 4-76

（5）执行“窗口 / 渐变”命令，打开“渐变”面板，选择线性渐变，角度 90°，单击滑块编辑渐变颜色，参数如图 4-77 所示。

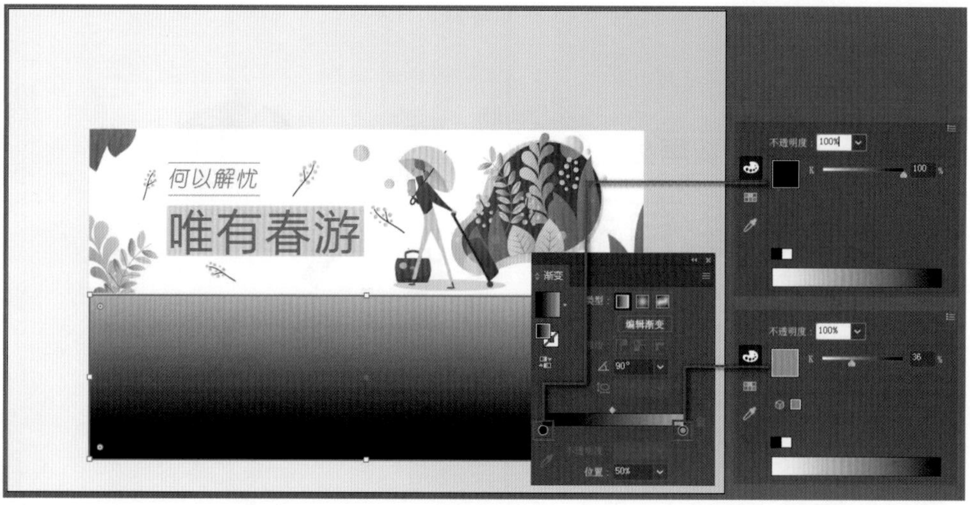
何以解忧
唯有春游
渐变
编辑渐变
90°
位置 50%
不透明度 100%
100
不透明度 100%
36

图 4-77

（6）执行“窗口 / 透明度”命令，打开“透明度”面板，选中渐变矩形和 banner 的副本，在“透明度”面板菜单中执行“建立不透明蒙版”命令，如图 4-78 所示。

透明度
正常
不透明度：100%
制作蒙版
隐藏缩览图(T)
显示选项(O)
建立不透明蒙版(M)
释放不透明蒙版(R)
停用不透明蒙版(A)
取消链接不透明蒙版(L)
新建不透明蒙版为剪切蒙版(C)
新建不透明蒙版为反相蒙版(N)
页面隔离混合(I)
页面挖空组(K)
何以解忧
唯有春游

图 4-78

（7）最终效果如图 4-79 所示。

何以解忧
唯有春游

图 4-79

4.7 混合对象

混合是可以在两个或多个选定对象之间自动生成一系列指定过渡（包括对象形状和颜色）的对象操作命令。可以混合对象以创建形状，并在两个对象之间平均分布形状。也可以在两个开放路径之间进行混合，在对象之间创建平滑的过渡，或组合颜色和对象的混合，在特定对象形状中创建颜色过渡。在对象之间创建了混合之后，就会将混合对象作为一个对象看待。如果移动了其中一个原始对象，或编辑了原始对象的锚点，则混合将会随之变化。此外，原始对象之间混合的新对象不会具有自身的锚点，但可以扩展混合，将混合扩展为不同的对象。

4.7.1　创建混合

建立混合分为两种方法：一种是使用“混合命令”建立菜单命令；另一种是使用“混合工具”建立菜单命令。使用“混合命令”图形会按默认的混合方式进行混合过渡，但不能控制混合的方向。而使用“混合工具”建立混合过渡具有更大的灵活性，它可以创建出不同的混合效果。

1. 使用混合命令

使用 Illustrator CC 打开“素材 4.7”，使用“选择工具”，选择要进行混合的两个花朵图形对象，然后执行菜单栏中的“对象 / 混合 / 建立”命令或按“Alt+Ctrl+B”键（如图 4-80 所示），即可将选择的两个或两个以上的图形对象建立混合过渡效果，效果如图 4-81 所示。

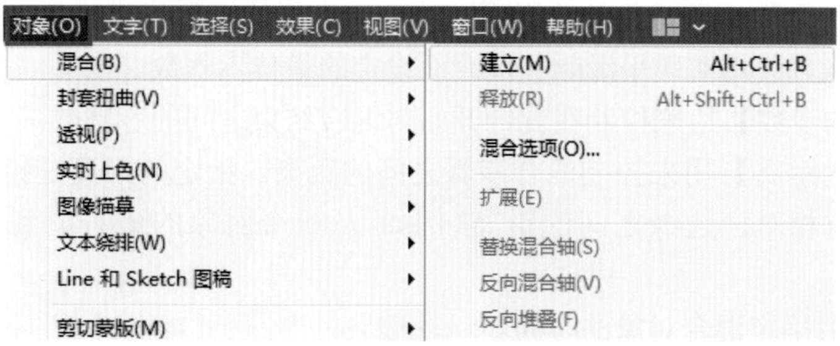
对象(O) 文字(T) 选择(S) 效果(C) 视图(V) 窗口(W) 帮助(H)
混合(B)
封套扭曲(V)
透视(P)
实时上色(N)
图像描摹
文本绕排(W)
Line 和 Sketch 图稿
剪切蒙版(M)
建立(M) Alt+Ctrl+B
释放(R) Alt+Shift+Ctrl+B
混合选项(O)...
扩展(E)
替换混合轴(S)
反向混合轴(V)
反向堆叠(F)

图 4-80

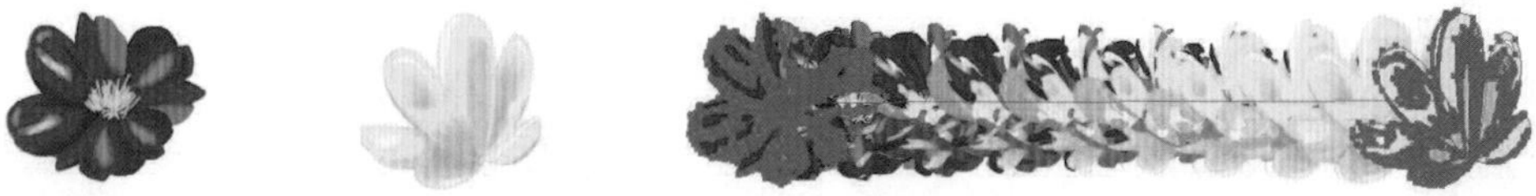

图 4-81

2. 使用混合工具

使用 Illustrator CC 打开“素材 4.8”，选择工具箱中的“混合工具”，然后将光标移动到第一个花朵图形对象上，当光标变成状时单击鼠标，然后移动光标到另一个花朵图形对象上，再次单击鼠标，即可在这两个图形对象之间建立混合过渡效果，完成的效果如图 4-82 所示。

图 4-82

4.7.2 设置混合参数

要想更改现有混合状态，需先选定混合对象，然后双击“混合工具”，可以打开“混合选项”对话框，也可以选择菜单栏中的“对象 / 混合 / 混合选项”命令将其打开，如图 4-83 所示为不同选项状态下的“混合选项”对话框。

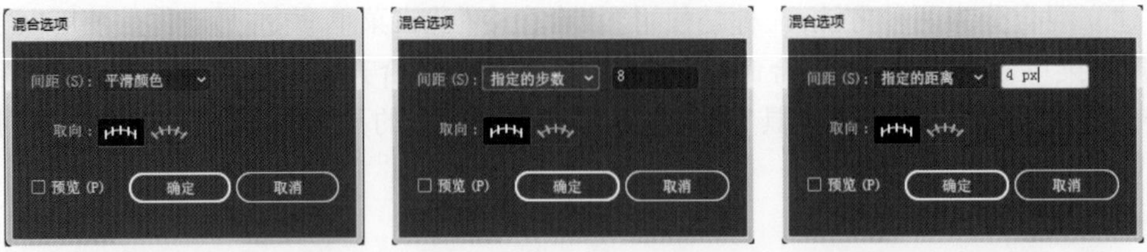
混合选项
间距 (S)： 平滑颜色
取向：
预览 (P)
确定
取消
混合选项
间距 (S)： 指定的步数
8
取向：
预览 (P)
确定
取消
混合选项
间距 (S)： 指定的距离
4 px
取向：
预览 (P)
确定
取消

图 4-83

● 【间距】：确定要添加到混合的步骤数，包括“平滑颜色”“指定的步数”和“指定的距离”。

（1）【平滑颜色】：如果对象是使用不同的颜色进行的填色或描边，Illustrator 会自动计算混合的步骤数，以使用实现平滑颜色过渡而设定的最佳步骤数。

（2）【指定的步数】：用来控制在混合开始与混合结束之间的步骤数。

（3）【指定的距离】：用来控制混合步骤之间的距离。指定的距离是指从一个对象边缘起到下一个对象相对应边缘之间的距离（例如，从一个对象的最右边到下一个对象的最右边）。

● 【取向】：确定混合对象的方向。

（1）【对齐页面】：使混合垂直于页面的 X 轴，如图 4-84 所示。

（2）【对齐路径】：使混合垂直于路径，如图 4-85 所示。

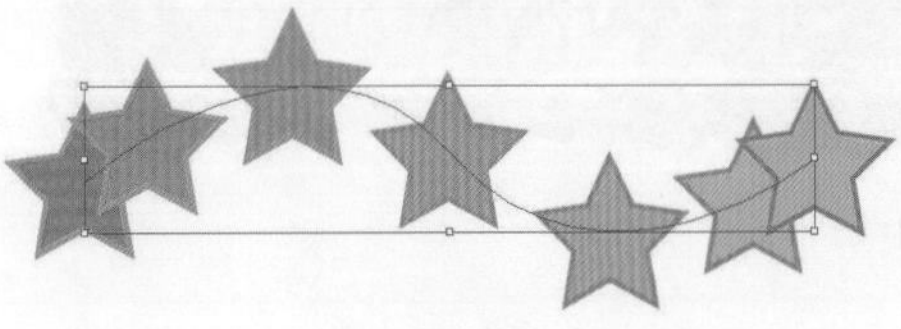

图 4-84

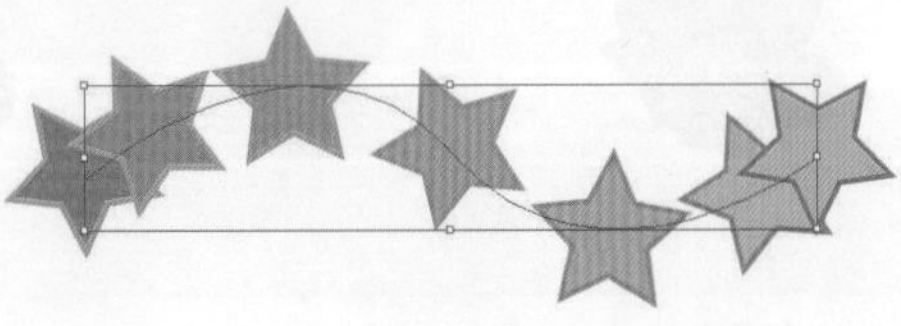

图 4-85

4.7.3 编辑混合图形

混合轴是混合对象中各步骤对齐的路径。默认情况下，混合轴会形成一条直线。如果要调整混合轴的形状，可以使用“转换锚点工具”、“直接选择工具”、“钢笔工具”和“编组选择工具”等来选择、改变、添加或删除锚点；也可以用已有的路径形状作为混合轴，将原有的混合轴替换。

1. 替换混合轴

绘制一个新的路径形状，与混合对象一起选中，然后选择菜单栏中的“对象 / 混合 / 替换混合轴”命令，即可得到如图 4-86 所示的效果。

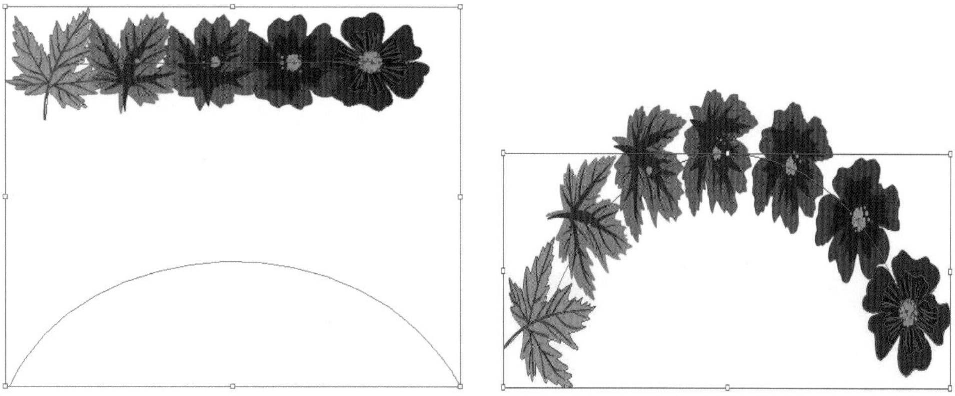

图 4-86

2. 反向混合轴

如果要翻转混合轴上的混合顺序，可以选择菜单栏中的“对象 / 混合 / 反向混合轴”命令，则混合对象全部反向排列，如图 4-87 所示。

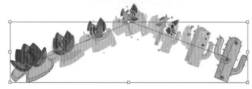

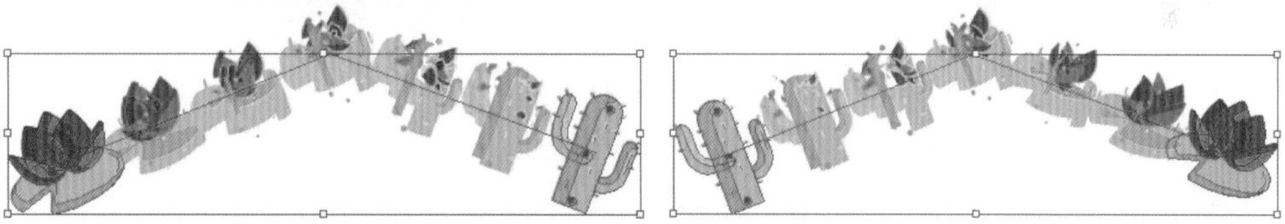

图 4-87

3. 颠倒混合对象中的堆叠顺序

混合对象之间同样存在堆叠的关系，当混合对象之间出现叠加的现象时会非常明显。“反向堆叠”命令可以修改混合对象的排列顺序，将从前到后调整为从后到前的效果。选择一个混合对象，然后执行菜单栏中的“对象 / 混合 / 反向堆叠”命令，即可将混合对象的排列顺序调整，调整前后的效果如图 4-88 所示。

图 4-88

4.7.4　扩展与混合图形

创建混合效果之后，图形就成为一个由原混合图形和图形之间的路径组成的整体，不可以单独选中，如图 4-89 所示；扩展一个混合对象将混合分割为一系列不同对象，可以像编辑其他对象一样编辑其中的任意一个对象。选中混合图形后，执行“对象 / 混合 / 扩展”命令，将混合图形进行扩展，如图 4-90 所示；扩展后的混合图形一般会作为编组对象而不能独立编辑，如果要独立编辑，需要在图形上单击鼠标右键，在弹出的快捷单中执行“取消编组”命令，再使用“选择工具”选中混合图形中的各个图形，可以看到每个图形都可以被独立选中，如图 4-91 所示。

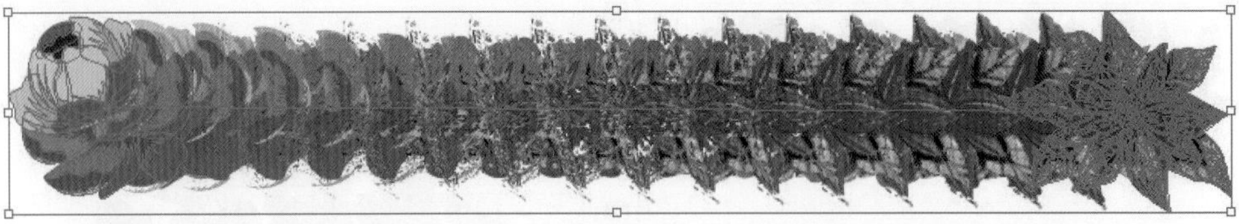

图 4-89

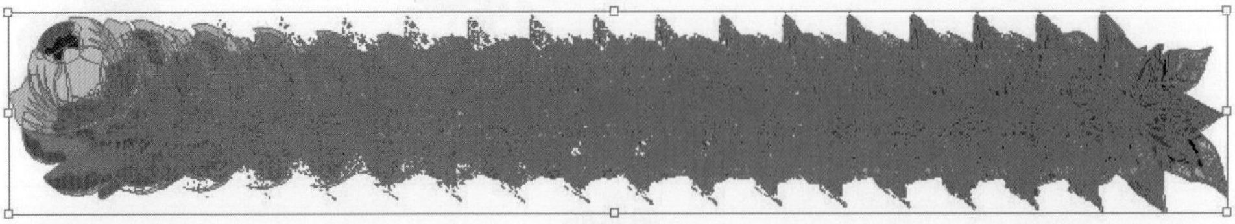

图 4-90

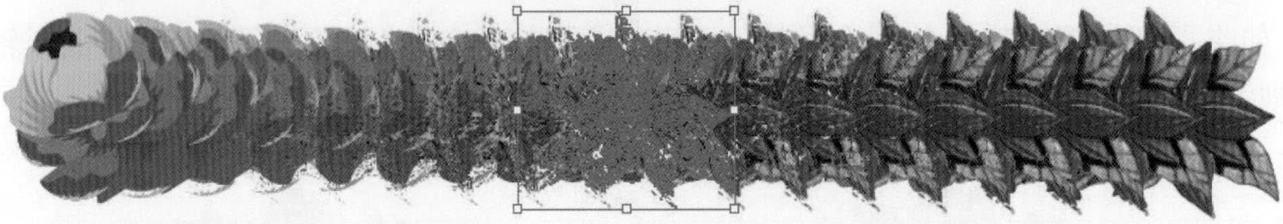

图 4-91

4.7.5 释放混合对象

想要释放混合对象，执行“对象 / 混合 / 释放”命令即可。

4.8 综合实例——混合命令制作 3D 文字效果

（1）案例效果如图 4-92 所示。

happy

图 4-92

（2）打开 Illustrator CC，使用快捷键“Ctrl+N”新建宽 800 px、高 600 px 的空白文档；选择工具栏中的“矩形工具”创建与文档相同大小的矩形，填充颜色 #070135，在图层面板中将其锁定，如图 4-93 所示。

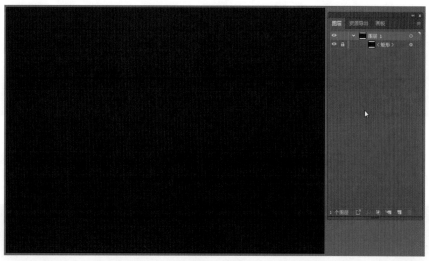
图层　资源导出　画板
图层 1
<矩形>
1 个图层

图 4-93

（3）选择“文字工具”，在文档中键入文本内容，选择效果类似“Vladimir Script”的连笔字体，修改文字大小为 260 pt，设置字体颜色为 #FFFFFF，如图 4-94 所示。

文字
描边：
不透明度：100%
字符：Vladimir Script
260 pt
段落
happy

图 4-94

（4）选择“钢笔工具”，沿着文字勾勒路径，如图 4-95 所示。

happy

图 4-95

（5）选择“椭圆工具”，点击空白区域，创建两个宽度、高度都为 22 px 的 a 圆与 b 圆，并打开渐变面板为其添加不同的线性渐变，参数如图 4-96 所示。

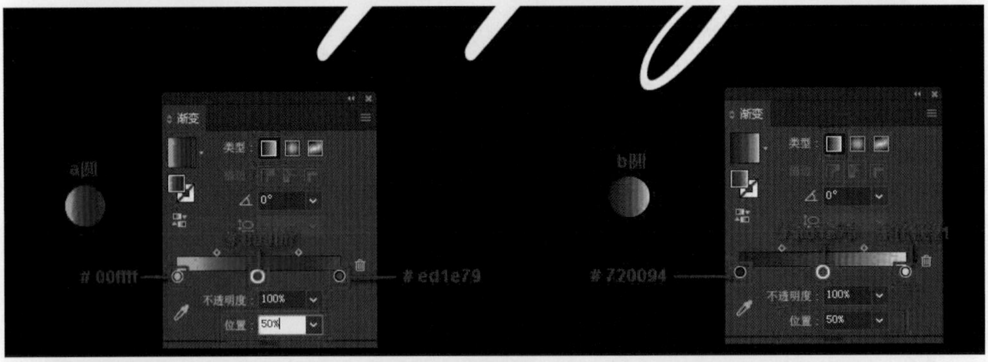
a圆
渐变
类型
0°
00ffff
ed1e79
不透明度 100%
位置 50%
b圆
渐变
类型
0°
720094
不透明度 100%
位置 50%

图 4-96

（6）选择 a 圆，按“Ctrl+C”进行复制，再按“Ctrl+V”粘贴，将新复制的 c 圆置于前两个圆的右侧；框选 a 圆与 b 圆，单击鼠标右键执行“排列 / 置于顶层”，如图 4-97 所示。

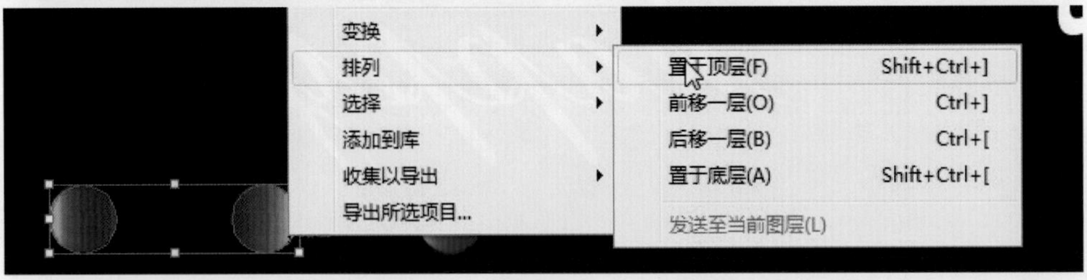
变换
排列
选择
添加到库
收集以导出
导出所选项目...
置于顶层(F) Shift+Ctrl+]
前移一层(O) Ctrl+]
后移一层(B) Ctrl+[
置于底层(A) Shift+Ctrl+[
发送至当前图层(L)

图 4-97

（7）选择菜单栏中的“对象 / 混合 / 混合选项”，打开“混合选项”对话框设置混合选项，参数如图 4-98 所示。

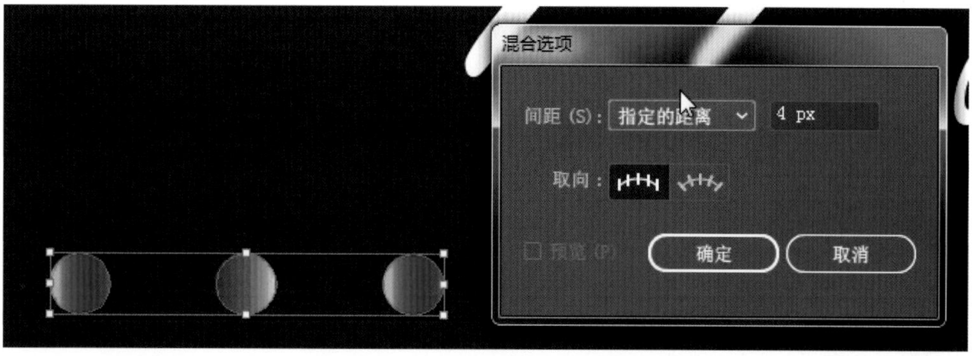
混合选项
间距 (S)：
指定的距离
4 px
取向：
预览 (P)
确定
取消

图 4-98

（8）将 3 个圆框选中，执行“对象 / 混合 / 建立”命令，效果如图 4-99 所示。

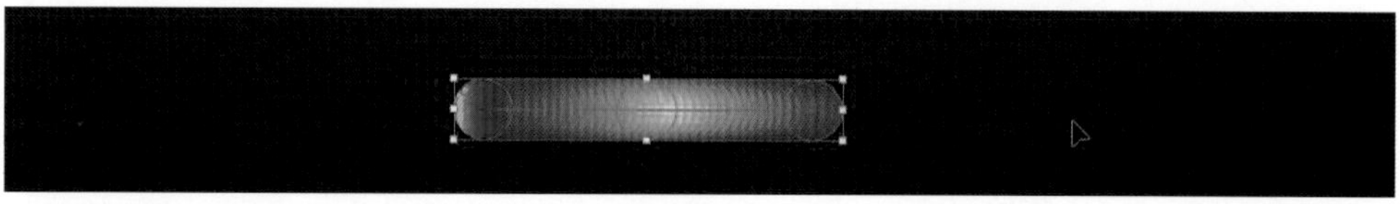

图 4-99

（9）将勾勒的路径和混合对象一起选中，执行“对象 / 混合 / 替换混合轴”命令，并将文本对象删除，效果如图 4-100 所示。

（10）根据效果，使用“直接选择工具”和“钢笔工具”对混合轴进行微调，最终效果如图 4-101 所示。

happy

图 4-100

happy

图 4-101

第 5 章　对象的高级操作

学习目标

- 掌握变形工具组的使用方法。
- 掌握封套扭曲命令的使用方法。
- 掌握路径查找器的使用方法。
- 掌握形状生成器工具的使用方法。
- 掌握图层的管理与组织。
- 掌握符号工具的使用。

导语

本章主要讲解矢量对象形态编辑的各种工具及命令。例如：使用变形工具组可以对矢量对象的形状进行各种各样的编辑，使用封套扭曲可以对矢量图形的外形进行变化扭曲，使用路径查找器可以将多个矢量图形进行形状的加减，使用形状生成器工具可以创建复制形状，利用剪切蒙版可以使多个对象重新组合新的形状，利用符号工具可以重复使用对象等操作。

5.1　变形工具组

Illustrator CC 提供了变形工具组，使用变形工具组中的工具可以随心所欲地对图形对象进行各种变形操作，使绘图过程变得更加便捷和灵活。变形工具组包括“宽度工具”、“变形工具”、“旋转扭曲工具”、“缩拢工具”、“膨胀工具”、“扇贝工具”、“晶格化工具”和“皱褶工具”，如图 5-1 所示。每一个工具可以创建一种类型的变形效果。值得注意的是，变形工具组中的工具不能对文本、符号和图表对象直接进行变形操作，必须将这些对象转换成普通图形对象后才能编辑。

图 5-1

5.1.1　宽度工具

使用“宽度工具”可将路径描边变宽，产生丰富多变的形状效果。此外，在创建可变宽度笔触后，可将其保存为可应用到其他笔触的配置文件。

案例演练——用“宽度工具”制作叶子

（1）案例效果如图 5-2 所示。

（2）打开 Illustrator CC，使用快捷键“Ctrl+N”新建 800 px×800 px 的空白文档，使用工具栏中的“矩形工具”创建 800 px×800 px 的矩形作为背景；为其设置填色 #FFFCC5，最后按下快捷键“Ctrl+2”将对象锁定，如图 5-3 所示。

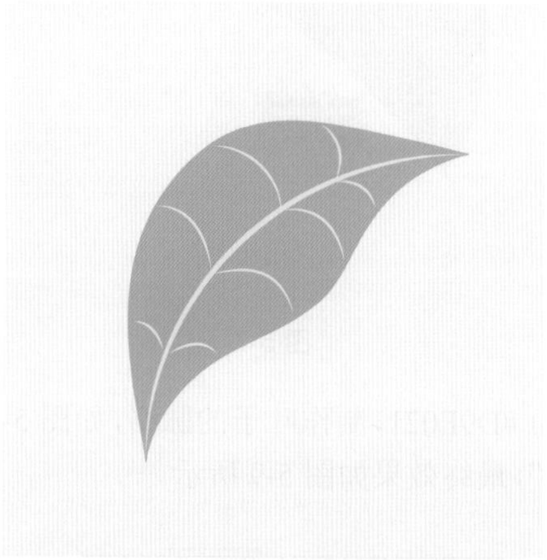

图 5-2

图层
资源导出
画板
图层 1
<矩形>

图 5-3

（3）选择“弧线工具”画一条曲线，设置描边颜色为 #39B54A，如图 5-4 所示。

（4）选择“宽度工具”，左键点击弧线中间任意一点，向外拖动到一定的宽度，这就是叶子最宽的地方的宽度，如图 5-5 所示。

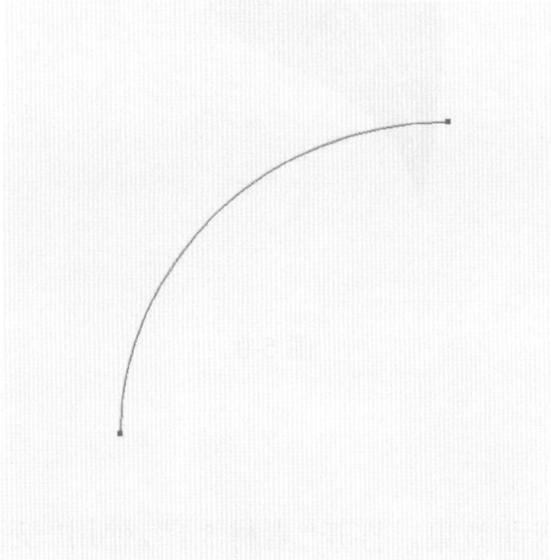

图 5-4

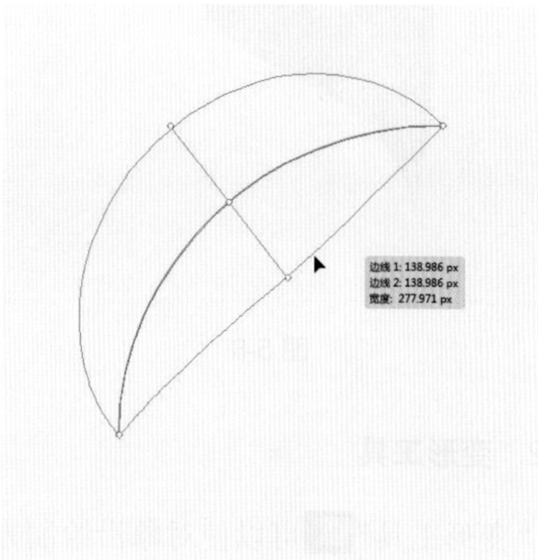
边线 1: 138.986 px
边线 2: 138.986 px
宽度: 277.971 px

图 5-5

（5）点击叶子偏上的部分，同时向内挤压，就形成了叶子顶部的尖尖部分，如图 5-6 所示。

（6）使用同样的方式，点击叶子偏下的部分，同时向内挤压，就形成了叶子底部的尖尖部分，如图 5-7 所示。

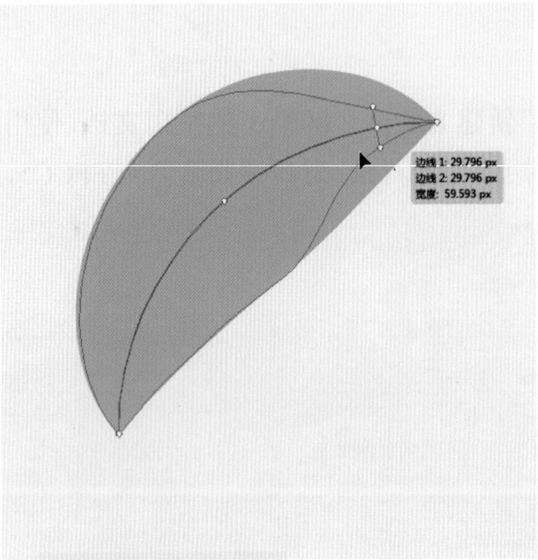
边线 1: 29.796 px
边线 2: 29.796 px
宽度: 59.593 px

图 5-6

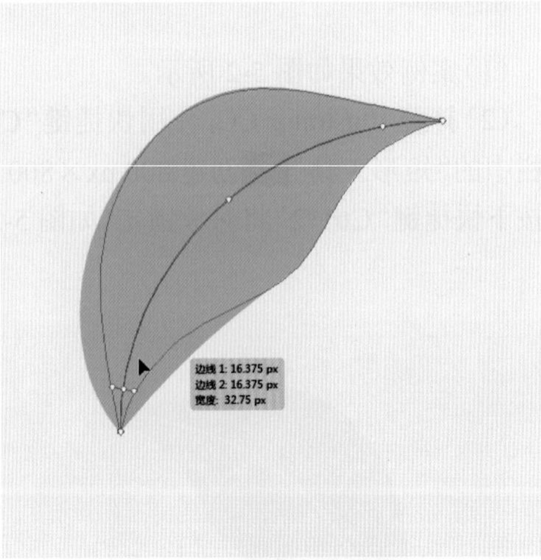
边线 1: 16.375 px
边线 2: 16.375 px
宽度: 32.75 px

图 5-7

（7）最后选择“钢笔工具”，设置描边颜色为 #D9E021，制作叶子的脉络，如图 5-8 所示；将这些线全部选中，选择“变量宽度配置文件 1”，最终效果如图 5-9 所示。

图 5-8

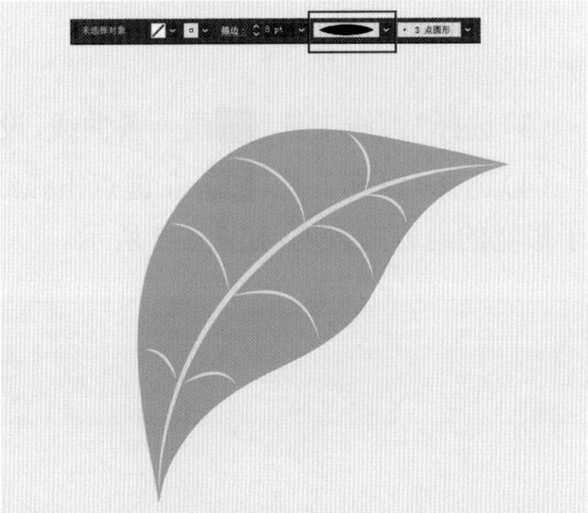

图 5-9

5.1.2 变形工具

“变形工具”可以使对象沿绘制方向产生弯曲效果。打开“素材 5.1”，使用“变形工具”在对象上单击，并向所需要的方向拖动，对象的形状将随着鼠标的拖动而发生变化，如图 5-10 所示。

双击“变形工具”按钮，将会弹出关于该工具的对话框，如图 5-11 所示。在这个对话框中，可以对“变形工具”进行一些相应的参数设置，如改变画笔的大小、角度和强度等，用户可直接在文本框中输入需要的数值，或者单击其后的三角按钮在弹出的下拉列表框中选择相应的参数值，还可通过微调按钮来进行调节。

图 5-10

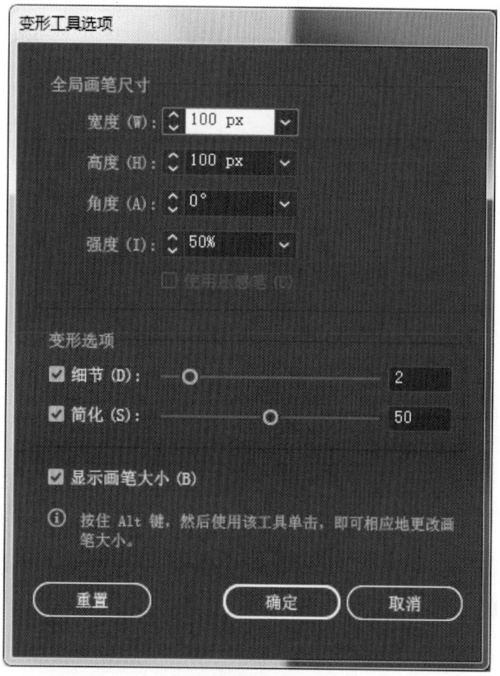
变形工具选项
全局画笔尺寸
宽度 (W): 100 px
高度 (H): 100 px
角度 (A): 0°
强度 (I): 50%
使用压感笔 (U)
变形选项
细节 (D): 2
简化 (S): 50
显示画笔大小 (B)
按住 Alt 键，然后使用该工具单击，即可相应地更改画笔大小。
重置
确定
取消

图 5-11

- 【宽度和高度】：用于控制工具指针的大小，即画笔大小。
- 【角度】：指工具指针的方位，即画笔的角度。
- 【强度】：指对象更改的速度，当值越大时，效果应用将越快。
- 【细节】：用于设置路径上产生节点之间的距离，其参数值越大时，各节点之间的距离将越近。
- 【简化】：可在不影响整个图形外观的情况下，设置应用效果后减少多余节点的数量。用户可直接在文本框中输入合适的参数值，或者拖动滑块进行调节。
- 【显示画笔大小】：控制鼠标指针周围圆圈形状的显示与隐藏。
- 【重置】：使对话框中的所有设置恢复到默认状态，此时就可以对该工具的选项进行重新设置。

5.1.3　旋转扭曲工具

使用“旋转扭曲工具”可使设置的部位产生顺时针或逆时针的旋转扭曲。打开“素材 5.2”，选中“旋转扭曲工具”后，根据需要单击或是向不同方向进行拖动，从而改变对象的形状，如图 5-12 所示。

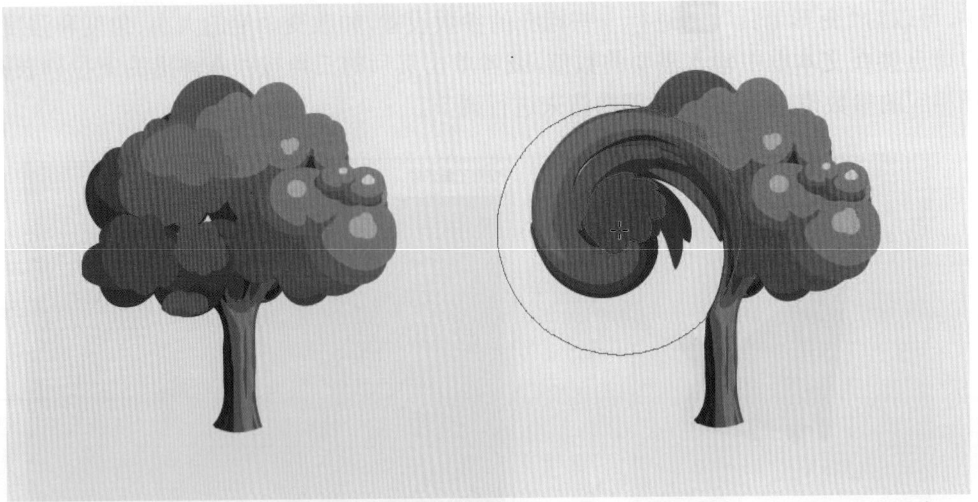

图 5-12

5.1.4 缩拢工具

“缩拢工具”可以使在画笔范围内的图形向中心收缩，它将移动路径上节点的位置，减少节点的数量，从而使对象产生折叠效果。打开“素材 5.3”，选中“缩拢工具”后，在对象上单击即可实现收缩效果，如图 5-13 所示。

图 5-13

5.1.5 膨胀工具

使用“膨胀工具”可使图形由内向外产生一种向外扩张的效果。使用“膨胀工具”后在对象上向任意方向拖动鼠标即可实现变形。当用户从对象的中心向外拖动鼠标时，可增加图形的区域范围；而从外向图形的中心拖动鼠标时，将减少图形的区域范围；同时拖动鼠标并按下 Alt 键，将会改变画笔的大小和角度。打开“素材 5.4”，选中“膨胀工具”后，在对象内部与外部分别单击即可实现膨胀效果，如图 5-14 所示。

图 5-14

5.1.6　扇贝工具

“扇贝工具”是用来对图形进行扇形扭曲的细小皱褶状的曲线变形操作，使图形的效果向某原点聚集。当用“扇贝工具”拖动所选对象时，所选对象上会产生像扇子或者贝壳形状的变形效果，其具体操作方法如下。

选择工具栏中的“扇贝工具”，在页面中的图形上单击或按住鼠标左键并拖动。拖动时会出现蓝色的预览框，通过预览框可以看到变形之后的效果。当对变形效果满意时，即可释放鼠标完成变形操作；若要对对象进行更精细的变形操作，可以通过双击“扇贝工具”选项按钮，打开“扇贝工具选项”对话框进行参数设置，如图 5-15 所示。

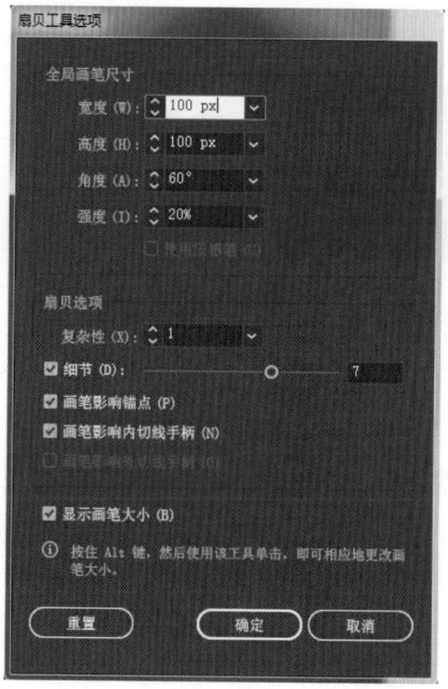
扇贝工具选项
全局画笔尺寸
宽度 (W)： 100 px
高度 (H)： 100 px
角度 (A)： 60°
强度 (I)： 20%
扇贝选项
复杂性 (X)： 1
细节 (D)： 7
画笔影响锚点 (P)
画笔影响内切线手柄 (N)
显示画笔大小 (B)
按住 Alt 键，然后使用该工具单击，即可相应地更改画笔大小。
重置
确定
取消

图 5-15

● 【复杂性】：调整该数值框中的参数值，可以指定对象轮廓上特殊画笔效果之间的间距。该值与细节值有密切的关系，细节值用于指定引入对象轮廓的各点间的间距。

● 【画笔影响锚点】：当选中该复选框，使用工具进行操作时，将对相应图形的内侧切线手柄进行控制。画笔影响内切线手柄：当选中该复选框，使用工具进行操作时，将相对应图形的内侧切线手柄进行控制。

● 【画笔影响外切线手柄】：当选中该复选框，使用工具进行操作时，将相对应图形的外侧切线手柄进行控制。

● 【显示画笔大小】：选中该复选框后在绘制时可以看到画笔的范围尺寸。

案例演练——利用“扇贝工具”制作花朵

（1）打开 Illustrator CC，使用快捷键“Ctrl+N”新建 500 px×500 px 的空白文档，选择“矩形工具”创建与文件同样大小的矩形作为背景，为其填充颜色 #AAD9F9 后按下快捷键“Ctrl+2”将其锁定，效果如图 5-16 所示。

（2）选择工具栏中的“椭圆工具”按钮，单击画面空白区域，弹出“椭圆”对话框，创建宽度和高度都为 100 px 的圆，单击“确定”按钮完成操作，然后为其填充颜色 #FCEE21，如图 5-17 所示。

图 5-16

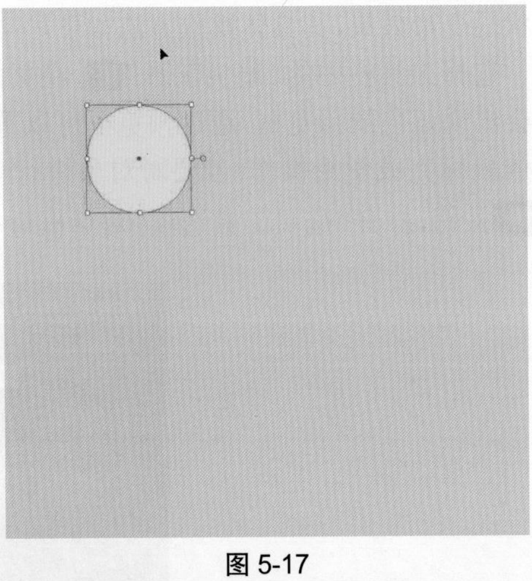

图 5-17

（3）双击工具箱中的“扇贝工具”按钮，打开“扇贝工具选项”对话框设置参数，如图 5-18 所示；使用“扇贝工具”在圆的中心进行单击，圆即发生贝壳效果的变化，按住的时间越长贝壳效果越明显，当对变形效果满意时，即可释放鼠标完成变形操作，如图 5-19 所示。

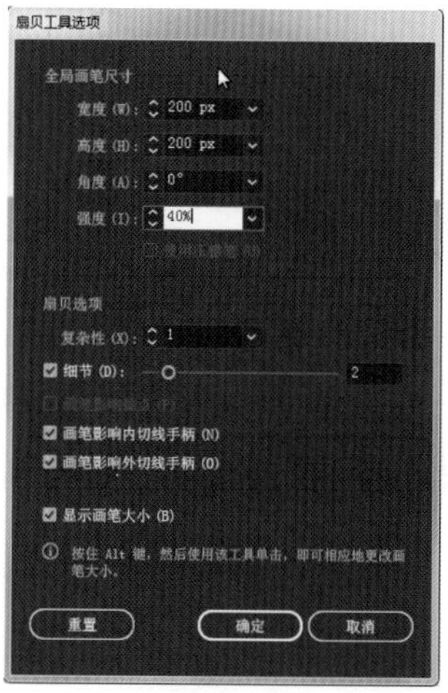
扇贝工具选项
全局画笔尺寸
宽度 (W): 200 px
高度 (H): 200 px
角度 (A): 0°
强度 (I): 40%
扇贝选项
复杂性 (X): 1
细节 (D): 2
画笔影响内切线手柄 (N)
画笔影响外切线手柄 (O)
显示画笔大小 (B)
按住 Alt 键，然后使用该工具单击，即可相应地更改画笔大小。
重置
确定
取消

图 5-18

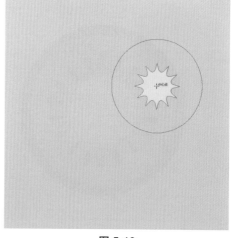

图 5-19

（4）参照上述操作，制作不同大小的圆，并在“扇贝工具选项”对话框中尝试变换不同的全局画笔尺寸以及角度和强度等各项参数，效果如图 5-20 所示。

（5）根据自己的创意为其添加一些形状及文字，最终效果如图 5-21 所示。

图 5-20

SUMMER
PARTY

图 5-21

5.1.7　晶格化工具

使用“晶格化工具”可以向对象的轮廓添加随机锥化的细节，使对象表面产生尖锐凸起的效果。打开“素材 5.6”，单击工具栏中的“晶格化工具”按钮，然后在要进行晶格化处理的图形上单击并按住鼠标左键，相应的图形即发生晶格化效果的变化，按下鼠标的时间越长，晶格化效果越明显，如图 5-22 所示。

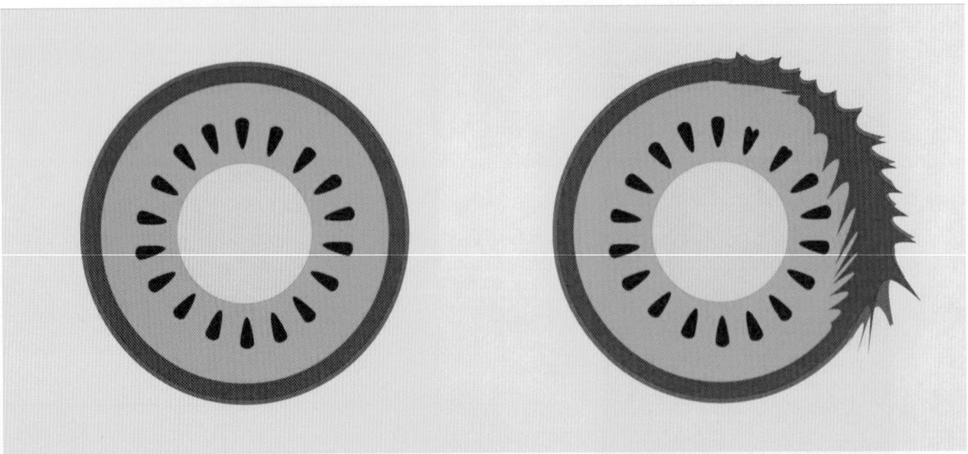

图 5-22

5.1.8 皱褶工具

使用皱褶工具可以向对象的轮廓添加类似于皱褶的效果。打开“素材 5.7”，单击工具箱中的“皱褶工具”按钮，然后用“选择工具”选择草地图形，在要进行皱褶处理的图形上单击并按住鼠标左键上下拖动，相应的图形即发生皱褶效果的变化，按住的时间越长，皱褶效果的程度越大，如图 5-23 所示。

在对对象进行皱褶操作之前，双击工具栏中的“皱褶工具”按钮，弹出“皱褶工具选项”对话框。可以按照不同的状态对工具进行具体的设置，如图 5-24 所示。

图 5-23

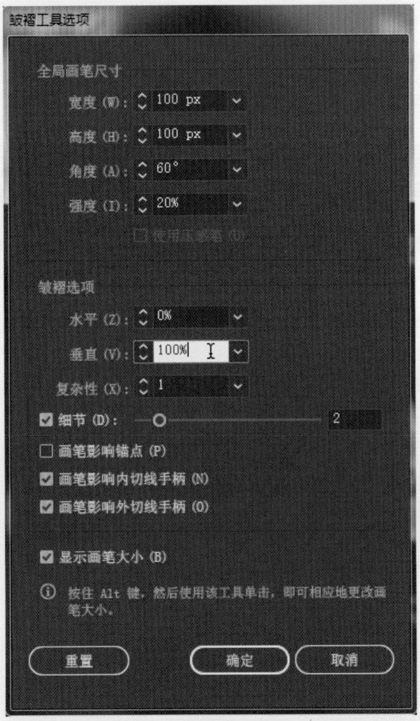
皱褶工具选项
全局画笔尺寸
宽度 (W)：100 px
高度 (H)：100 px
角度 (A)：60°
强度 (I)：20%
使用压感笔 (U)
皱褶选项
水平 (Z)：0%
垂直 (V)：100%
复杂性 (X)：1
细节 (D)：2
画笔影响锚点 (P)
画笔影响内切线手柄 (N)
画笔影响外切线手柄 (O)
显示画笔大小 (B)
按住 Alt 键，然后使用该工具单击，即可相应地更改画笔大小。
重置
确定
取消

图 5-24

● 【水平】：指定水平方向的皱褶数量。值越大产生的皱褶效果越强烈。如果不想在水平方向上产生皱褶，可以将其值设置为 0%。

● 【垂直】：指定垂直方向的皱褶数量。值越大产生的皱褶效果越强烈。如果不想在垂直方向上产生皱褶，可以将其值设置为 0%。

5.2 封套扭曲

封套扭曲是 Illustrator CC 一个特色扭曲功能，它除了提供多种默认的扭曲功能外，还可以通过建立网格和使用顶层对象的方式来创建扭曲效果，封套扭曲功能使扭曲变得更加灵活。

5.2.1 用变形建立

“用变形建立”命令是一项预设的变形功能，可以利用这些现有的预设功能并通过相关的参数设置达到变形的目的。执行菜单栏中的“对象 / 封套扭曲 / 用变形建立”命令，即可打开如图 5-25 所示的“变形选项”对话框。

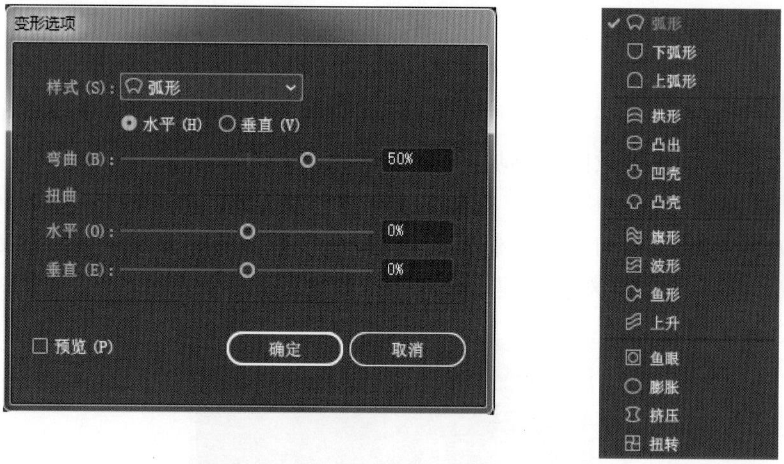
变形选项
样式 (S)：
弧形
水平 (H)
垂直 (V)
弯曲 (B)：
50%
扭曲
水平 (O)：
0%
垂直 (E)：
0%
预览 (P)
确定
取消
弧形
下弧形
上弧形
拱形
凸出
凹壳
凸壳
旗形
波形
鱼形
上升
鱼眼
膨胀
挤压
扭转

图 5-25

● 【样式】：在该下拉列表框中选择不同的选项，可以定义不同的变形样式。可以选择弧形、下弧形、上弧形、拱形、凸出、凹壳、凸壳、旗形、波形、鱼形、上升、鱼眼、膨胀、挤压和扭转选项。

● 【水平 / 垂直】：选中“水平”单选按钮时，对象扭曲的方向为水平方向；选中“垂直”单选按钮时，对象扭曲的方向为垂直方向。

● 【弯曲】：用来设置对象的弯曲程度。

● 【水平】：设置水平方向的透视扭曲变形的程度。

● 【垂直】：设置垂直方向的透视扭曲变形的程度。

打开“素材 5.8”，为对象设置不同的变形效果，如图 5-26 所示。

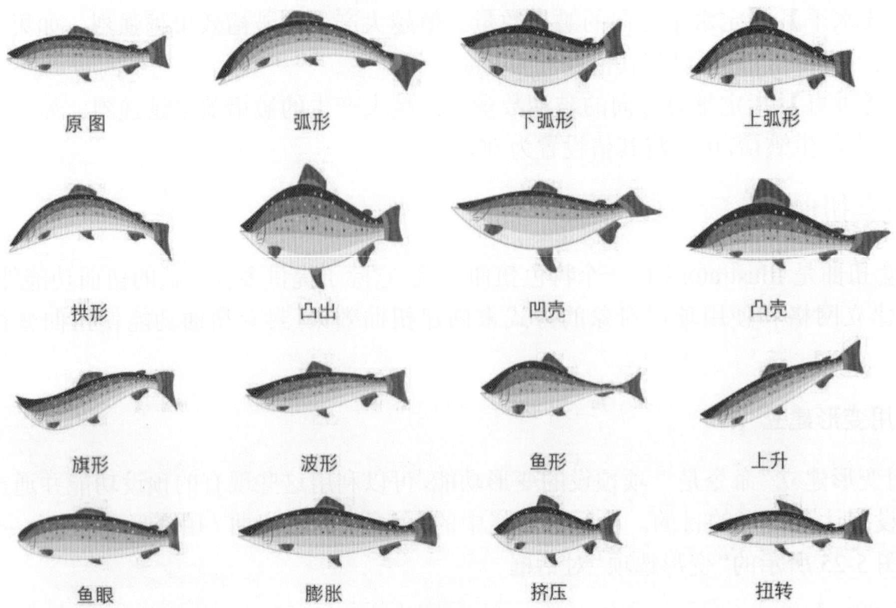
原图
弧形
下弧形
上弧形
拱形
凸出
凹壳
凸壳
旗形
波形
鱼形
上升
鱼眼
膨胀
挤压
扭转

图 5-26

5.2.2 用网格建立

封套扭曲除了使用预设的变形功能，也可自定义网格来修改图形。首先选择要变形的对象，然后执行菜单栏中的“对象 / 封套扭曲 / 用网格建立”命令或按下快捷键“Alt+Ctrl+M”，打开如图 5-27 所示的“封套网格”对话框，在该对话框中设置合适的行数和列数，单击“确定”按钮，即可为所选对象创建一个网格状的变形封套效果。

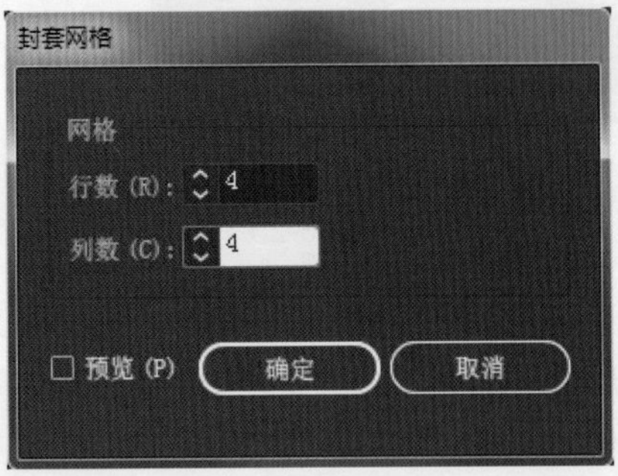
封套网格
网格
行数 (R)： 4
列数 (C)： 4
预览 (P)
确定
取消

图 5-27

打开“素材 5.9”，执行快捷键“Alt+Ctrl+M”打开“封套网格”对话框，设置网格行数和列数都为 3，单击“确定”按钮，利用“直接选择工具”选择要修改的网格点，然后将鼠标移动到选中的网格点上，当鼠标变成状时，按住鼠标拖动网格点，即可对对象进行变形，效果如图 5-28 所示。

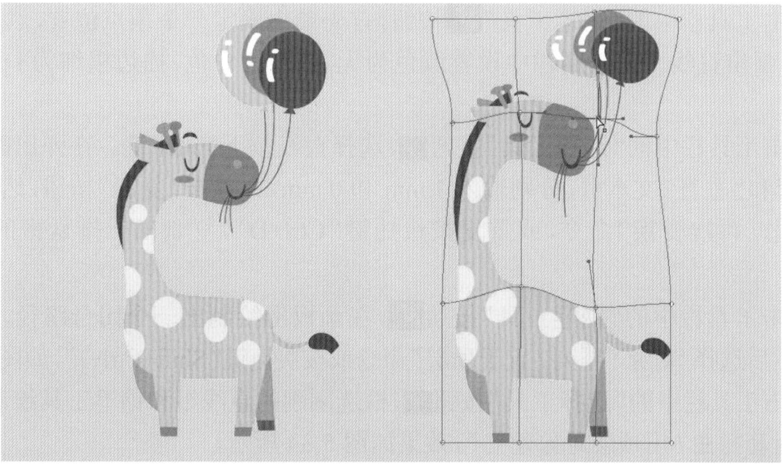

图 5-28

5.2.3　用顶层对象建立

使用"用顶层对象建立"封套命令至少要两个形状，然后根据上层对象的形状、大小和位置变换底层的图形形状。在要进行变形处理的对象上绘制一个形状对象，将要进行变形的对象和顶层对象同时选中，选择"对象 / 封套扭曲 / 用顶层对象建立"命令或使用快捷键"Ctrl+Alt+C"，要进行变形的对象即可按照排列在顶部的形状对象进行变化。

案例演练——利用封套扭曲制作炫彩海报

（1）案例效果如图 5-29 所示。

（2）打开 Illustrator CC，使用快捷键"Ctrl+N"新建宽度 600 px，高度 800 px 的空白文档；选择"矩形工具"创建与文件同样大小的矩形作为背景，为其填充颜色 #000000 后按下快捷键"Ctrl+2"将其锁定，如图 5-30 所示。

图 5-29

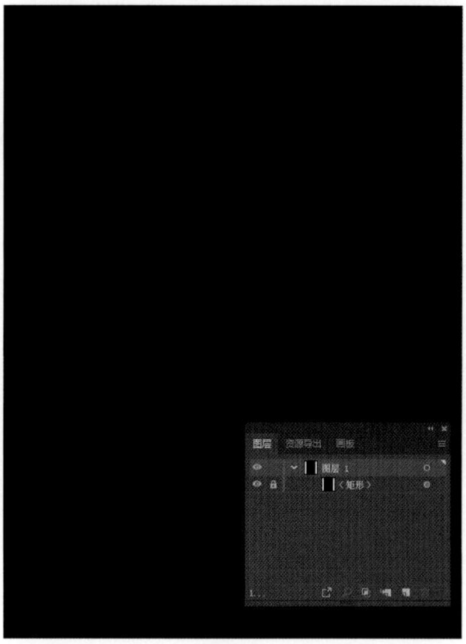

图 5-30

（3）单击工具栏中的“钢笔工具”按钮，首先单击确定一个顶点位置，然后按住 Shift 键向下拖曳画出直线。在控制栏中设置颜色为无，描边为白色，描边粗细为 1 pt，如图 5-31 所示。

（4）单击工具栏中的“选择工具”按钮，选择直线按下 Enter 键。在弹出的对话框中，设置“水平”和“垂直”文本框，分别输入 1 mm 和 0 mm，并单击“复制”按钮，然后多次执行“对象 / 变化 / 再次变换”命令，或重复按快捷键“Ctrl+D”，复制出一排紧密的直线，如图 5-32 所示。

（5）单击工具栏中的“钢笔工具”按钮，在画板上绘制出一个闭合路径，保持路径的选中状态，然后选择“对象 / 排列 / 置于顶层”命令或按快捷键“Shift+Ctrl+]”，如图 5-33 所示。

（6）单击工具栏中的“选择工具”按钮，框选刚刚的直线组和钢笔工具绘制的图形，执行“对象 / 封套扭曲 / 用顶层对象建立”，效果如图 5-34 所示。

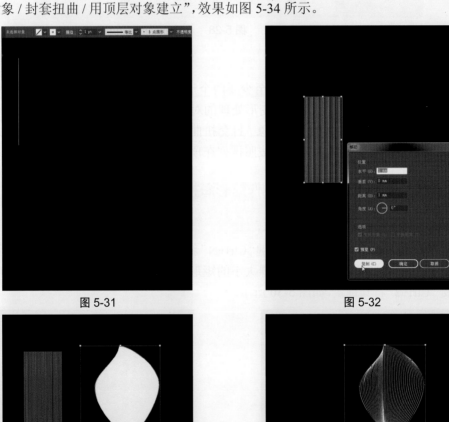

图 5-31

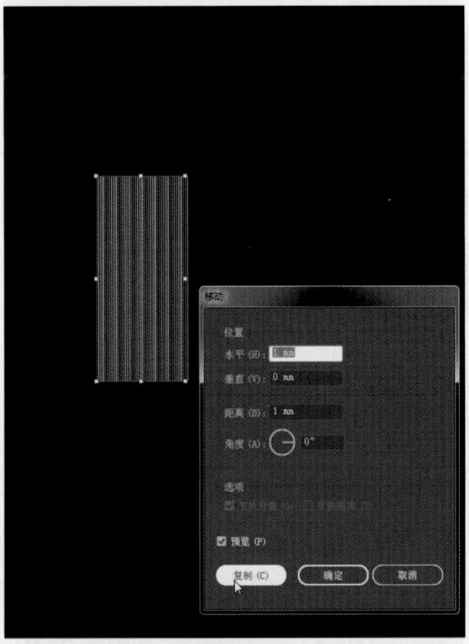
移动
位置
预览 (P)
复制 (C)
确定
取消

图 5-32

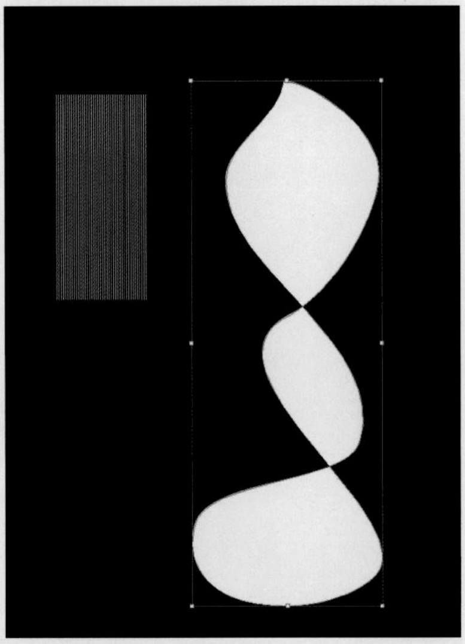

图 5-33

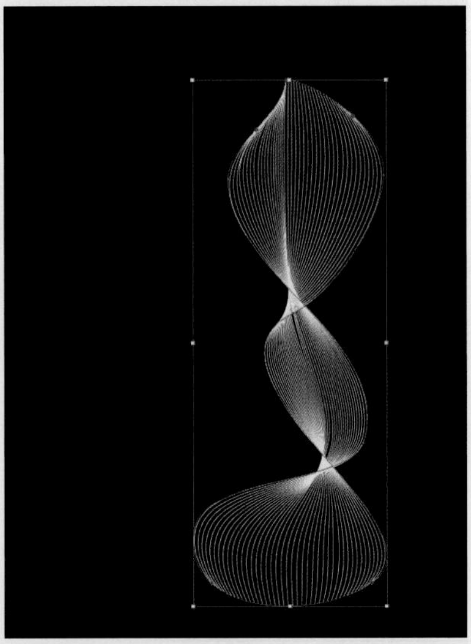

图 5-34

（7）继续调整对象的角度和位置；导入“素材 5.9”，将封套变形对象置于最上方，如图 5-35 所示。

（8）选择“矩形工具”创建与文件同样大小的矩形，并为其填充彩色线性渐变，如图 5-36 所示。

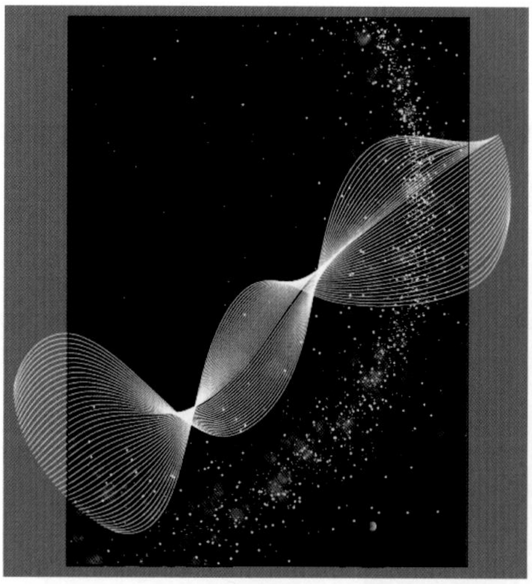

图 5-35

图 5-36

（9）选择彩色渐变矩形，执行“窗口 / 透明度”命令，打开“透明度”面板，为其设置混合模式为“混色”，如图 5-37 所示。

（10）选择“矩形工具”创建与文件同样大小的矩形，框选所有对象，单击鼠标右键，执行“建立剪切蒙版”命令，最终效果如图 5-38 所示。

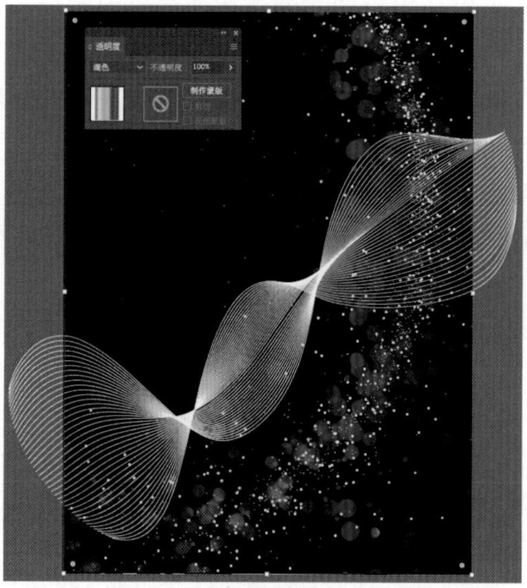

图 5-37

图 5-38

5.2.3 设置封套选项

对于封套变形的对象，可以修改封套的变形效果，比如扭曲外观、扭曲线性渐变和扭曲图案填充等。执行菜单栏中的“对象 / 封套扭曲 / 封套选项”命令，可以打开如图 5-39 所示的“封套选项”对话框，在该对话框中可以对封套进行详细设置，在使用封套变形前修改选项参数，也可以在变形后选择图形来修改变形参数。

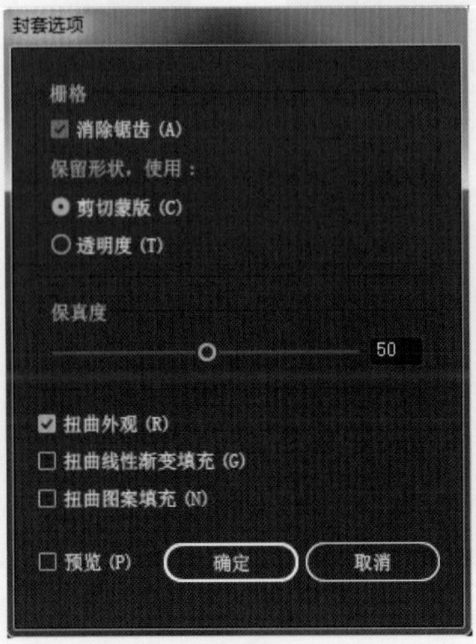
封套选项
栅格
消除锯齿 (A)
保留形状，使用：
剪切蒙版 (C)
透明度 (T)
保真度
50
扭曲外观 (R)
扭曲线性渐变填充 (G)
扭曲图案填充 (N)
预览 (P)
确定
取消

图 5-39

● 【消除锯齿】：勾选该复选框，在进行封套变形时可以消除锯齿现象，产生平滑有过渡效果。

● 【保留形状，使用】：选中“剪切蒙版”单选按钮，可以使用路径的遮罩蒙版形式创建变形，保留封套的形状；选中“透明度”单选按钮，可以使用位图式的透明通道来保留封套的形状。

● 【保真度】：指定封套变形时的封套内容保真程度，值越大封套的节点越多，保真度也就越大。

● 【扭曲外观】：勾选该复选框，将对图形的外观属性进行扭曲变形。

● 【扭曲线性渐变填充】：勾选该复选框，在扭曲图形对象时同时对填充的线性渐变也进行扭曲变形。

● 【扭曲图案填充】：勾选该复选框，在扭曲图形对象时同时对填充的图案进行扭曲变形。

5.2.4 释放或扩展封套

可以通过释放封套或扩展封套的方式来解除封套。释放套封对象可恢复原始状态的对象和封套形状的对象。以扩展封套对象的方式删除封套的话，对象仍保持扭曲的形状。打开“素材 5.11”，将要转换为普通对象的封套对象选中，然后选择“对象 / 封套扭曲 / 释放”命令，此时封套对象会恢复到操作之前的效果，而封套部分也会被保留下来，如图 5-40 所示。

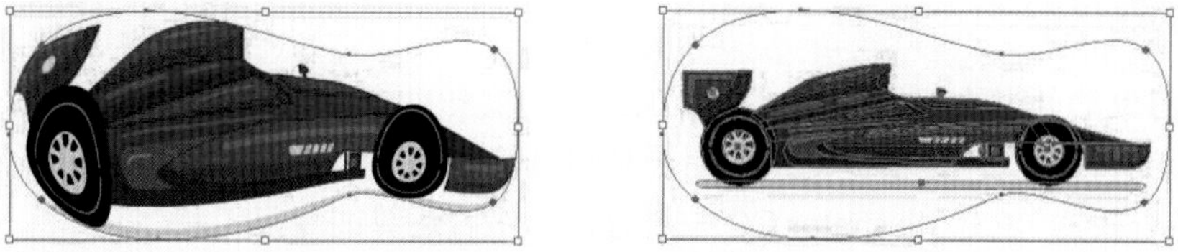

图 5-40

将要转换为普通对象的封套对象选中，然后选择“对象 / 封套扭曲 / 扩展”命令，即可将该封套对象转换为普通对象。

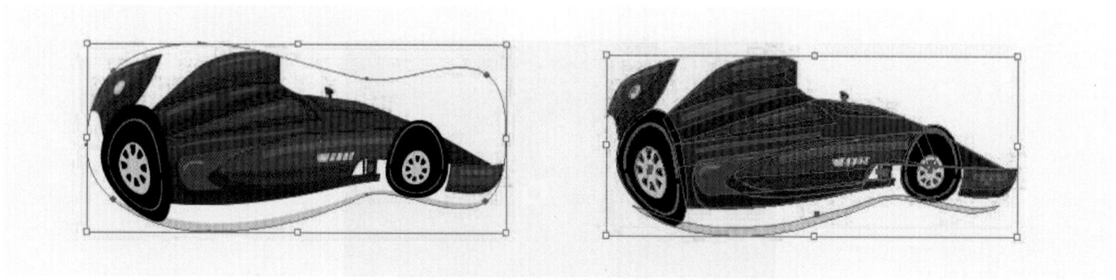

图 5-41

5.2.5　编辑封套变形对象

当一个对象被执行了封套扭曲后，使用“直接选择工具”或“其他编组工具”对该对象进行编辑时，将只能选中该对象的封套形状，而不能对对象本身进行任何调整。

打开“素材 5.12”，当需要对对象本身进行调整时，需要选中该对象并选择“对象 / 封套扭曲 / 编辑内容”命令或按快捷键“Shift+Ctrl+V”，此时该对象的内部将被选中，并且可以进行相应的编辑，编辑好的对象将自动进行封套的变形。若想恢复对封套形状的编辑状态，执行“对象 / 封套扭曲 / 编辑封套”命令即可，如图 5-42 所示。

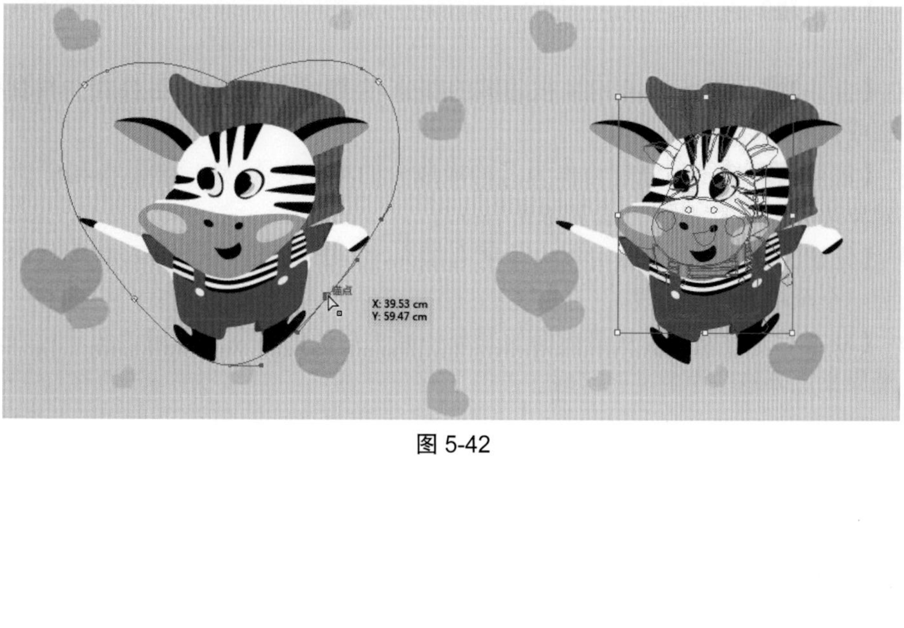
锚点
X: 39.53 cm
Y: 59.47 cm

图 5-42

5.3 路径查找器

图形对象的外形不仅能够通过变形工具与封套扭曲命令来改变，还可以通过路径的各种运算或者组合而变化。很多复杂的图形是通过简单图形的相加、相减、相交等方式来生成的。“路径查找器”就是 Illustrator CC 中进行图形组合运算的专门工具。

5.3.1 路径查找器的应用

通过“路径查找器”可以从重叠的形状中创建新的形状，通过选择“窗口 / 路径查找器”命令或使用快捷键“Shift+Ctrl+F9”可以调出“路径查找器”面板，如图 5-43 所示，各种形状效果如图 5-44 所示。

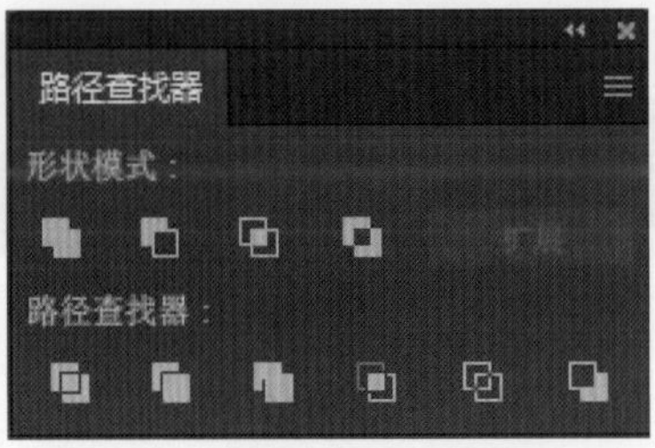
路径查找器
形状模式：
路径查找器：
图 5-43

- 【联集】：使用该命令可以合并所选对象。
- 【减去顶层】：使用该命令可以使底层对象减去和上层所有对象相叠加的部分。
- 【交集】：使用该命令可以将所选对象中所有的重叠部分保留下来。
- 【差集】：使用该命令可以将所选对象合并成一个对象，但是重叠的部分被删除。如果是多个物体重叠，那么偶数次重叠的部分被删除，奇数次重叠的部分仍然被保留。
- 【分割】：使用该命令可以把所选的多个对象按照它们的相交线相互分割成无重叠的对象。
- 【修边】：删除已填充对象被隐藏的部分，会删除所有描边，且不会合并具有相同颜色的对象。
- 【合并】：删除已填充对象被隐藏的部分，会删除所有描边，且会合并具有相同颜色的相邻或重叠的对象。
- 【裁剪】：将图稿分割为作为其构成成分的填充表面，然后删除图稿中所有落在最上方对象边界之外的部分，还会删除所有描边。
- 【轮廓】：使用该命令可以去掉所有填充，按物体轮廓的相交点，把物体的所有轮廓线切为一个个单独的小线段。
- 【减去后方对象】：从最前面的对象中减去后面的对象。应用该选项可以通过调整堆栈顺序来删除插图中的某些区域。

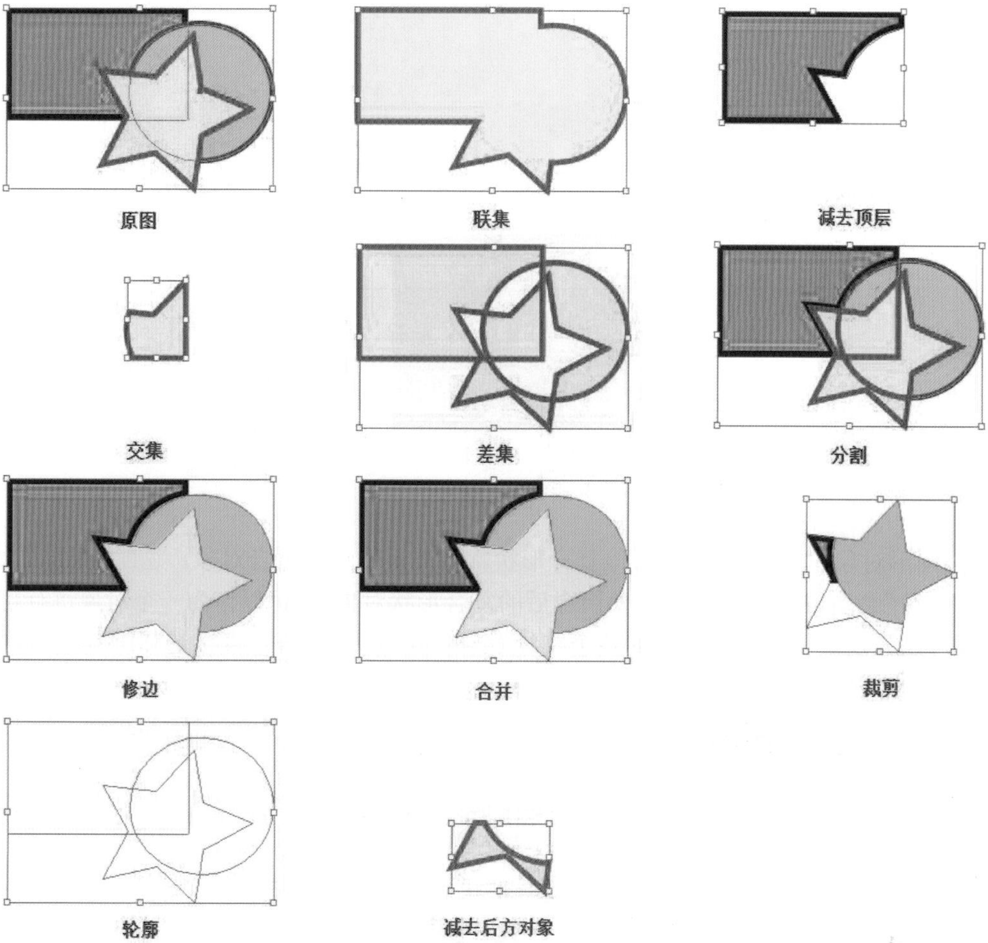
原图
联集
减去顶层
交集
差集
分割
修边
合并
裁剪
轮廓
减去后方对象

图 5-44

5.3.2　创建复合形状

图形对象的加与减均是在两个或两个以上图形对象基础上完成的，也就是说将多个图形对象转换为一个完全不同的图形对象，这样不仅改变了图形对象的形状，也将多个图形对象组合为一个图形对象，这种方式称为复合对象。复合对象中可以包括路径、复合路径、组、其他复合形状、混合、文本、封套和变形。选择的任何开放式路径都会自动关闭。

要创建复合形状首先要选择两个或者两个以上的图形对象，然后单击“路径查找器”面板右上角的小三角，弹出关联菜单，执行“建立复合形状”命令，得到相加后的复合形状，如图 5-45 所示。

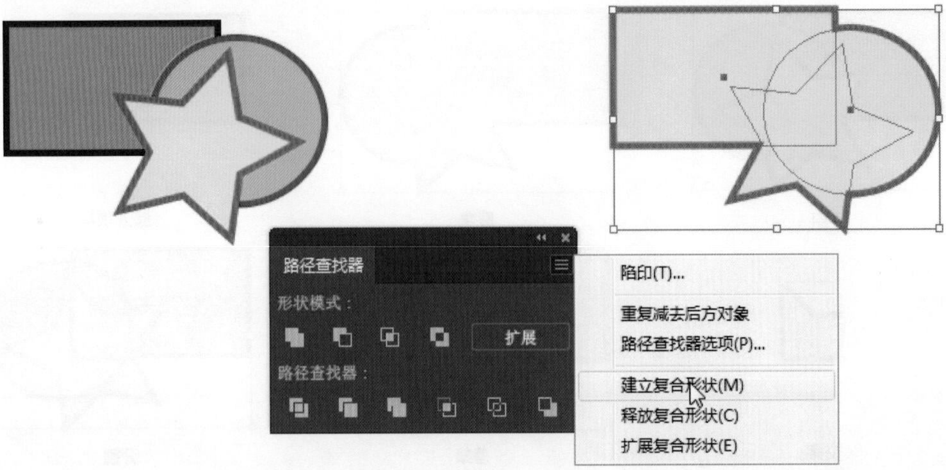
路径查找器
形状模式：
扩展
路径查找器：
陷印(T)...
重复减去后方对象
路径查找器选项(P)...
建立复合形状(M)
释放复合形状(C)
扩展复合形状(E)

图 5-45

当图形对象建立复合形状后，该复合形状就会被看作一个组合对象。这时“图层”面板中的“路径”会变成“复合形状”。而组合后的复合形状对象，既可以作为一个对象进行再编辑，也可以分别编辑复合形状中的各个路径对象。其方法是选择“直接选择工具”，单击复合形状中的某个对象，即可选中该对象进行移动或变形。

5.3.3 释放和扩展复合形状

当创建复合形状后，还可以返回原来的图形对象，或者是保持复合形状的外形而转换为图形对象。

要返回原来的图形对象，只要选中复合形状后，单击“路径查找器”面板右上角的小三角，弹出关联菜单，执行“释放复合形状”命令即可，如图 5-46 所示。

如果是在保持复合形状外形的同时转换为普通图形对象，可以选择关联菜单中的“扩展复合形状”命令，如图 5-47 所示。

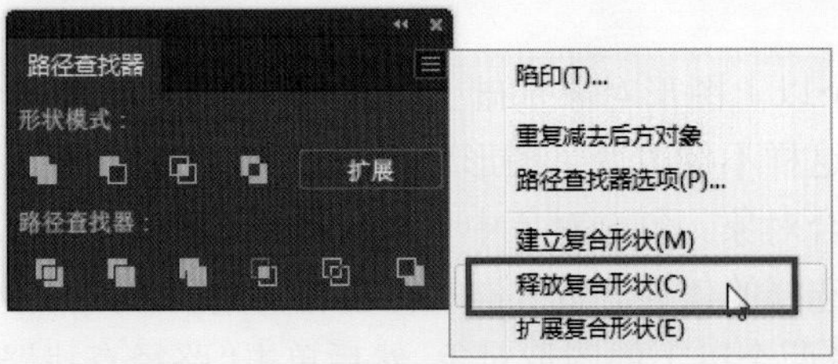
路径查找器
形状模式：
扩展
路径查找器：
陷印(T)...
重复减去后方对象
路径查找器选项(P)...
建立复合形状(M)
释放复合形状(C)
扩展复合形状(E)

图 5-46

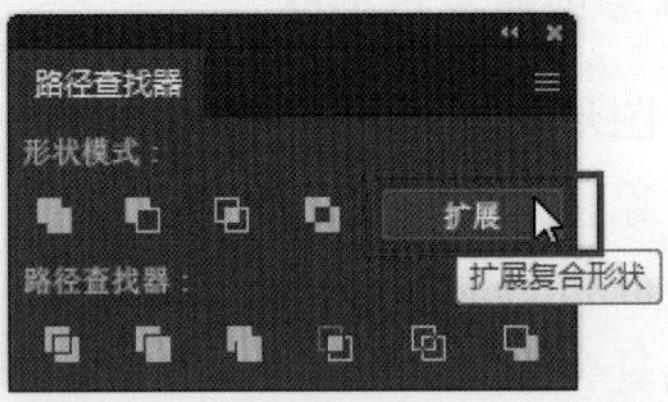
路径查找器
形状模式：
扩展
扩展复合形状
路径查找器：

图 5-47

5.4 形状生成器工具

工具栏中的“形状生成器工具”是一个用于通过合并或擦除简单形状，从而创建复杂形状的交互式工具。使用该工具无须访问多个工具和面板，就可以在画板上直观地合并、编辑和填充形状。

案例演练——使用“形状生成器工具”制作水滴图标

（1）案例效果如图 5-48 所示。

（2）打开 Illustrator CC，使用快捷键“Ctrl+N”新建 500 px×600 px 的空白文档，选择工具栏中的“矩形工具”，创建与文件相同大小的矩形作为背景，填充颜色 #000028，按下快捷键“Ctrl+2”将其锁定，如图 5-49 所示。

图 5-48

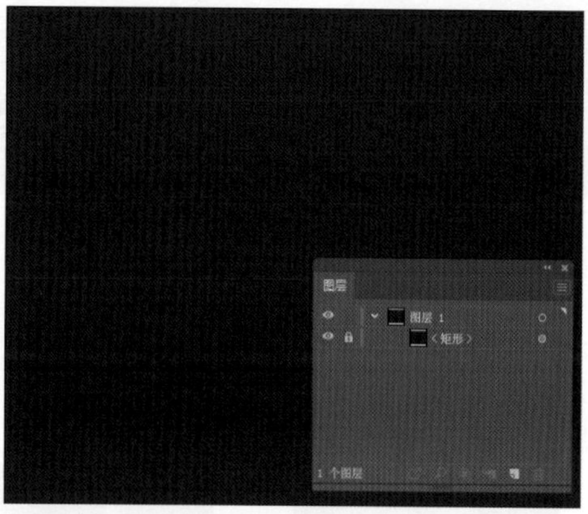
图层
图层 1
<矩形>
1 个图层

图 5-49

（3）选择“钢笔工具”绘制出一个水滴图形，效果如图 5-50 所示。

（4）继续使用“钢笔工具”在水滴图形上绘制一条描边路径，将水滴图形划分为 3 个部分，如图 5-51 所示。

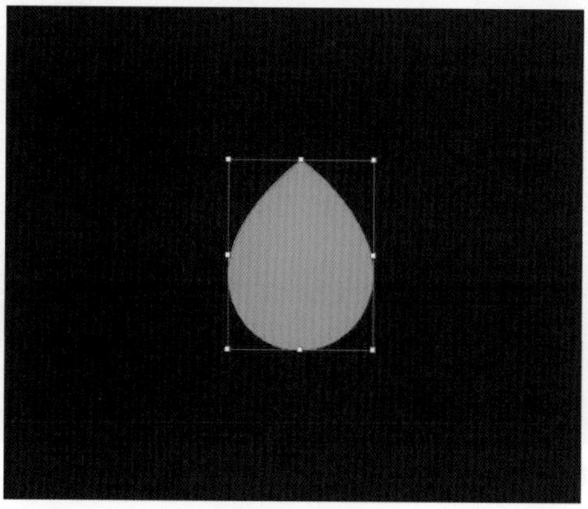

图 5-50

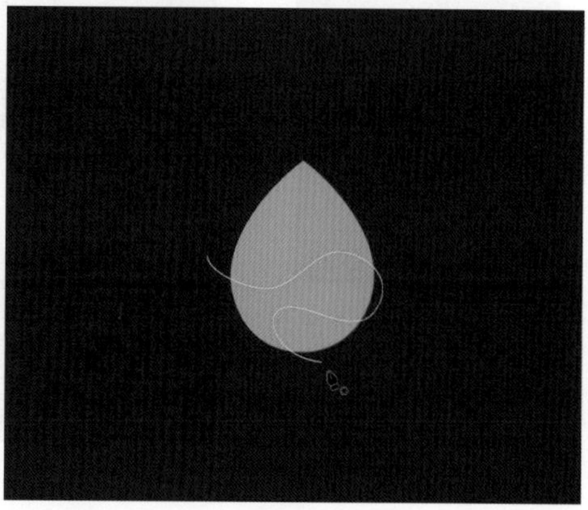

图 5-51

（5）使用“选择工具”一同框选水滴图形和描边路径，接着选择“形状生成器工具”，在属性栏中先后选择 3 个任意填色依次在描边路径划分的水滴图形的 3 个部分单击鼠标左键，此时形状生成器工具已经将水滴图形分割为 3 个部分，效果如图 5-52 所示。

（6）使用“选择工具”将水滴图形外多余的描边路径依次选中，按 Delete 键删除，如图 5-53 所示。

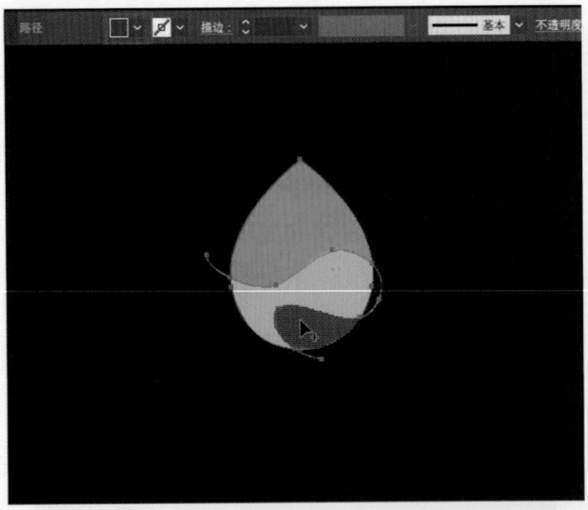

图 5-52

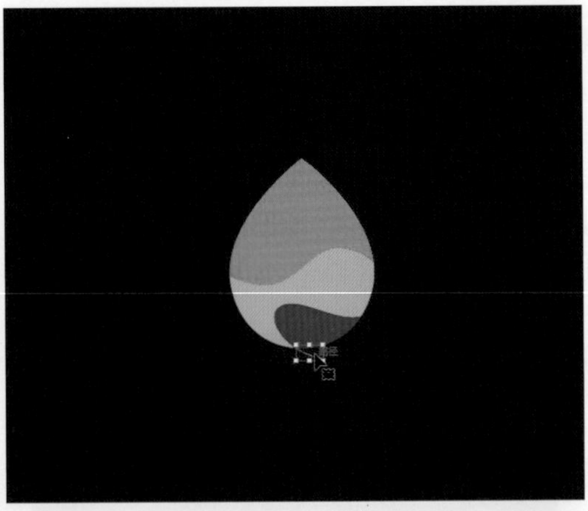

图 5-53

（7）选择“矩形工具”，创建 3 个 50 px×50 px 的矩形，并为其填充不同的线性渐变，具体参数如图 5-54 所示。

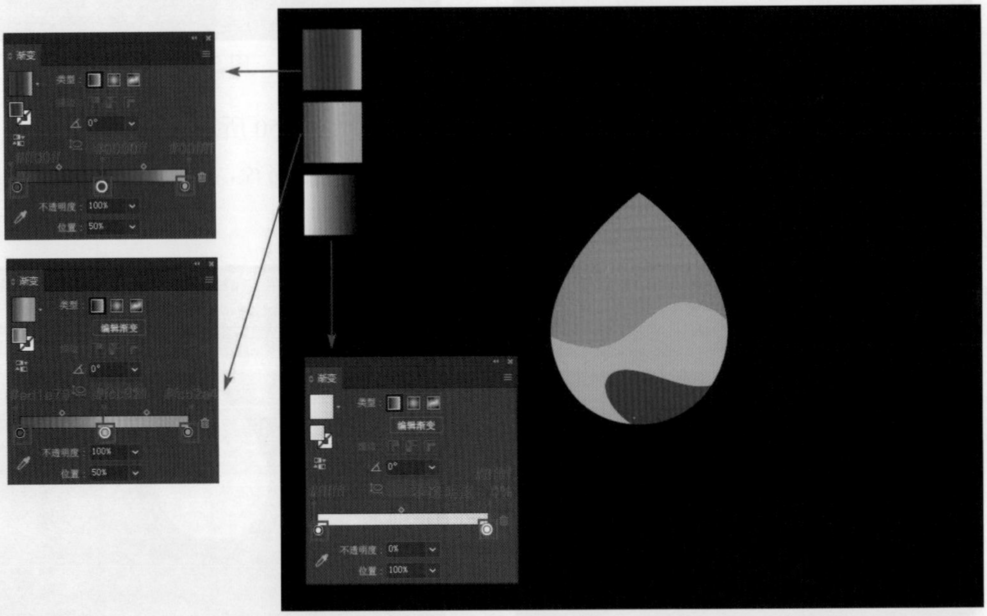

图 5-54

（8）依次选择水滴图形被分割的 3 个部分，用“吸管工具”分别吸取刚刚设置好的彩色线性渐变为其填充，并可以使用“渐变工具”调整渐变效果，如图 5-55 所示。

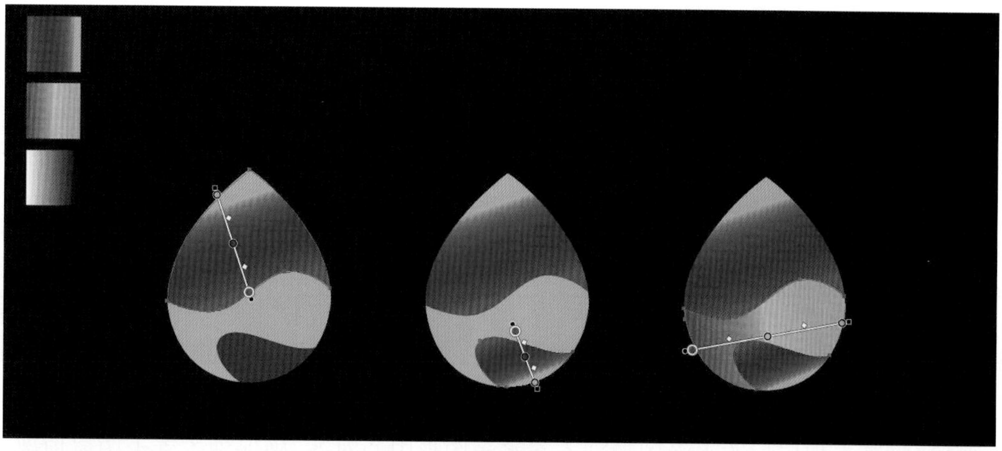

图 5-55

（9）将做好渐变的水滴图形利用“选择工具”一同框选，执行快捷键“Ctrl+C”和“Ctrl+V”复制粘贴一个，并使用“路径查找器”中的“联集”命令将副本对象合并为一个图形，如图 5-56 所示。

（10）选择“钢笔工具”绘制出水滴图形的多个高光部分，如图 5-57 所示。

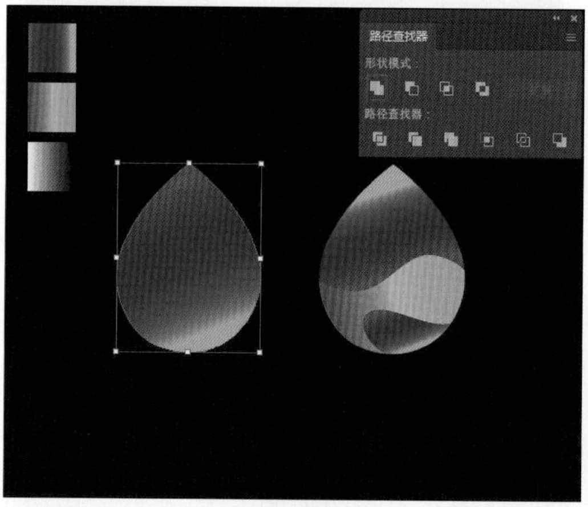
路径查找器
形状模式：
路径查找器：

图 5-56

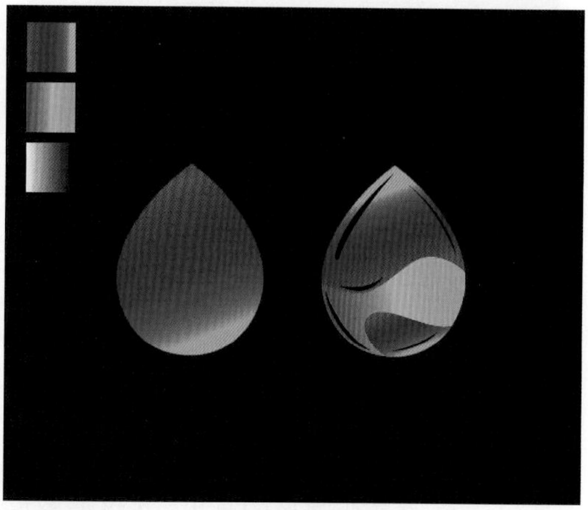

图 5-57

（11）选择绘制好的高光部分，使用“吸管工具”吸取白色到透明的线性渐变，并可以使用“渐变工具”调整渐变；然后在属性栏中将所有高光的不透明度都设置为 80%，效果如图 5-58 所示。

（12）使用“选择工具”选中水滴图形的副本，执行“对象 / 路径 / 偏移路径”命令，设置位移为“-3px”，单击“确认”按钮；使用“选择工具”同时框选水滴图形的副本及偏移后的路径，并使用“路径查找器”中的“减去顶层”命令，效果如图 5-59 所示。

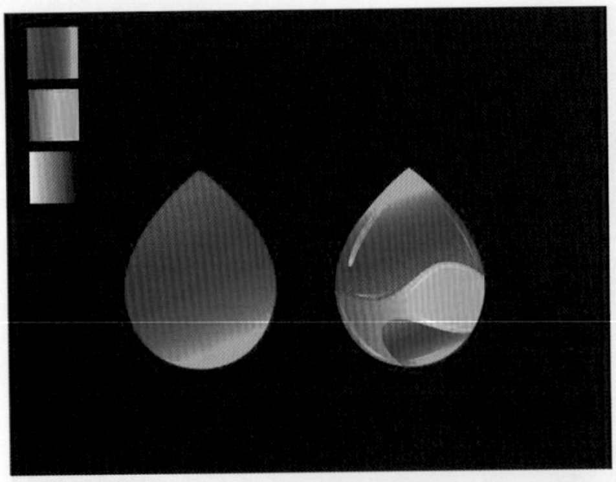

图 5-58

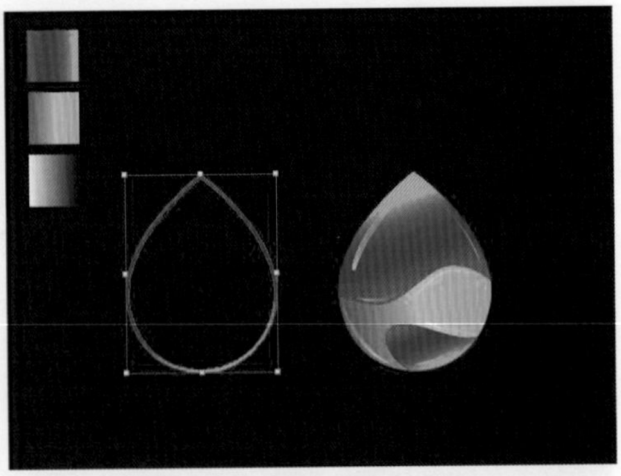

图 5-59

（13）将减去顶层后的水滴图形副本与水滴图形中心对齐，确保副本置于图层顶部；修改副本颜色为 #FFFFFF，打开“窗口 / 透明度”面板，将副本的混合模式设置为“叠加”，如图 5-60 所示。

（14）选择“椭圆工具”，单击空白区域创建大小为 150 px×150 px 的圆，为其填充径向渐变，参数如图 5-61 所示。

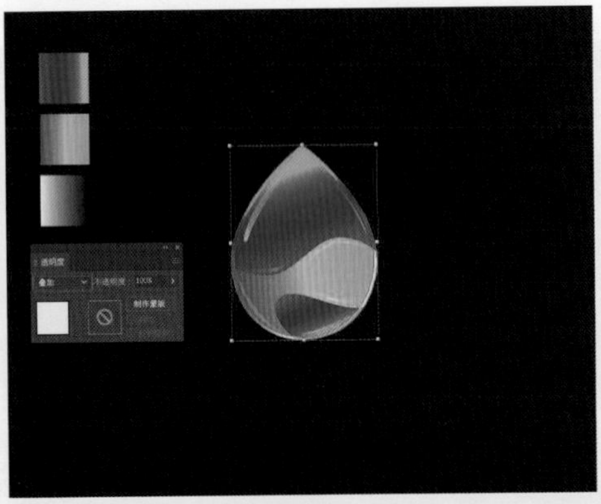

图 5-60

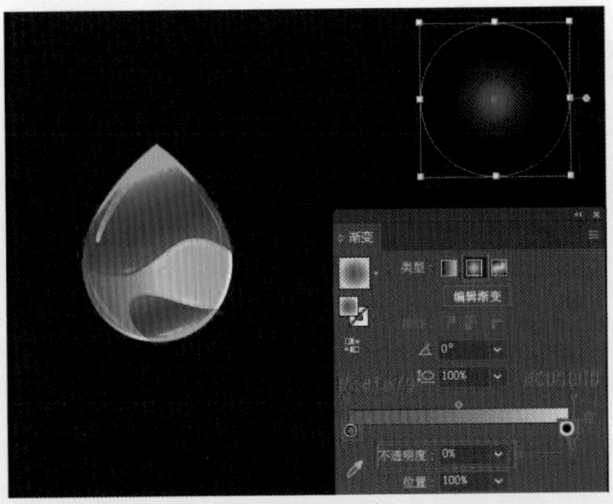

图 5-61

（15）修改渐变圆形的高度，并将调整好的椭圆放置在水滴图形的下方，最终完成效果如图 5-62 所示。

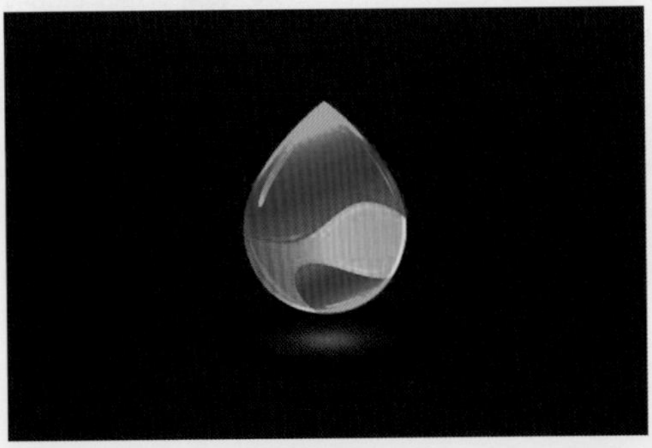

图 5-62

5.5　管理矢量对象

在 Illustrator CC 中，无论是在同一个图层还是在不同图层，均能够分别对图形、文字等对象进行独立编辑。使用图层可以快捷、有效地管理图形对象。

5.5.1　使用渐变工具设置填充或描边

“图层”面板提供了一种简单易行的方法，它可以对作品的外观属性进行选择、隐藏、锁定和更改，也可以创建模板图层。执行“窗口 / 图层”命令，弹出“图层”面板，使用面板底部的按钮可以对图层进行各种操作，如图 5-63 所示。

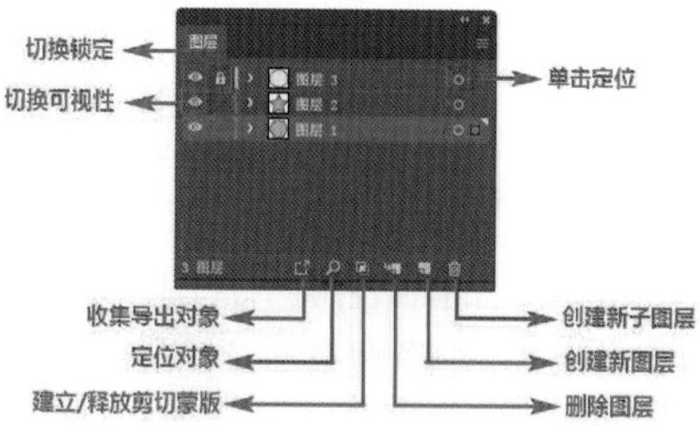

切换锁定
切换可视性
单击定位
收集导出对象
定位对象
建立/释放剪切蒙版
创建新子图层
创建新图层
删除图层

图 5-63

- 【收集导出对象】：批量导出图层对象。
- 【定位对象】：当按钮显示为或（对象有滤镜效果）形状时，表示项目已被选择，则表示项目未被应用。单击该按钮可以快速定位当前对象。
- 【建立 / 释放剪切蒙版】：用于创建或释放剪切蒙版。
- 【创建新子图层】：选中父图层，单击该按钮，可新建子图层。
- 【创建新图层】：创建新的父图层。
- 【删除所选图层】：可删除所选的图层及图稿。

单击图层面板右上角的按钮可打开面板关联菜单。该菜单显示了选定图层可用的不同选项，其中既包括与面板底部按钮相同的功能，也包括其他不同的选项，如图 5-64 所示。

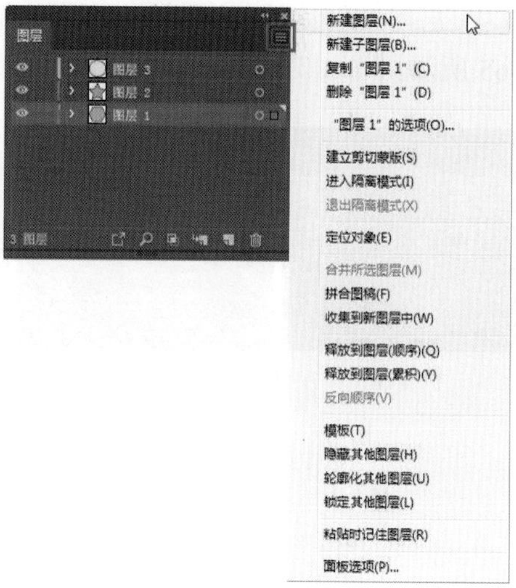

图层
新建图层(N)...
新建子图层(B)...
复制 “图层 1” (C)
删除 “图层 1” (D)
“图层 1” 的选项(O)...
建立剪切蒙版(S)
进入隔离模式(I)
退出隔离模式(X)
定位对象(E)
合并所选图层(M)
拼合图稿(F)
收集到新图层中(W)
释放到图层(顺序)(Q)
释放到图层(累积)(Y)
反向顺序(V)
模板(T)
隐藏其他图层(H)
轮廓化其他图层(U)
锁定其他图层(L)
粘贴时记住图层(R)
面板选项(P)...

图 5-64

● 【复制当前图层】：复制选定的图层以及这些图层上的任何对象。

● 【当前图层的选项】：打开“图层选项”对话框，设置当前图层的选项。若选择了多个图层，该命令变为“所选图层的选项”，对话框的设置将影响每个选中的图层。

● 【进入隔离模式】：进入一种编辑模式，在不扰乱作品其他部分的情况下，可以编辑组中的对象，而无须重新堆叠、锁定或隐藏图层，可轻松选择、编辑难以查找的对象。

● 【退出隔离模式】：在隔离模式的空白位置双击鼠标，可退出隔离模式。

● 【合并所选图层】：可将选定的图层组合为一个图层。

● 【拼合图稿】：可将当前面板内所有图层拼合，组合成为一个图层。

● 【收集到新图层中】：将当前图层或组中选中的对象，重新放置到一个新的图层中。

● 【释放到图层（顺序）】：可将选定的图层或组，移动到各个新图层，即面板每个项目各占一个新的图层。

● 【释放到图层（累积）】：以累积的顺序将选定的衬象移动到图层中，即第 1 个图层 1 个对象，第 2 个图层两个对象，第 3 个图层 3 个对象，依此类推。

● 【反向顺序】：可反转选定图层的堆叠顺序且图层必须是相邻的。

● 【隐藏其他图层】：除选中图层外隐藏其他图层。

● 【轮廓化其他图层和预览其他图层】：除选定图层外，将其他图层更改到轮廓视图，或将所有未选图层更改为预览图层。

● 【锁定其他图层和锁定所有图层】：单击即可锁定选定图层以外的所有图层，再次单击解锁选定图层以外的所有图层。

● 【粘贴时记住图层】：决定对象在图层结构中的粘贴位置。默认情况下，该命令处于关闭状态，并会将对象粘贴到“图层”面板中处于现用状态的图层中。当该命令选中时，会将对象粘贴到复制对象的图层中，而不管该图层在面板中是否处于现用状态。

5.5.2 更改图层缩览

在默认情况下图层缩览图以“中”尺寸显示，在“图层面板”关联菜单中选择“面板选项”命令，弹出“图层面板选项”对话框。在“行大小”选项组中启用不同的选项，能够得到不同尺寸的图层缩览图。其中，启用“其他”选项后，可以在文本框中输入一个介于 12 px 到 100 px 之间的数值，如图 5-65 所示。

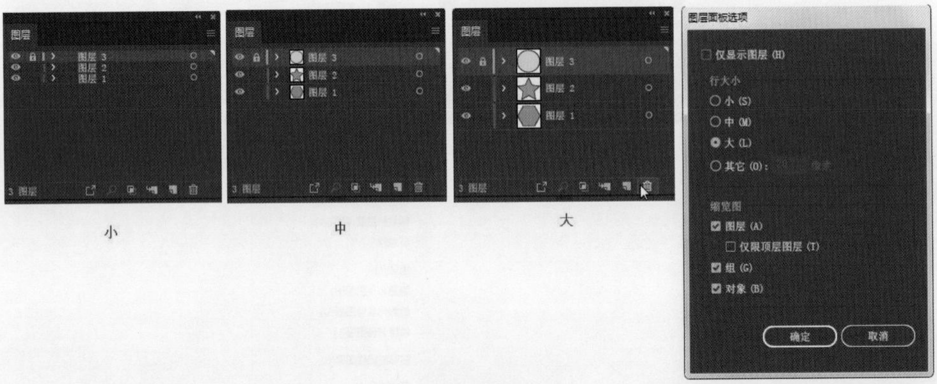
图层
图层 3
图层 2
图层 1
3 图层
小
中
大
图层面板选项
仅显示图层 (H)
行大小
小 (S)
中 (M)
大 (L)
其它 (O):
缩览图
图层 (A)
仅限顶层图层 (T)
组 (G)
对象 (B)
确定
取消

图 5-65

5.5.3　图层选项的设置

无论是图层还是子图层，通过“图层面板”关联菜单中的创建命令，均能够弹出“图层选项”对话框。在该对话框中显示图层的基本属性选项，如图 5-66 所示。

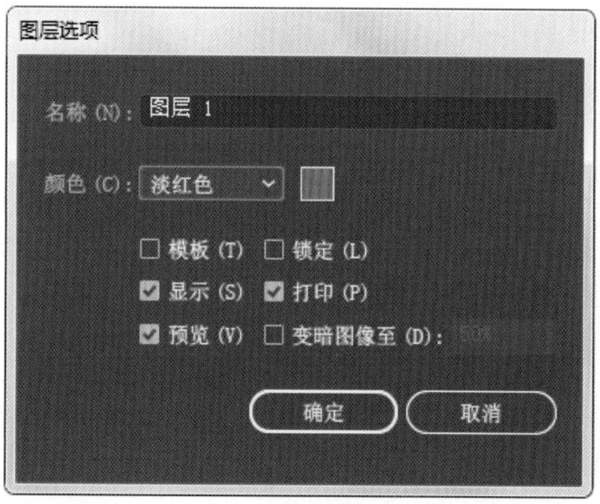
图层选项
名称 (N)：图层 1
颜色 (C)：淡红色
模板 (T)
锁定 (L)
显示 (S)
打印 (P)
预览 (V)
变暗图像至 (D)：
确定
取消

图 5-66

- 【名称】：指定项目在“图层”面板中显示的名称。
- 【颜色】：指定图层的颜色设置。可以从菜单中选择颜色，或双击颜色色板以选择颜色。
- 【模板】：使图层成为模板图层。
- 【锁定】：禁止对项目进行更改。
- 【显示】：显示画板图层中包含的所有图稿。
- 【打印】：使图层中所含的图稿可供打印。
- 【预览】：以颜色而不是按轮廓来显示图层中包含的图稿。
- 【变暗图像至】：将图层中所包含的链接图像和位图图像的强度降低到指定的百分比。

5.5.4　编组对象

在图层合并过程中，虽然合并图层的同时，也将图层所在的图形对象合并至同一个图层中。但是图形对象还是独立的项目，并能够使用“选择工具”分别选择与编辑，而不影响其他的图形对象。要对多个图形对象进行编组，首先要在画板中选中多个图形对象，然后执行“对象 / 编组”命令（快捷键“Ctrl+G”），即可得到编组对象，如图 5-67 所示。

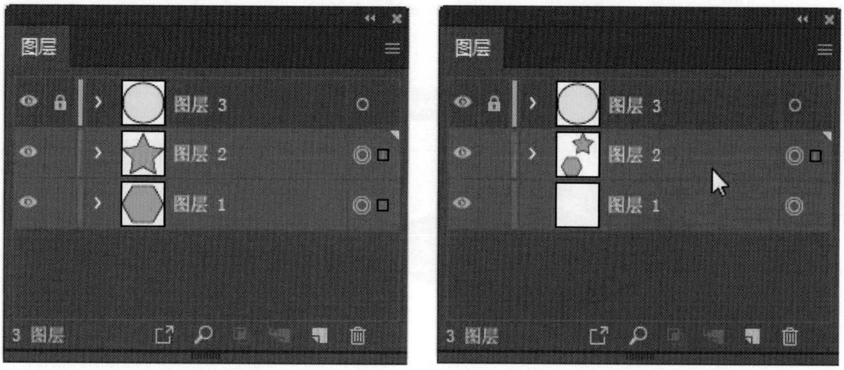
图层
图层 3
图层 2
图层 1
3 图层
图层
图层 3
图层 2
图层 1
3 图层

图 5-67

如果选择的是位于不同图层中的对象并将其编组，那么其所在图层中的最靠前图层，即是这些对象将被编入的图层。

5.6 剪切蒙版

剪切蒙版是一个可以用其形状遮盖其他图稿的对象，因此使用剪切蒙版，只能看到蒙版形状内的区域，从效果上来说，就是将对象裁剪为蒙版的形状。

5.6.1 创建剪切蒙版

需要创建用于蒙版的剪切路径对象，可以是基本图形、绘制的复杂图形或者文字等矢量图形。将剪切路径对象移动到想要遮盖的对象的上方，需要遮盖的对象可以是矢量对象，也可以是位图对象。选择剪切路径对象和要遮盖的对象，执行“对象 / 剪切蒙版 / 建立”命令（快捷键“Ctrl+7”），或者单击“图层面板”底部的“立 / 释放剪切蒙版”按钮，如图 5-68 所示（位图图片为“素材 5.14”）。

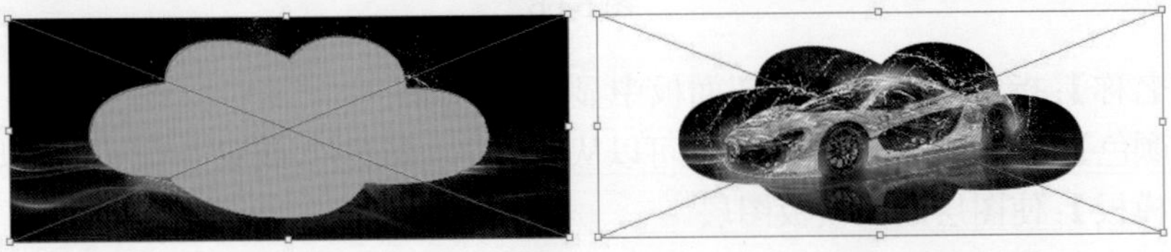

图 5-68

5.6.2 编辑剪切蒙版

完成蒙版的创建或者打开一个已应用剪切蒙版的文件后，还可以调整蒙版的形状，增加或减少蒙版内容，以及释放剪切蒙版。

蒙版和被蒙版图形能像普通对象一样被选择或修改。选择剪切蒙版对象，执行“对象 / 剪切蒙版 / 编辑内容”命令，可选中被蒙版图形；或者在“图层面板”中，单击“剪切组”中被遮盖对象所在子图层的“定位”按钮，可选中蒙版图形；或者单击属性栏中的“编辑对象”按钮，可选中被蒙版图形，如图 5-69 所示。

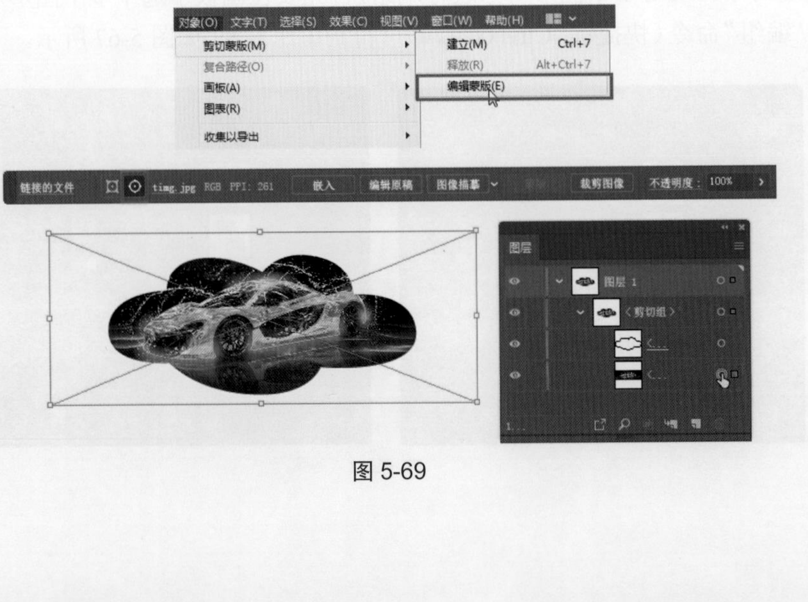
对象(O) 文字(T) 选择(S) 效果(C) 视图(V) 窗口(W) 帮助(H)
剪切蒙版(M)
复合路径(O)
画板(A)
图表(R)
收集以导出
建立(M) Ctrl+7
释放(R) Alt+Ctrl+7
编辑蒙版(E)
链接的文件
嵌入
编辑原稿
图像描摹
裁剪图像
不透明度: 100%
图层
图层 1
<剪切组>

图 5-69

5.6.3　释放剪切蒙版

要释放剪切蒙版，首先需要选择该剪切蒙版，然后单击鼠标右键，在弹出的快捷菜单中选择“释放剪切蒙版”命令，或选择“对象 / 剪切蒙版 / 释放”命令，如图 5-70 所示。

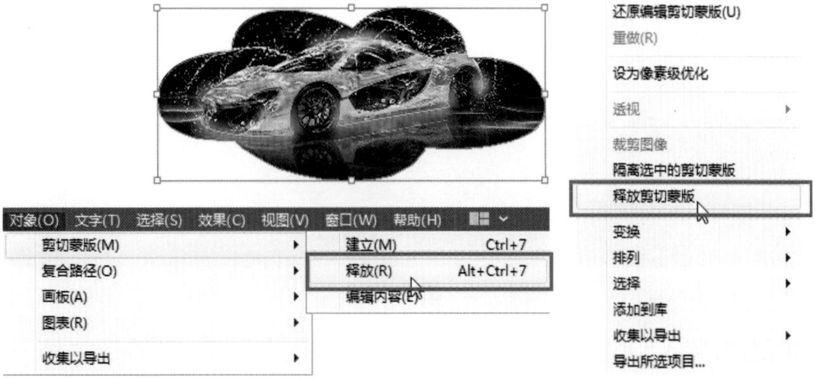
还原编辑剪切蒙版(U)
重做(R)
设为像素级优化
透视
裁剪图像
隔离选中的剪切蒙版
释放剪切蒙版
变换
排列
选择
添加到库
收集以导出
导出所选项目...
对象(O)　文字(T)　选择(S)　效果(C)　视图(V)　窗口(W)　帮助(H)
剪切蒙版(M)
复合路径(O)
画板(A)
图表(R)
收集以导出
建立(M)　Ctrl+7
释放(R)　Alt+Ctrl+7
编辑内容(E)

图 5-70

在“图层”面板中单击包含剪切蒙版的组或图层，然后单击该面板底部的“建立 / 释放剪切蒙版”按钮，也可完成剪切蒙版的释放，如图 5-71 所示。

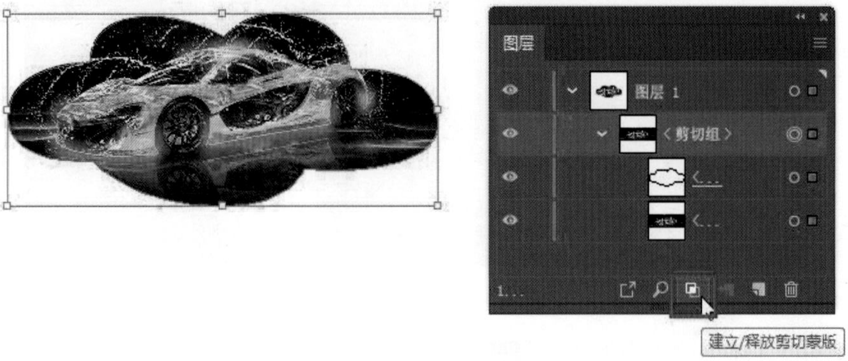
图层
图层 1
<剪切组>
建立/释放剪切蒙版

图 5-71

案例演练——使用“剪切蒙版”制作 banner

（1）案例效果如图 5-72 所示。

min　yi　shi　wei　tian
民以食为天
爱上中华传统美食

图 5-72

（2）打开 Illustrator CC，使用快捷键“Ctrl+N”新建 1390 px×400 px 的空白文档，选择工具栏中的“矩形工具”创建与文档相同大小的矩形，填充颜色 #F47500，在图层面板中将其锁定，如图 5-73 所示。

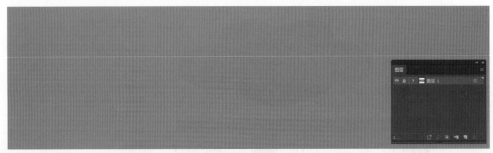
图层
图层 1

图 5-73

（3）新建图层，置入“素材 5.15”，如图 5-74 所示。

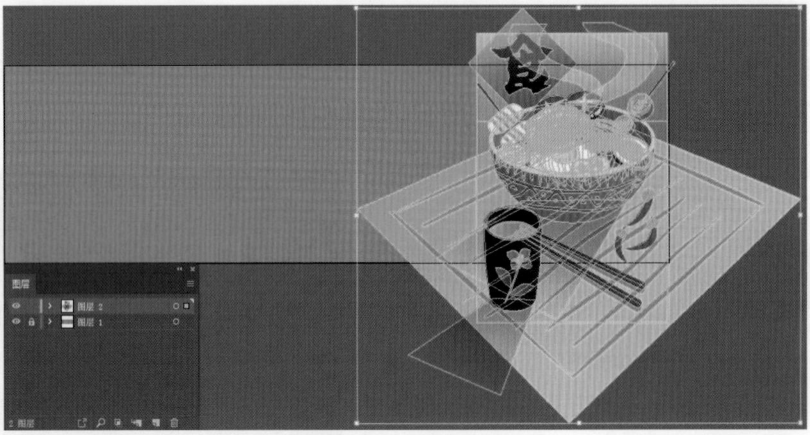
图层
图层 2
图层 1
2 图层

图 5-74

（4）选择工具栏中的“矩形工具”创建宽 535 px、高 570 px 的矩形。保持矩形被选中的状态，双击工具栏中的“倾斜工具”，打开“倾斜”对话框，设置倾斜角度为 -145°，如图 5-75 所示。

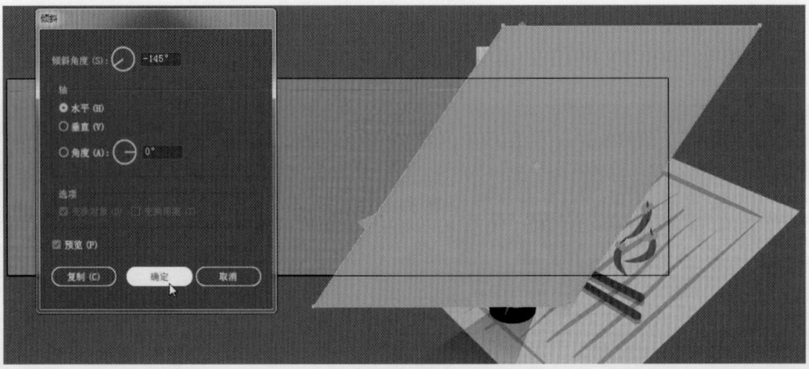
-145°
0°
预览 (P)
复制 (C)
确定
取消

图 5-75

（5）使用“选择工具”框选倾斜后的矩形与“素材 5.15”，单击鼠标右键选择“建立剪切蒙版”命令，如图 5-76 所示。

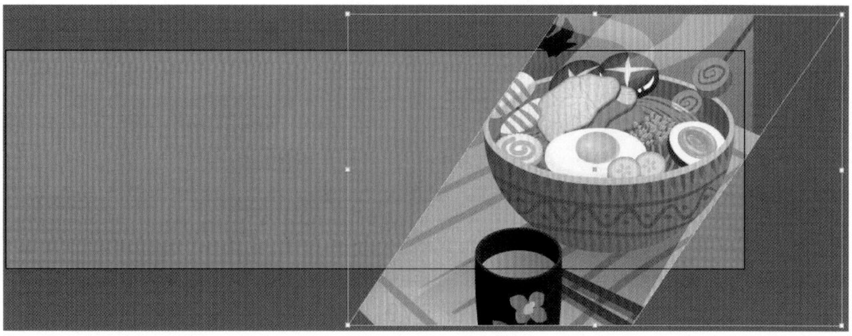

图 5-76

（6）选择工具栏中的“矩形工具”创建宽 136 px、高 136 px 的矩形；设置其填充为“无”，描边颜色为 #FFFFFF，描边粗细为 2 pt，如图 5-77 所示。

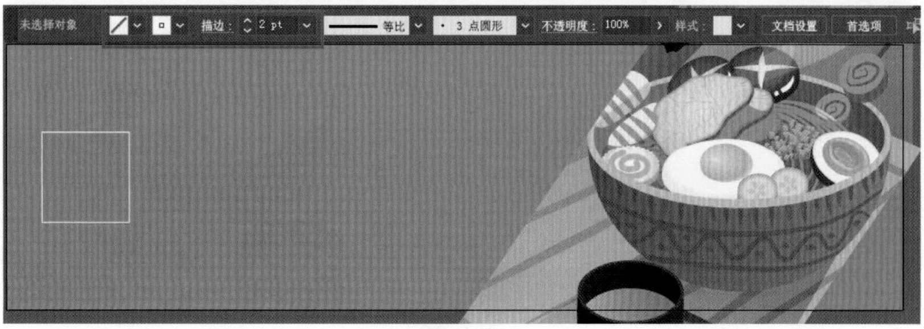
未选择对象
描边
2 pt
等比
3 点圆形
不透明度
100%
样式
文档设置
首选项

图 5-77

（7）选择工具栏中的“直线工具”，设置其填充为“无”，描边颜色为 #FFFFFF，点击“描边”打开描边面板，勾选“虚线”复选框，在刚刚绘制的矩形中绘制“米”字直线，如图 5-78 所示。

直线
描边
2 pt
等比
基本
不透明度
100%
样式
粗细
端点
边角
限制
10
对齐描边
虚线
2 pt
虚线 间隙 虚线 间隙 虚线 间隙
箭头
配置文件
等比

图 5-78

（8）将矩形与虚线一同框选，单击鼠标右键选择“编组”命令将其编组；执行“对象 / 变换 / 移动”命令，设置“水平”参数为 145 px，点击“复制”按钮，如图 5-79 所示。

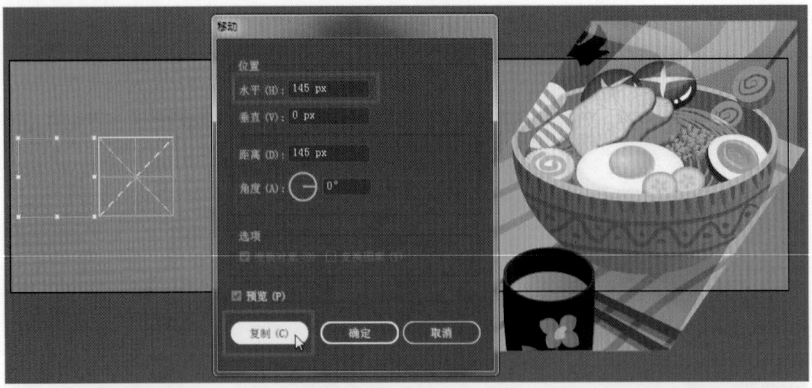
移动
位置
水平 (H)： 145 px
垂直 (V)： 0 px
距离 (D)： 145 px
角度 (A)： 0°
选项
预览 (P)
复制 (C)
确定
取消

图 5-79

(9)接着执行 3 次快捷键“Ctrl+D”，重复上一步，将矩形线框再复制 3 份，如图 5-80 所示。

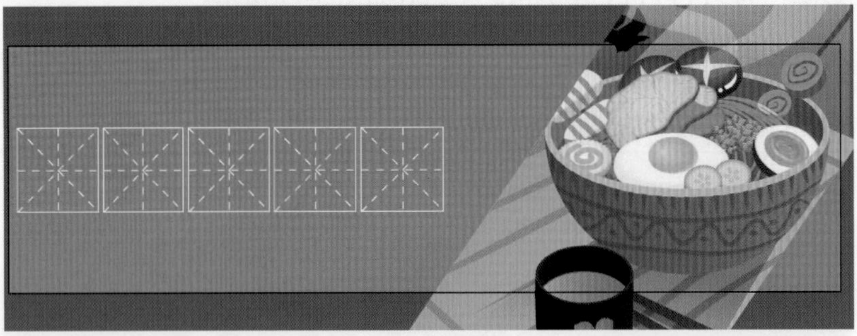

图 5-80

(10)选择工具栏中的“文字工具”T，设置其颜色为 #FFFFFF，选择一种粗边字体键入主题文字，效果如图 5-81 所示。

民以食为天

图 5-81

(11)选择工具栏中的“矩形工具”创建矩形，设置填充颜色为 #FFFFFF；使用“添加锚点工具”在其路径上添加锚点，并且调整锚点位置，效果如图 5-82 所示。

民以食为天

图 5-82

（12）选择工具栏中的“文字工具”，设置颜色为 #F47500，键入副标题，放置在刚刚做好的矩形上，效果如图 5-83 所示。

（13）继续使用“文字工具”，设置颜色为 #FFFFFF，选择一种细边字体键入主题拼音，效果如图 5-84 所示。

（14）选择工具栏中的“矩形工具”创建与背景相同大小的矩形，框选所有对象，单击鼠标右键选择“建立剪切蒙版”命令，最终效果如图 5-85 所示。

民以食为天
爱上中华传统美食

图 5-83

min yi shi wei tian
民以食为天
爱上中华传统美食

图 5-84

min yi shi wei tian
民以食为天
爱上中华传统美食

图 5-85

5.7 “符号”面板

在进行设计的过程中常常遇到需要在画面中添加大量重复对象的情况，如果使用“复制”“粘贴”命令进行重复的操作，既浪费时间又占用系统资源。为此，Illustrator 提供了“符号”这一功能，符号是文档中可重复使用的对象，每个符号实例都链接到“符号”面板中的符号或者符号库，这样使用符号绘制图形，可以节省绘制时间并显著缩小文件大小。

5.7.1 认识符号面板

Illustrator 中的“符号”工具使得绘制多个重复图形变得更加简单。在应用符号对象时，必须要使用到的组件就是“符号”面板，该面板用于载入符号、创建符号、应用符号以及编辑符号。通过执行“窗口 / 符号”命令，或使用快捷键 Shift+ Ctrl+F11 可打开“符号”面板，在该面板中可以选择不同类型的符号，也可以对符号库类型进行更改，还可以对符号进行编辑，如图 5-86 所示。

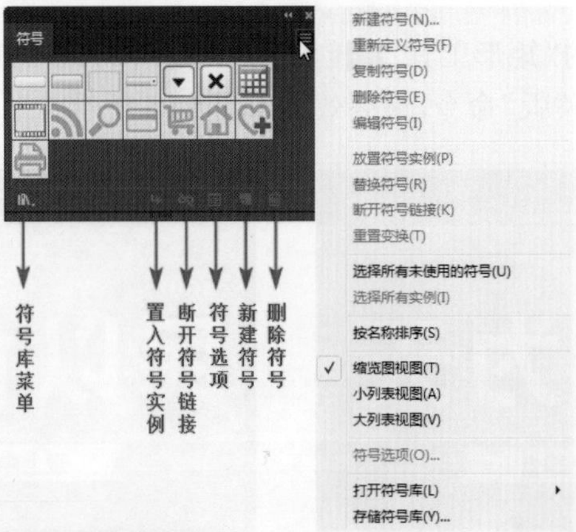
符号
符号库菜单
置入符号实例
断开符号链接
符号选项
新建符号
删除符号
新建符号(N)...
重新定义符号(F)
复制符号(D)
删除符号(E)
编辑符号(I)
放置符号实例(P)
替换符号(R)
断开符号链接(K)
重置变换(T)
选择所有未使用的符号(U)
选择所有实例(I)
按名称排序(S)
缩览图视图(T)
小列表视图(A)
大列表视图(V)
符号选项(O)...
打开符号库(L)
存储符号库(Y)...

图 5-86

单击面板底部的“符号库菜单”按钮，或者点击“符号”面板右上角按钮，选择其中的“打开符号库”命令即可打开各种类型的符号面板，如图 5-87 所示。

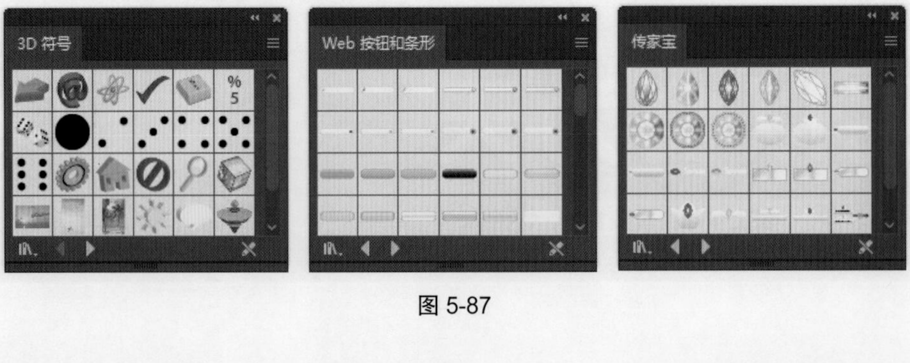
3D 符号
Web 按钮和条形
传家宝

图 5-87

5.7.2　使用“符号”面板置入符号

在“符号”面板或符号库中可以直接置入符号到文件中。从“符号”面板中选中某个符号，并单击该面板中的“置入符号实例”按钮，即可将所选符号置入画板的中心位置。或直接选择符号，将符号拖动到画板上显示的位置，如图 5-88 所示。

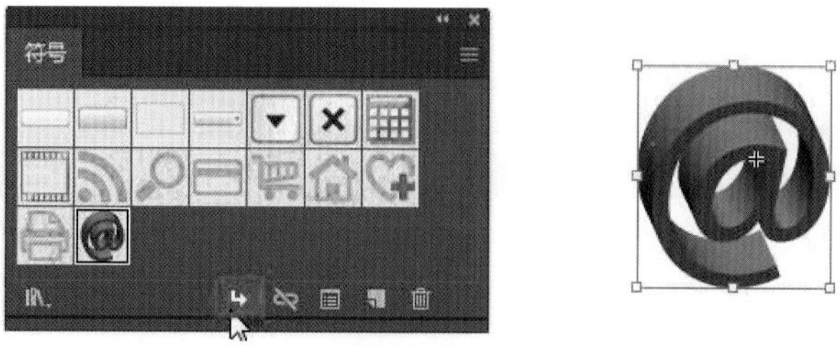
符号

图 5-88

5.7.3　创建新符号

虽然 Illustrator 中内置了丰富的符号素材，但是用户仍可以自行定义所需符号。首先选中要用作符号的图形，然后单击“符号”面板中的“新建符号”按钮或者将图稿拖动到“符号”面板，如图 5-89 所示。弹出“符号选项”对话框，在这里可以对新建符号的名称、类型等参数进行相应的设置，接着在“符号”面板中会出现一个新符号，如图 5-90 所示。

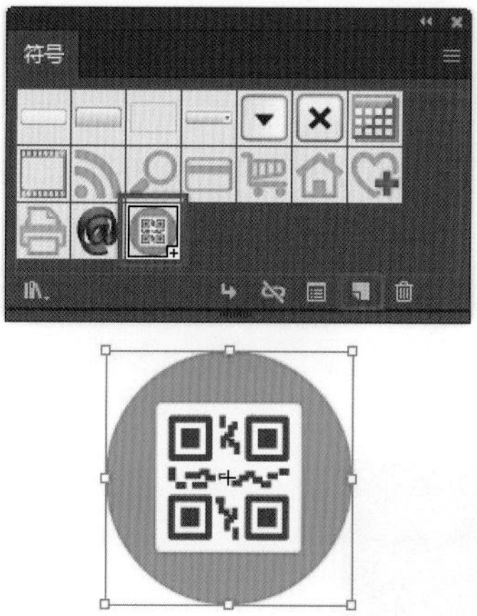
符号

图 5-89

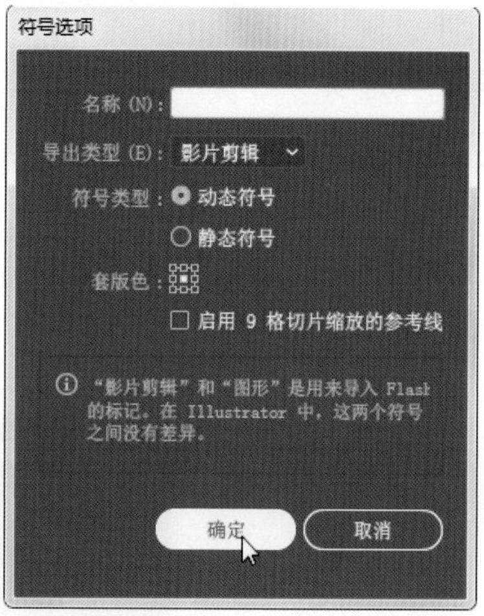
符号选项
名称 (N):
导出类型 (E): 影片剪辑
符号类型: 动态符号
静态符号
套版色:
启用 9 格切片缩放的参考线
“影片剪辑”和“图形”是用来导入 Flash 的标记。在 Illustrator 中，这两个符号之间没有差异。
确定
取消

图 5-90

5.7.4　断开符号链接

在 Illustrator 中符号对象是不能够直接进行路径编辑的，当画面中包含符号对象时，断开符号链接即可将符号转换为可以编辑操作的路径。选择一个或多个符号实例，单击“符号”面板或“控制”面板中的“断开链接”按钮，或从面板菜单中选择“断开链接”命令即可，如图 5-91 所示。

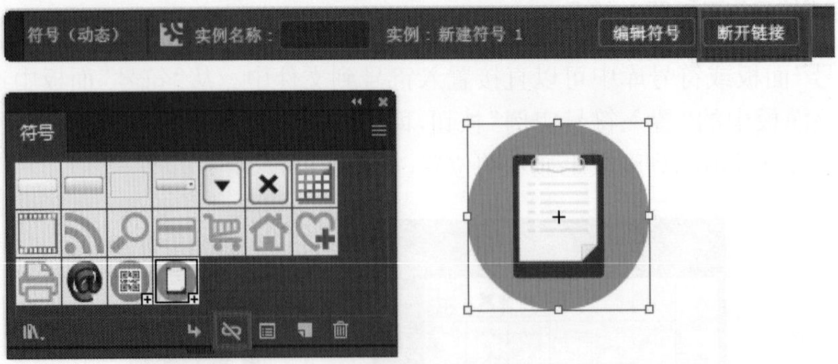
符号（动态）
实例名称：
实例：新建符号 1
编辑符号
断开链接
符号

图 5-91

5.8 符号工具组

Illustrator 中的“符号工具组”中包含 8 种工具，不仅用于将符号置入画面上，还包括多种用于调整符号间距、大小、颜色、样式的工具，配合多种工具的使用能够制作出丰富多彩的画面效果，如图 5-92 所示。

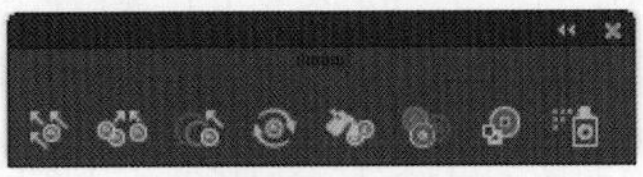

图 5-92

5.8.1 符号工具选项

在这 8 种符号工具中，有 5 个选项命令是相同的，为了后面不重复介绍这些命令，在此先将相同的选项命令介绍一下。在工具栏中双击任意一个符号工具，打开“符号工具选项”对话框，比如双击“符号喷枪工具”，打开如图 5-93 所示的“符号工具选项”对话框，对符号工具相同的选项进行详细介绍。

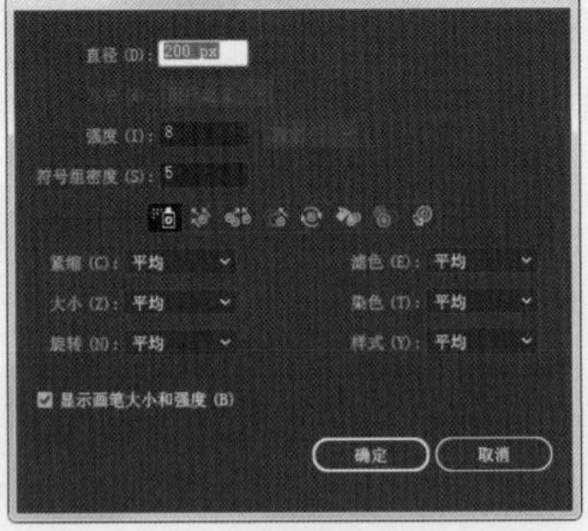
符号工具选项
直径 (D)：200 px
强度 (I)：8
符号组密度 (S)：5
紧缩 (C)：平均
滤色 (E)：平均
大小 (Z)：平均
染色 (T)：平均
旋转 (N)：平均
样式 (Y)：平均
显示画笔大小和强度 (B)
确定
取消

图 5-93

- 【直径】：指定工具的画笔大小。
- 【强度】：指定更改的速率，值越大，更改越快，或选择使用“压感笔”以使用输入板或光笔的输入。

● 【符号组密度】：指定符号组的吸引值，值越大，符号实例堆积密度越大。

● 【方法】：指定“符号紧缩器”、“符号缩放器”、“符号旋转器”、“符号着色器”“符号滤色器”和“符号样式器”工具调整符号实例的方式。

● 【显示画笔大小和强度】：使用工具时可以直观地显示符号的强度和大小。

5.8.2　使用符号喷枪工具

Illustrator 软件中的符号喷枪工具，可以非常快捷地将相同或不同的符号实例放置到画板中。首先在“符号”面板中选择一个符号，然后单击工具栏中的“符号喷枪工具”按钮，在要进行放置符号实例出现的位置上单击或在此位置拖动鼠标。在所经过的位置上将按照相应的设置进行实例的摆放，如图 5-94 所示。

若要在现有组中添加或删除符号实例，选择现有符号集，然后单击工具栏中的“符号喷枪工具”按钮，并在“符号”面板中选择一个符号实例。

当要添加符号实例时，在要显示的位置单击或拖动新实例，如图 5-95 所示。

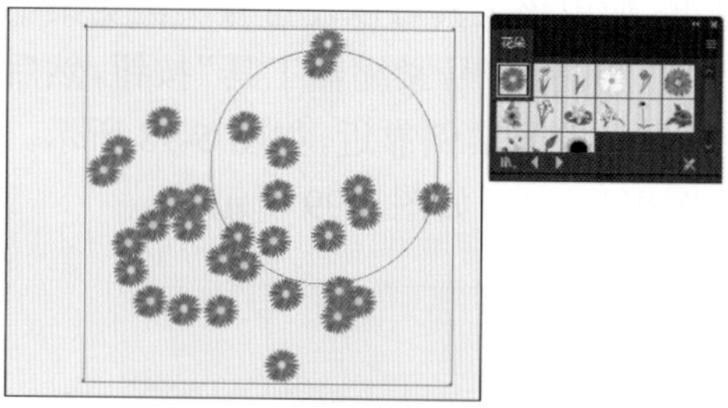

图 5-94

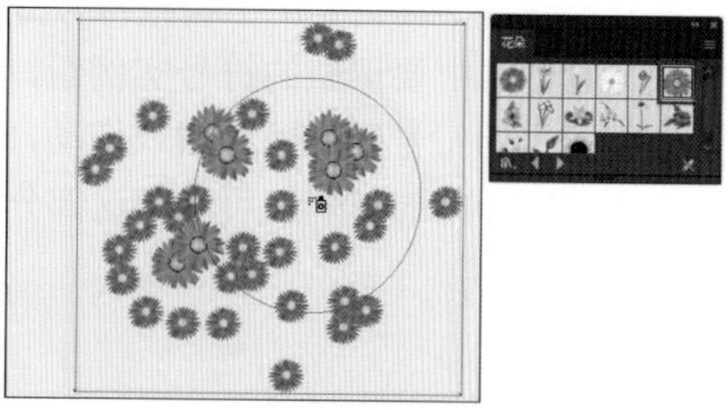

图 5-95

当要删除符号实例时，在单击或拖动要删除实例的位置按住“Alt”键即可删除鼠标指针行进路径上的符号，如图 5-96 所示。

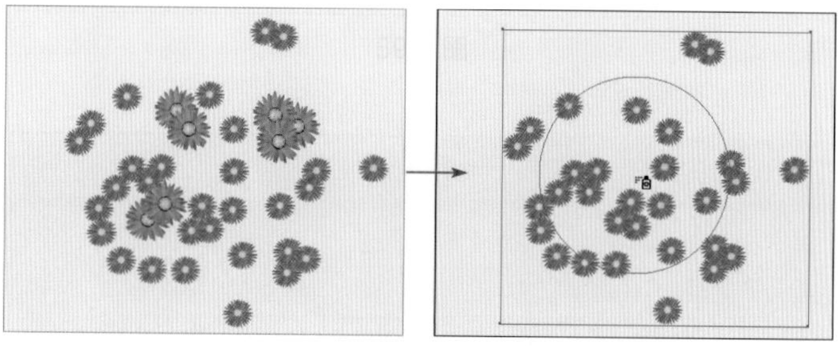

图 5-96

5.8.3　使用符号移位器工具

使用符号移位器工具可以更改符号组中符号实例的位置和堆叠顺序。

首先需要选中要调整的实例组，单击工具栏中的“符号移位器工具”按钮，然后单击并向希望符号实例移动的方向拖动鼠标即可，如图 5-97 所示。

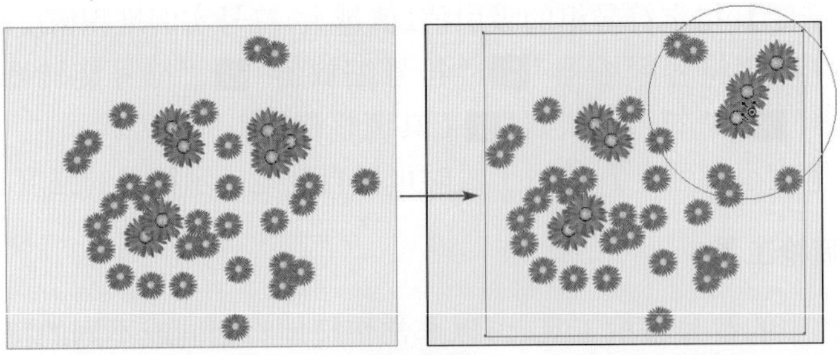

图 5-97

使用符号移位器工具还可以更改符号的堆叠顺序。要向前移动符号实例，需要按住“Shift”键单击符号实例；要将符号实例排列顺序后置，需要按住 Alt 键和 Shift 键并单击符号实例。

5.8.4 使用符号紧缩器工具

符号紧缩器工具主要用于调整符号分布的密度，使用该工具可以使符号实例更集中或更分散。首先选中要调整的符号实例组，单击工具栏中的“符号紧缩器工具”按钮，然后在需要变得紧密的符号区域处单击或拖动，即可使这部分符号实例靠近，如图 5-98 所示。如果按住 Alt 键并单击或拖动，可以使这部分符号实例相互远离，如图 5-99 所示。

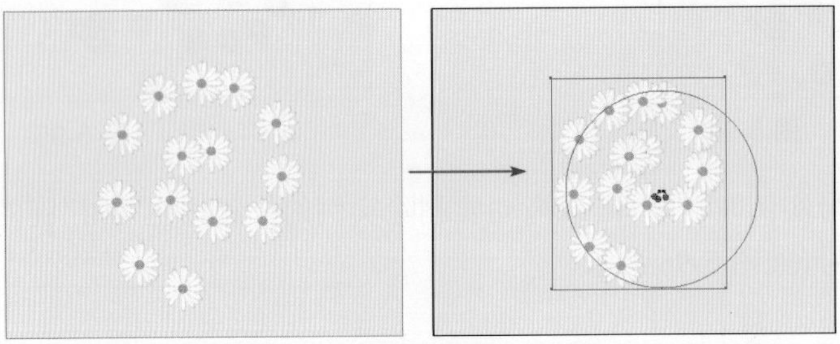

图 5-98

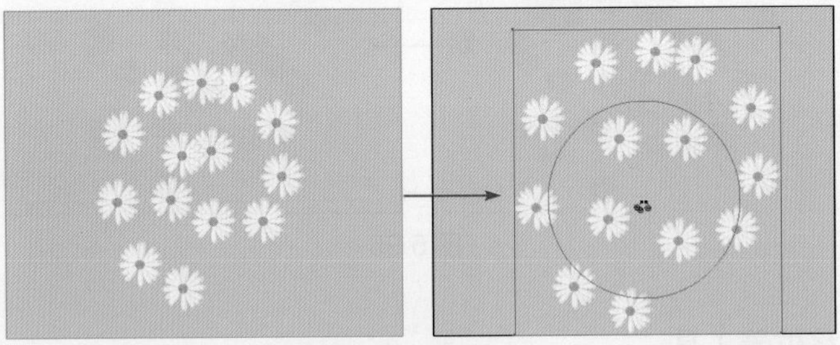

图 5-99

5.8.5 使用符号缩放器工具

符号缩放器工具可以调整符号实例的大小。首先选中要调整的符号实例组，单击工具箱中的“符号缩放器工具”按钮，然后单击或拖动要增大符号实例大小的区域，即可将该部分符号增大，如图 5-100 所示。按住 Alt 键并单击或拖动鼠标可以减小符号实例的大小；按住“Shift”键单击或拖动鼠标可以在缩放时保留符号实例的密度。

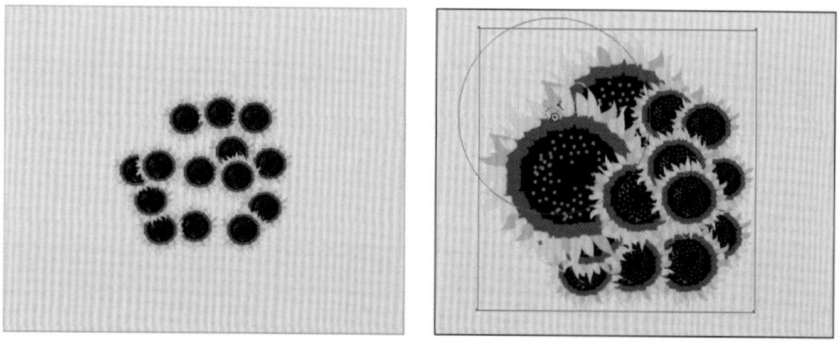

图 5-100

5.8.6　使用符号旋转器工具

符号旋转器工具可以旋转符号实例。首先，保持要调整的实例组的选中状态，单击工具栏中的按钮，然后单击或拖动符号实例朝需要旋转的方向转动，如图 5-101 所示。

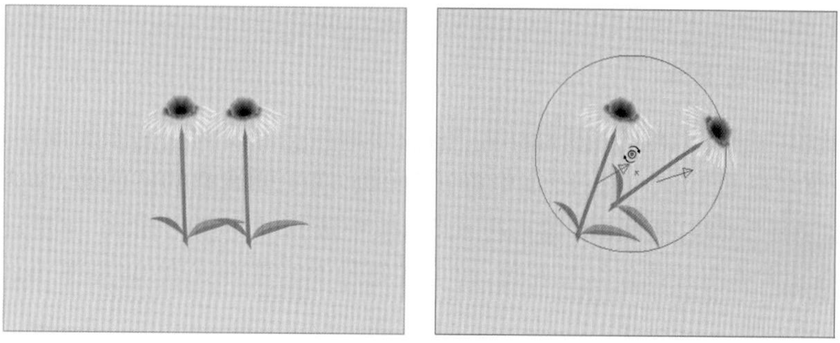

图 5-101

5.8.7　使用符号着色器工具

符号着色器工具可以将画板上所选符号进行着色。根据单击的次数不同，着色的颜色深浅也会不同。单击次数越多，颜色变化越大。首先选中要调整的实例组，在“颜色”面板中选择要上色的填充颜色，单击工具栏中的“符号着色器工具”按钮，随后单击或拖动要使用上色颜色着色的符号实例，上色量逐渐增加，符号实例的颜色逐渐更改为选定的上色颜色，如图 5-102 所示。如果按住 Alt 键并单击或拖动可以减少着色量并显示更多原始符号颜色。

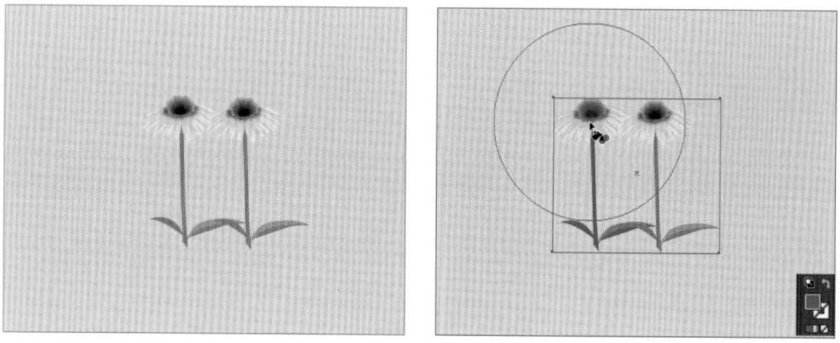

图 5-102

5.8.8 使用符号滤色器工具

符号滤色器工具可以改变文档中所选符号的不透明度。首先选中要调整的实例组，单击工具栏中的“符号滤色器工具”按钮，在符号上单击或拖动即可增加符号透明度，使其变为透明效果，如图 5-103 所示。如果按住 Alt 键并单击或拖动，可以减少符号透明度，使其变得更不透明。

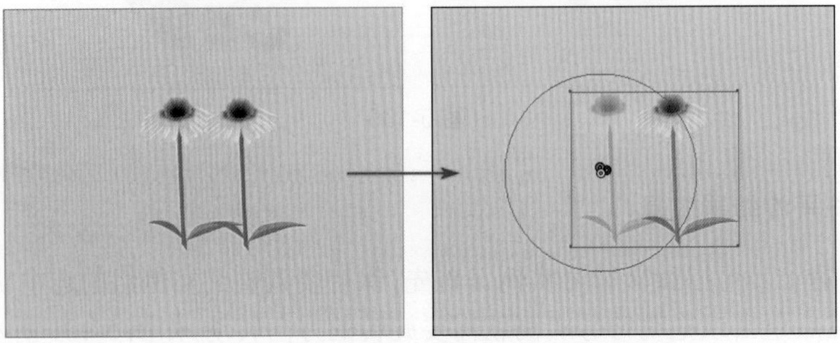

图 5-103

5.8.9 使用符号样式工具

符号样式器工具可以配合“图形样式”面板使用在符号实例上来添加或删除图形样式。选择“窗口 / 图形样式”命令，打开“图形样式”面板，选中要调整的实例组，单击工具栏中的“符号样式器工具”按钮，然后在“图形样式”面板中选择一个图形样式，在要进行附加样式的符号实例对象上单击并按住鼠标左键，即可在符号中出现样式效果，如图 5-104 所示。

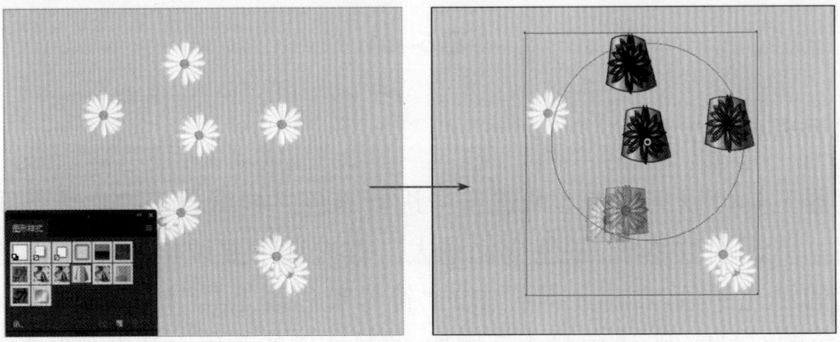

图 5-104

第 6 章　效果的应用

学习目标

- 了解滤镜与效果。
- 掌握各种效果与滤镜的使用。
- 掌握特效处理矢量图形的方法。

引言

本章介绍了滤镜和效果的使用方法，以及各种滤镜产生的效果，比如 3D 效果、扭曲和变换效果、风格化效果等各种各样的效果，而且每组又含若干个效果命令，每个效果的功能各不相同，只有对每个效果的功能都比较熟悉才能恰到好处地运用这些效果。

6.1　“效果”菜单

“效果”菜单为用户提供了许多特殊功能，使得使用 Illustrator 处理图形更加方便。在“效果”菜单中大体可以根据分隔条将其分为 3 部分，如图 6-1 所示。

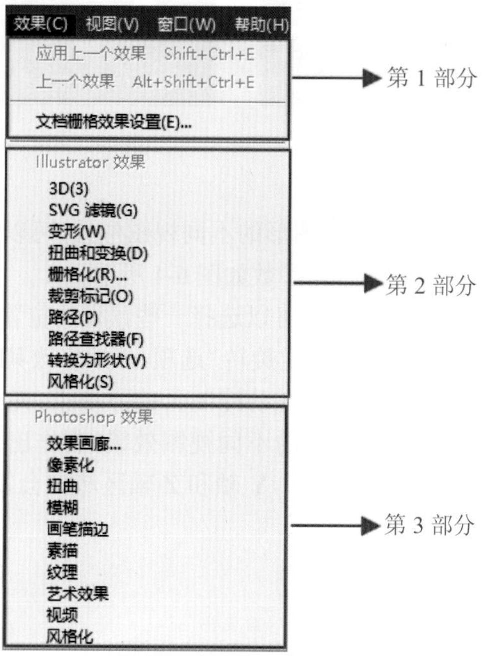
效果(C) 视图(V) 窗口(W) 帮助(H)
应用上一个效果 Shift+Ctrl+E
上一个效果 Alt+Shift+Ctrl+E
文档栅格效果设置(E)...
第 1 部分
Illustrator 效果
3D(3)
SVG 滤镜(G)
变形(W)
扭曲和变换(D)
栅格化(R)...
裁剪标记(O)
路径(P)
路径查找器(F)
转换为形状(V)
风格化(S)
第 2 部分
Photoshop 效果
效果画廊...
像素化
扭曲
模糊
画笔描边
素描
纹理
艺术效果
视频
风格化
第 3 部分

图 6-1

第 1 部分由两个命令组成，前一个命令是重复使用上一个效果命令；后一个命令是打开上次应用的“效果”对话框进行修改；第 2 部分主要是针对矢量图形的 Illustrator 效果；第 3 部分类似 Photoshop 效果，主要应用在位图中，也可以应用在矢量图形中。“效果”菜单中的命令应用后会在“外观”面板中出现，方便再次打开相关的命令对话框进行修改。

6.2 3D 效果

3D 效果是 Illustrator 软件用来制作立体效果的，包括“凸出和斜角”“绕转”和“旋转”3 种特效，利用这些命令可以将 2D 平面对象制作成三维立体效果。

6.2.1 凸出和斜角

“凸出和斜角”效果主要是通过增加二维图形的 Z 轴纵深来创建三维效果，也就是将二维平面图形以增加厚度的方式制作出三维图形效果。要应用“凸出和斜角”效果，首先要选择一个二维图形，如图 6-2 所示，然后执行菜单栏中的“效果 /3D/ 凸出和斜角”命令，打开如图 6-3 所示的“3D 凸出和斜角选项”对话框，对凸出和斜角进行详细的设置。

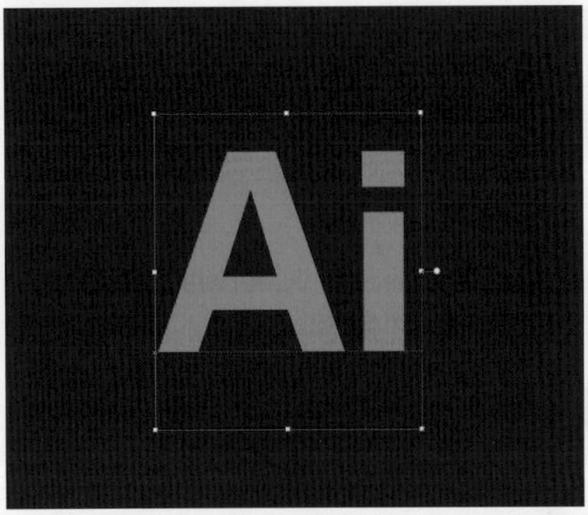
Ai

图 6-2

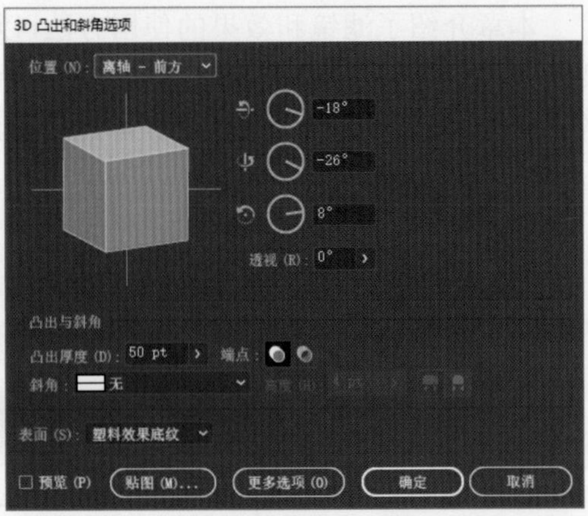
3D 凸出和斜角选项
位置 (N)：离轴 – 前方
-18°
-26°
8°
透视 (R)：0°
凸出与斜角
凸出厚度 (D)：50 pt
端点：
斜角：无
表面 (S)：塑料效果底纹
预览 (P)
贴图 (M)...
更多选项 (O)
确定
取消

图 6-3

1.“位置”选项组

“位置”选项组主要用来控制三维图形的不同视图位置，可以使用默认的预设位置，也可以手动修改不同的视图位置。“位置”参数如图 6-4 所示。

● 【位置预设】：从该下拉列表中，可以选择一些预设的位置，共包括 16 种默认位置。如果不想使用默认的位置，可以选择“自定旋转”选项，然后修改其他的参数来自定旋转。

● 【拖动控制区】：将光标放置在拖动控制区的方块上，光标将会有不同的变化，根据光标的变化拖动，可以控制三维图形的不同视图效果，制作出 16 种默认位置显示以外的其他视图效果。当拖动图形时，X 轴、Y 轴和 Z 轴区域将会发生相应的变化，如图 6-5 所示。

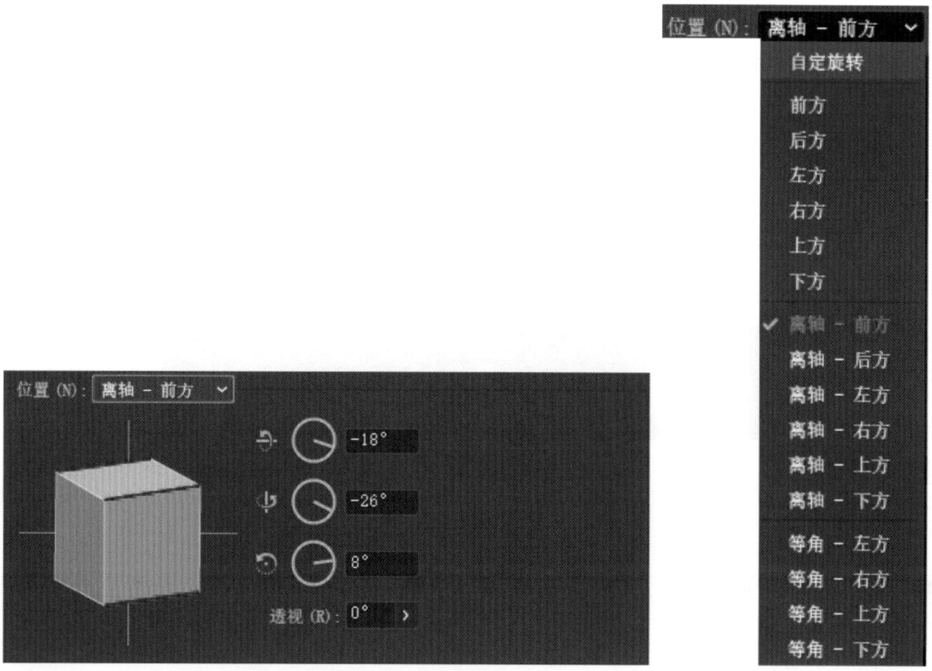
位置(N)：离轴 - 前方
-18°
-26°
8°
透视(R)：0°
位置(N)：离轴 - 前方
自定旋转
前方
后方
左方
右方
上方
下方
离轴 - 前方
离轴 - 后方
离轴 - 左方
离轴 - 右方
离轴 - 上方
离轴 - 下方
等角 - 左方
等角 - 右方
等角 - 上方
等角 - 下方

图 6-4

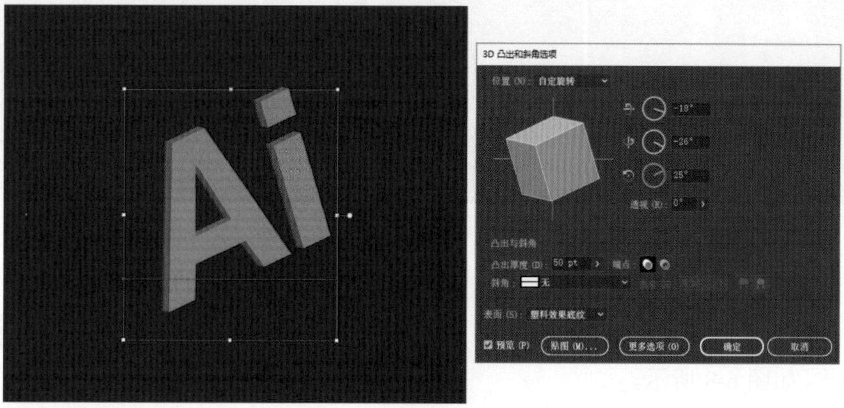
Ai
3D 凸出和斜角选项
位置(N)：自定旋转
-18°
-26°
25°
透视(R)：0°
凸出与斜角
凸出厚度(D)：50 pt
端点
斜角：无
表面(S)：塑料效果底纹
预览(P)
贴图(M)...
更多选项(O)
确定
取消

图 6-5

“指定绕 X 轴旋转”：在右侧的文本框中输入角度数值，指定三维图形沿 X 轴旋转的角度。

“指定绕 Y 轴旋转”：在右侧的文本框中输入角度数值，指定三维图形沿 Y 轴旋转的角度。

“指定绕 Z 轴旋转”：在右侧的文本框中输入角度数值，指定三维图形沿 Z 轴旋转的角度。

● 【透视】：指定视图的方位，可以从右侧的下拉列表中选择一个视图角度；也以直接输入一个角度值。

2.“凸出与斜角”选项组

“凸出与斜角”选项组主要用来设置三维图形的凸出厚度、端点、斜角和高度等设置制作出不同厚度的三维图形或带有不同斜角效果的三维图形效果。“凸出与斜角”参数区如图 6-6 所示。

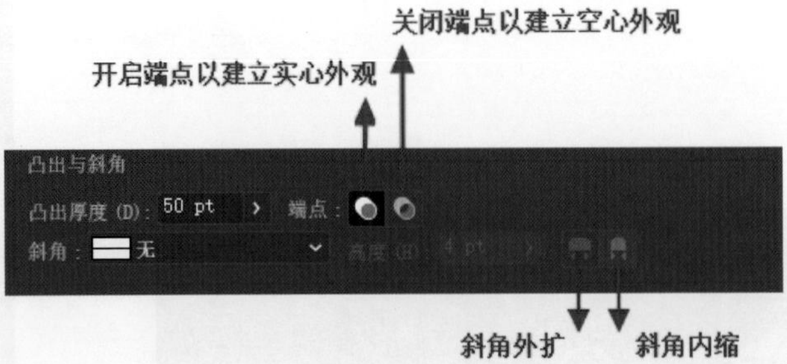
关闭端点以建立空心外观
开启端点以建立实心外观
凸出与斜角
凸出厚度 (D)：50 pt
端点：
斜角：无
斜角外扩
斜角内缩

图 6-6

● 【凸出厚度】：控制三维图形的厚度，取值范围为 0~2000 pt。厚度值分别为 30 pt、50 pt 和 80 pt 的效果如图 6-7 所示。

Ai
30 pt
Ai
50 pt
Ai
80 pt

图 6-7

● 【端点】：控制三维图形为实心还是空心效果。单击“开启端点以建立实心外观”按钮，可以制作实心图形，如图 6-8 所示；单击“关闭端点以建立空心效果”按钮，可以制作空心图形，如图 6-9 所示。

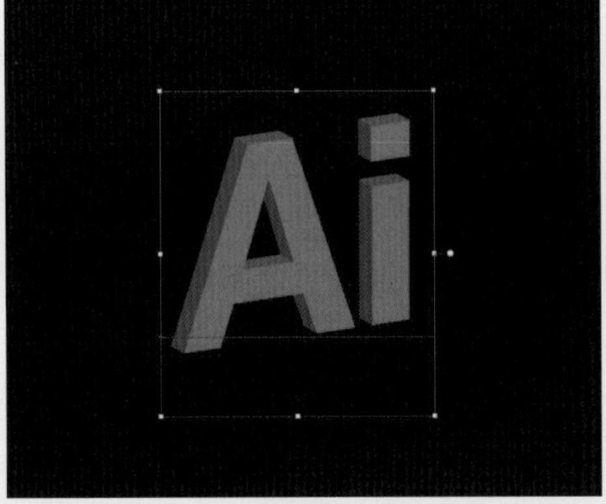
Ai

图 6-8

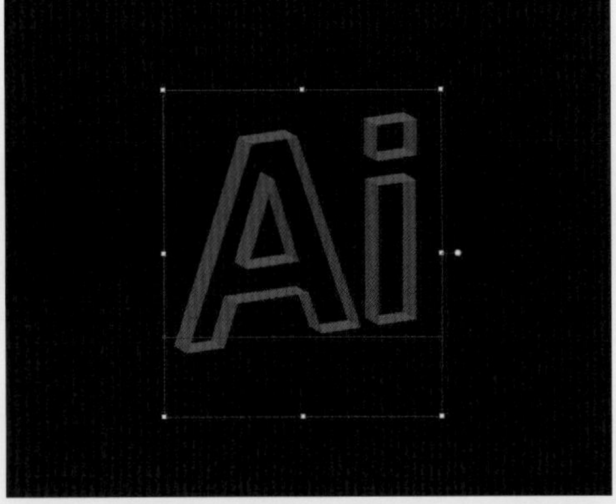
Ai

图 6-9

● 【斜角】：可以为三维图形添加斜角效果。在右侧的下拉列表中，预设提供了 11 种斜角。同时，可以通过“高度”的数值来控制斜角的高度，还可以通过“斜角外扩”按钮，将斜角添加到原始对象；或通过“斜角内缩”按钮，从原始对象减去斜角。

3.“表面”选项组

在“3D 凸出和斜角选项”对话框中单击“更多选项”按钮，可以展开“表面”选项组，如图 6-10 所示。在“表面”参数中，不但可以应用预设的表面效果，还可以根据自己的需要重新调整三维图形显示效果，如光源强度、环境光、高光强度和底纹颜色等。

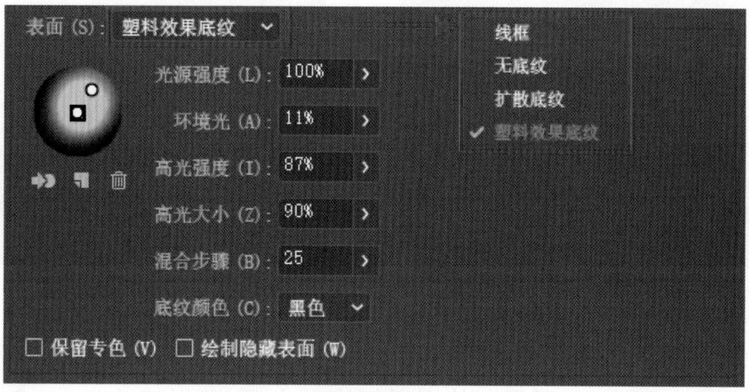
表面 (S)：塑料效果底纹
光源强度 (L)：100%
环境光 (A)：11%
高光强度 (I)：87%
高光大小 (Z)：90%
混合步骤 (B)：25
底纹颜色 (C)：黑色
保留专色 (V)
绘制隐藏表面 (W)
线框
无底纹
扩散底纹
塑料效果底纹
图 6-10

● 【表面】：在右侧的下拉列表中，提供了 4 种表面预设效果，包括“线框”“无底纹”“扩散底纹”和“塑料效果底纹”。

“线框”：表示将图形以线框的形式显示，如图 6-11 所示。

“无底纹”：表示三维图形没有明暗变化，整体图形颜色灰度一致，看上去图是平面效果，如图 6-12 所示。

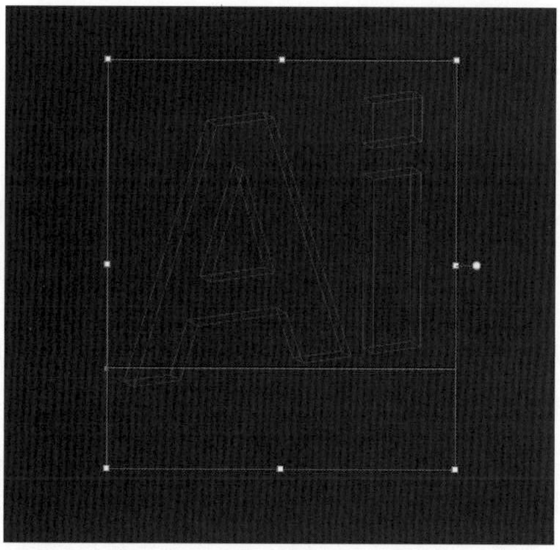
图 6-11

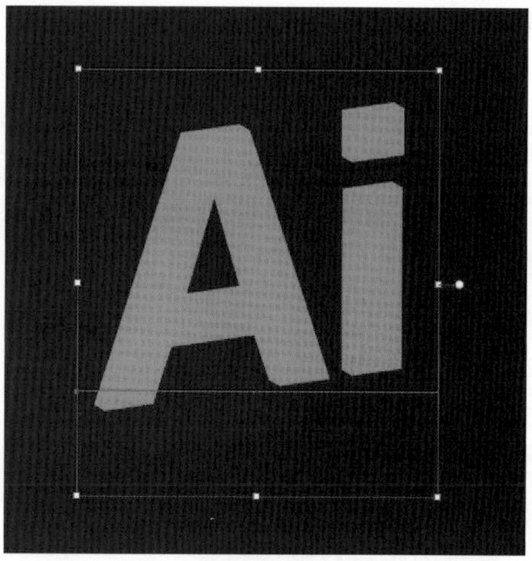
图 6-12

“扩散底纹”：表示三维图形有柔和的明暗变化但并不强烈，可以看出三维图形效果，如图 6-13 所示。

“塑料效果底纹”：表示为三维图形增加强烈的光线明暗变化，让三维图形显示种类似塑料的效果，如图 6-14 所示。

Ai

图 6-13

Ai

图 6-14

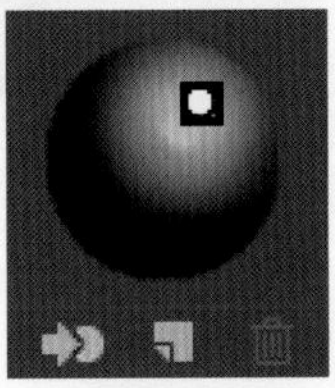

图 6-15

● 【光源控制区】：该区域主要用来手动控制光源的位置，添加或删除光源等操作，如图 6-15 所示。使用鼠标拖动光源，可以修改光源的位置。单击按钮，可以将所选光源移动到对象后面；单击“新建光源”按钮，可以创建一个新的光源，选择一个光源后，单击“删除光源”按钮，可以将选取的光源删除。

● 【光源强度】：控制光源的亮度。值越大，光源的亮度也就越大。

● 【环境光】：控制周围环境光线的亮度。值越大，周围的光线越亮。

● 【高光强度】：控制对象高光位置的亮度。值越大，高光越亮。

● 【高光大小】：控制对象高光点的大小。值越大，高光点就越大。

● 【混合步骤】：控制对象表面颜色的混合步数。值越大，表面颜色越平滑。

● 【底纹颜色】：控制对象背阴的颜色，一般常用黑色。

● 【保留专色和绘制隐藏表面】：勾选这两个复选框，可以保留专色和绘制隐藏的表面。

4. 贴图

贴图就是为三维图形的面贴上一个图片，以制作出更加理想的三维图形效果，这里的贴图使用的是符号，所以要使用贴图命令，首先要根据三维图形的面设计好不同的贴图符号以便使用。要对三维图形进行贴图，首先选择该三维图形，然后打开“3D 凸出和斜角选项”对话框，在该对话框中单击“贴图”按钮，将打开如图 6-16 所示的“贴图”对话框，利用该对话框对三维图形进行贴图设置。

贴图
符号：
无
表面：
1 / 26
无
处理矩形
矢量污点
照亮的橙色
裁切标记（具有 9 个切片）
丝带
非洲菊
缩放以适合（F）
清除（C）
全部清除（A）
贴图具有明暗调（较慢）(H)
三维模型不可见
预览（P）
确定
取消

图 6-16

● 【符号】：从右侧的下拉菜单中，可以选择一个符号，作为三维图形当前选择面的贴图。该区域的选项与“符号”面板中的符号相对应，所以，如果要使用贴图，首先要确定“符号”面板中含有该符号。

● 【表面】：指定当前选择面以进行贴图。在该项的右侧文本框中，显示当前选择的面和三维对象的总面数。

比如显示 1/26，表示当前三维对象的总面为 26 个面，当前选择的面为第 1 个面。如果想选择其他的面，可以单击“第一个表面”、“上一个表面”、“下一个表面”和“最后一个表面”按钮来切换。在切换时，如果勾选了“预览”复选框，可以在当前文档中的三维图形中，看到选择的面，该选择面将以红色的边框突出显示，如图 6-17 所示。

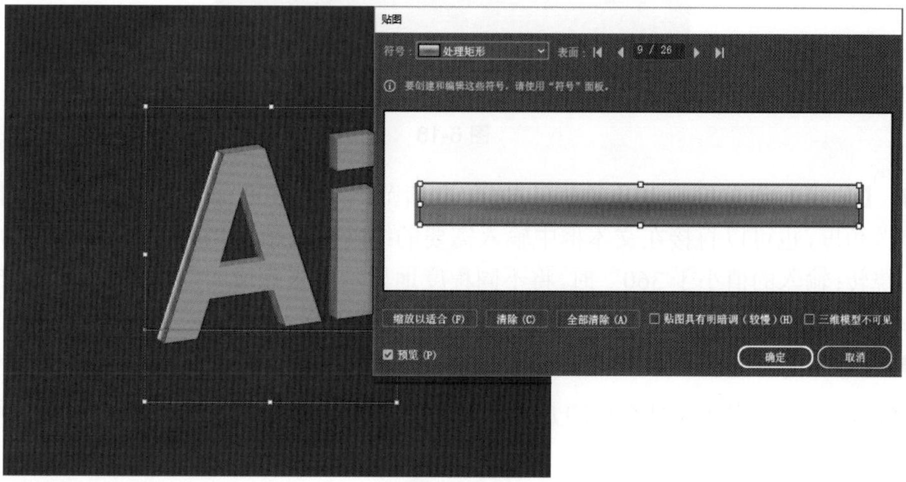
贴图
处理矩形
9 / 26
缩放以适合（F）
清除（C）
全部清除（A）
贴图具有明暗调（较慢）(H)
三维模型不可见
预览（P）
确定
取消

图 6-17

● 【贴图预览区】：用来预览贴图和选择面的效果，可以像变换图形一样，在该区域对贴图进行缩放和旋转等操作，以制作出更加适合选择面的贴图效果。

● 【缩放以适合】：单击该按钮，可以强制贴图大小与当前选择面的大小相同，也可以直接按“F”键。

● 【清除和全部清除】：单击“清除”按钮，可以将当前面的贴图效果删除，也可以按“C”键；如果想删除所有面的贴图效果，可以单击“全部清除”按钮，或直接按“A”键。

● 【贴图具有明暗调（较慢）】：勾选该复选框，贴图会根据当前三维图形的明暗效果自动融合，制作出更加真实的贴图效果，不过应用该项会强加文件的大小。也可以按“H”键应用或取消贴图具有明暗调整的使用。

● 【三维模型不可见】：勾选该复选框，在文档中的三维模型将隐藏，只显示选择面的红色边框效果，这样可以加快计算机的显示速度，但会影响查看整个图形的效果。

6.2.2 绕转

“绕转”效果可以根据选择图形的轮廓，沿指定的轴向进行旋转，从而产生三维图形，绕转的对象可以是开放的路径，也可以是封闭图形，要应用“绕转”效果，首先选择一个二维图形。然后执行菜单栏中的“效果 / 绕转”命令，打开如图 6-18 所示的“3D 绕转选项”对话框，在该对话框中可以对绕转的三维图形进行设置。

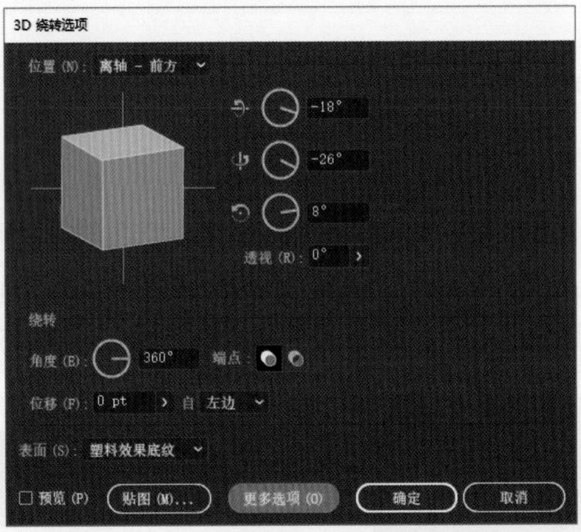
3D 绕转选项
位置(N): 离轴 - 前方
-18°
-26°
8°
透视(R): 0°
绕转
角度(E): 360°
端点:
位移(F): 0 pt
自 左边
表面(S): 塑料效果底纹
预览(P)
贴图(M)...
更多选项(O)
确定
取消

图 6-18

● 【角度】：设置绕转对象的旋转角度，取值范围为 0~360°。可以通过拖动右侧的指针来修改角度，也可以直接在文本框中输入需要的绕转角度值。当输入 360° 时，完成三维图形的绕转；输入的值小于 360° 时，将不同程度地显示出未完成的三维效果。如图 6-19 所示为分别输入角度值为 90°、180°、270° 的不同显示效果。

● 【端点】：控制三维图形为实心还是空心效果。单击“开启端点以建立实心外观”按钮，可以制作实心图形，如图 6-20 所示；单击“关闭端点以建立空心效果”按钮，可以制作空心图形，如图 6-21 所示。

● 【位移】：设置离绕转轴的距离，值越大，离绕转轴就越远。如图 6-22 所示偏移值分别为 0、30 和 50 的效果显示。

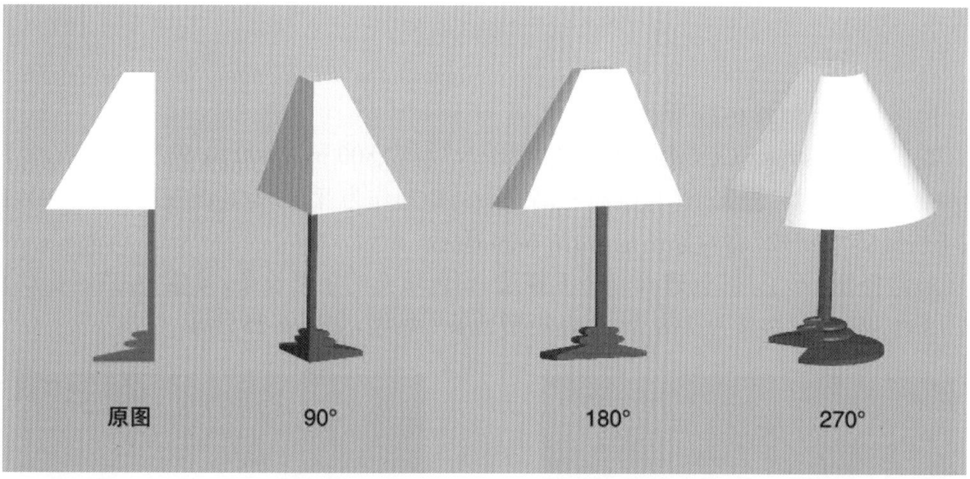
原图
90°
180°
270°

图 6-19

图 6-20

图 6-21

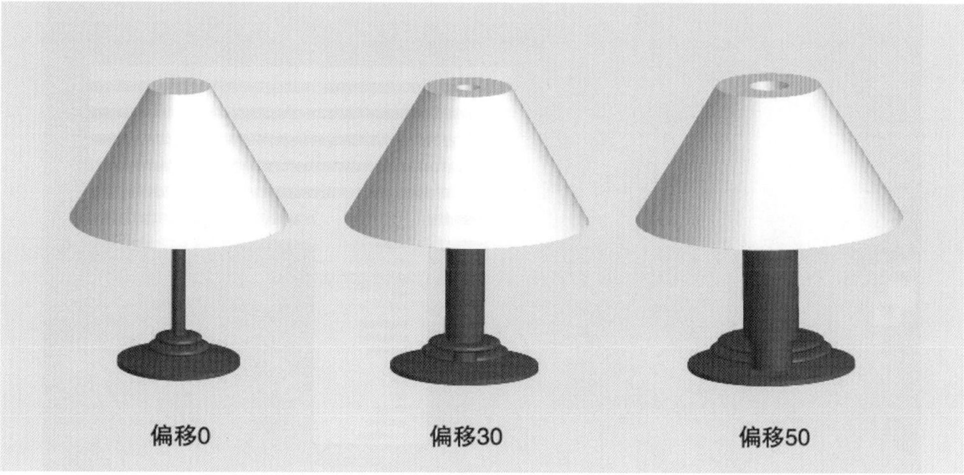
偏移0
偏移30
偏移50

图 6-22

案例演练——用“3D 效果”制作书籍封面

（1）案例效果如图 6-23 所示。

（2）打开 Illustrator CC，使用快捷键“Ctrl+N”新建 800 px×600 px 的空白文档，使用工具栏中的“矩形工具”创建与画布相同大小的矩形作为背景；为其设置填色 #662D91，最后按下快捷键“Ctrl+2”将对象锁定，如图 6-24 所示。

（3）选择“矩形工具”创建画一个无描边，白色填充的矩形长条，按住“Alt”键拖动复制出来几份长条，建议数量为 7~8 个，全选矩形长条并编组，如图 6-25 所示。

Continuous learning
Continuous innovation
014

图 6-23

图 6-24

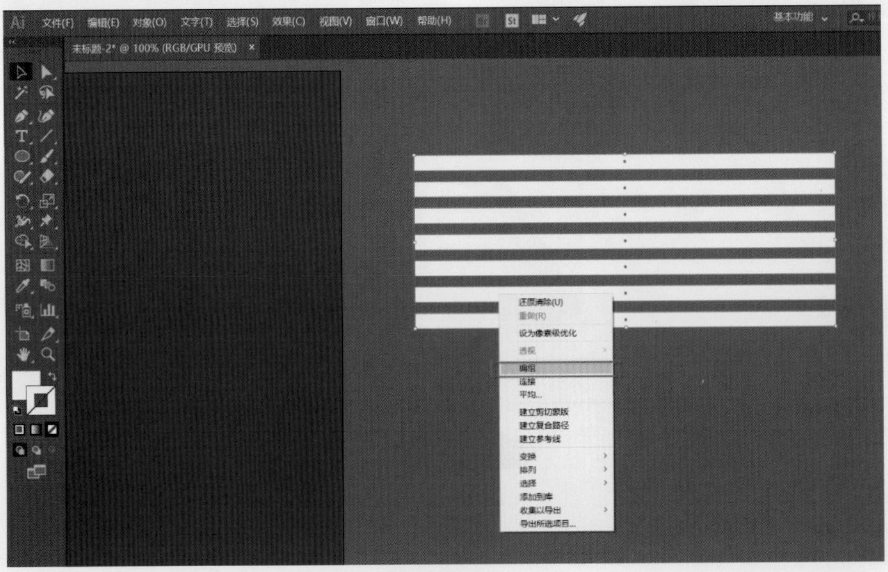
文件(F) 编辑(E) 对象(O) 文字(T) 选择(S) 效果(C) 视图(V) 窗口(W) 帮助(H)

图 6-25

（4）打开符号面板，把编组图案拖进面板中，参数默认即可，如图 6-26 所示。

（5）选择“椭圆工具”，按住 Shift 创建一个圆，设置颜色为无填充、有描边，描边颜色为 #FFFFFF，如图 6-27 所示。

（6）选择“直接选择工具”，单击如图 6-28 所示的锚点，按 Delete 键将其删除，此时只剩一个半圆。

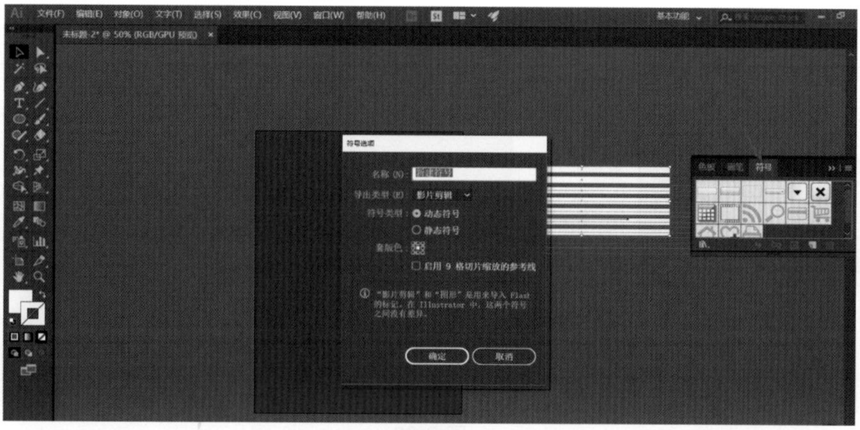

图 6-26

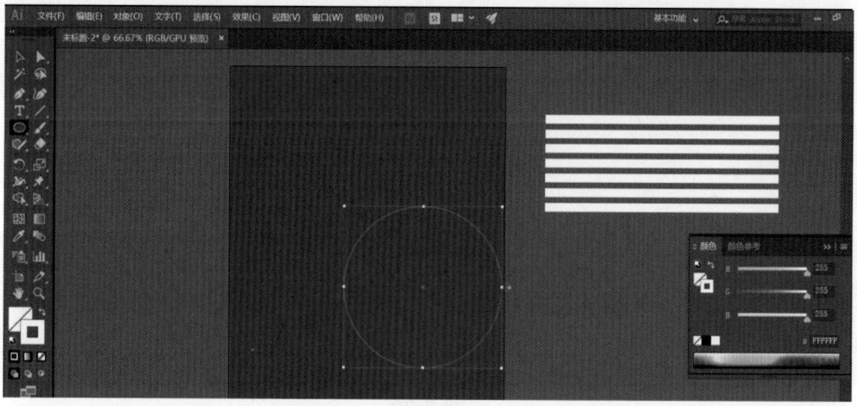

图 6-27

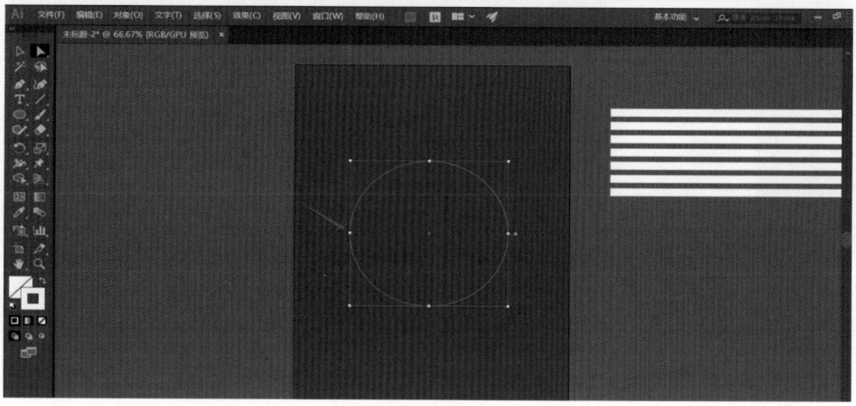

图 6-28

(7)选中半圆,执行"效果 /3D/ 绕转"命令,如图 6-29 所示。

(8)打开"3D 绕转选项"对话框,单击"贴图"按钮,打开"贴图"对话框,"符号"选择之前新建的矩形长条编组,勾选"三维模型不可见",其余参数如图 6-30 所示。

(9)关闭"3D 绕转选项"对话框,选中半圆,执行"对象 / 扩展外观"命令。单击鼠标右键取消编组,如图 6-31 所示。

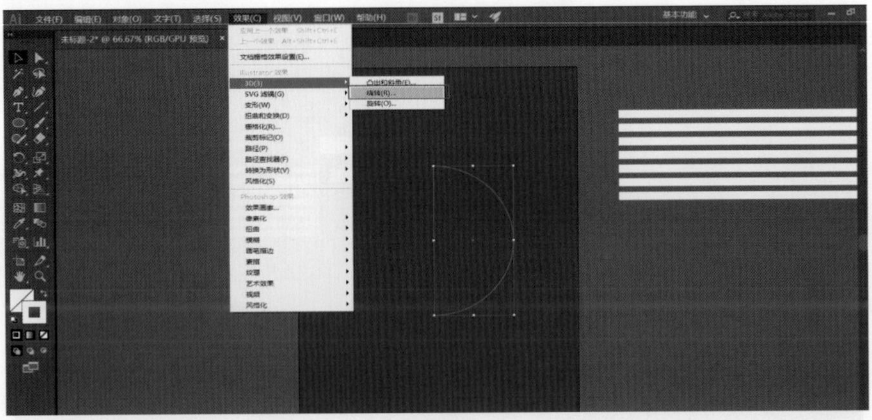

图 6-29

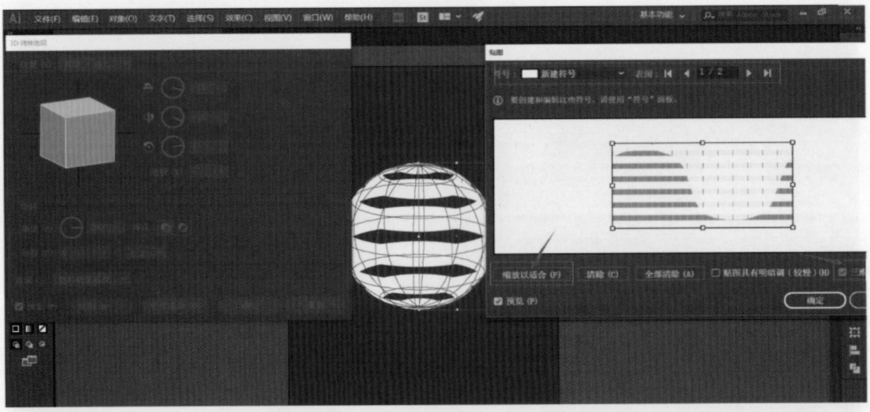

图 6-30

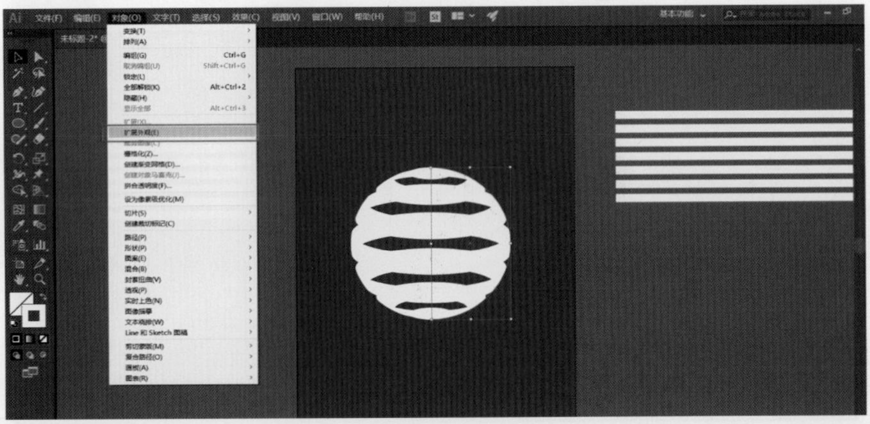

图 6-31

（10）再利用“直接选择工具”，选中绕转的内侧部分，将内侧部分填色改为较浅的颜色，如图 6-32 所示。

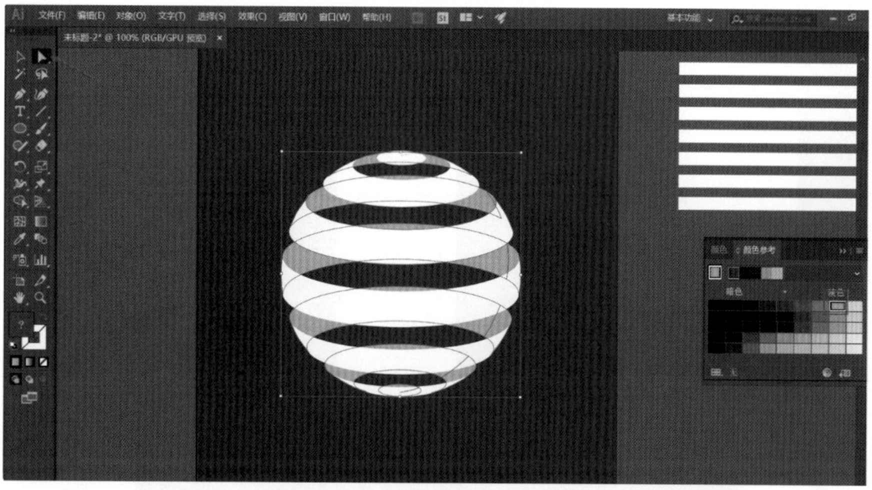
文件(F) 编辑(E) 对象(O) 文字(T) 选择(S) 效果(C) 视图(V) 窗口(W) 帮助(H)
基本功能

图 6-32

（11）将制作好的球体复制多个出来，按照设计需求调整大小、方向、位置，如图 6-33 所示。

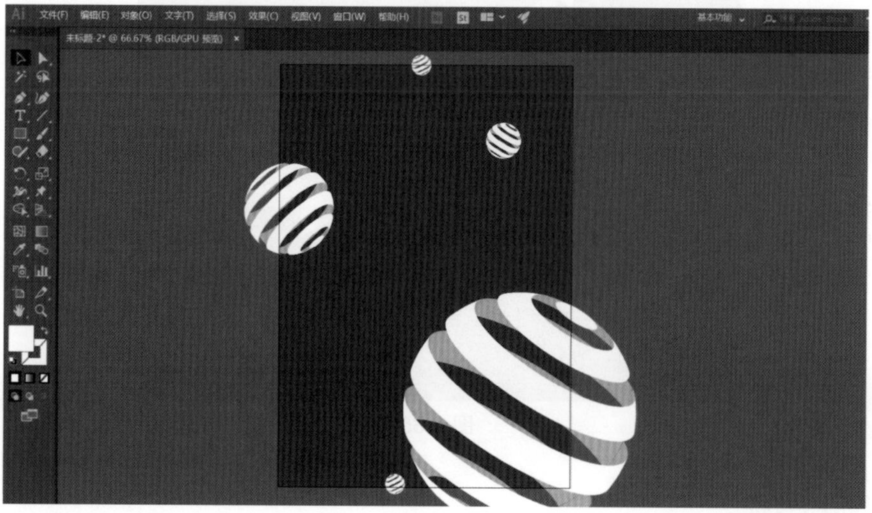
文件(F) 编辑(E) 对象(O) 文字(T) 选择(S) 效果(C) 视图(V) 窗口(W) 帮助(H)
基本功能

图 6-33

（12）选择“矩形工具”，在画板上创建一个与画布相同大小的矩形，全选，按下快捷键“Ctrl+7”创建剪切蒙版，如图 6-34 所示。

（13）选择“文字工具”，创建文本对象，并进行适当的排版，最终效果如图 6-35 所示。

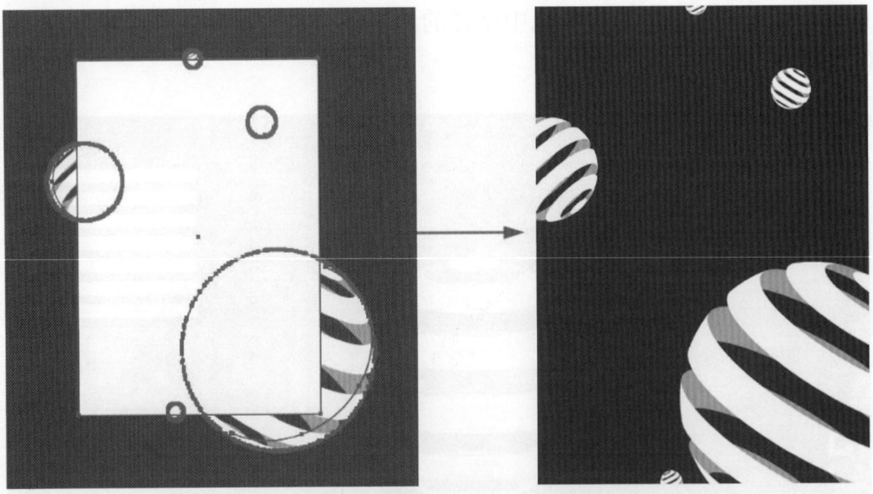

图 6-34

Continuous learning
Continuous innovation
014

图 6-35

6.3 扭曲和变换

“扭曲和变换”效果是最常用的变形工具，主要用来修改图形对象的外观，包括“变换”“扭拧”“扭转”“收缩和膨胀”“波纹效果”“粗糙化”和“自由扭曲”7 种效果。

6.3.1 变换

“变换”命令是一个综合性的变换命令，它可以同时对图形对象进行缩放、移动、旋转和对称等多项操作。选择要变换的图形后，执行菜单栏中的“效果 / 扭曲和变换 / 变换”命令，打开如图 6-36 所示的“变换效果”对话框，利用该对话框对图形进行变换操作。

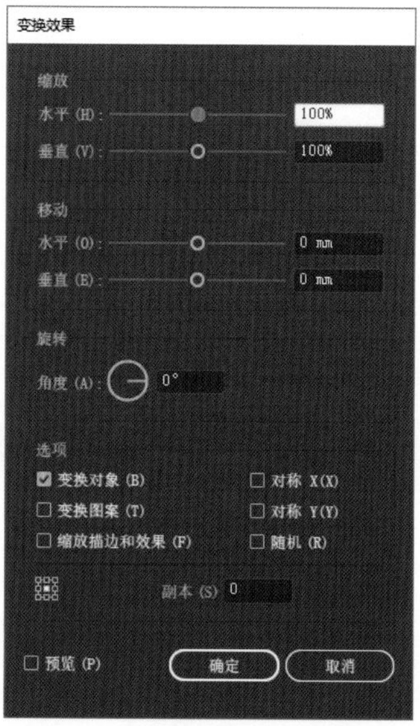
变换效果
缩放
水平 (H)：
100%
垂直 (V)：
100%
移动
水平 (O)：
0 mm
垂直 (E)：
0 mm
旋转
角度 (A)：
0°
选项
变换对象 (B)
变换图案 (T)
缩放描边和效果 (F)
对称 X(X)
对称 Y(Y)
随机 (R)
副本 (S)
0
预览 (P)
确定
取消

图 6-36

6.3.2　扭拧

“扭拧”效果以锚点为基础，将锚点从原图形对象上随机移动，并对图形对象进行随机的扭曲变换，因为这个效果应用于图形时带有随机性，所以每次应用所得到的扭拧效果会有一定的差别。选择要应用“扭拧”效果的图形对象，然后执行菜单栏中的“效果 / 扭曲和变换 / 扭拧”命令，打开如图 6-37 所示的“扭拧”对话框。

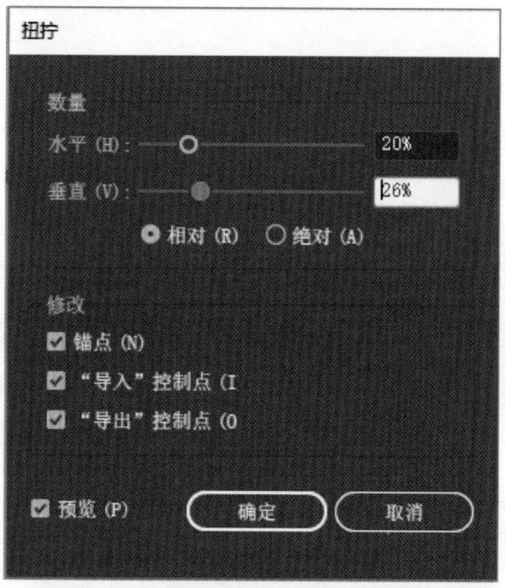
扭拧
数量
水平 (H)：
20%
垂直 (V)：
26%
相对 (R)
绝对 (A)
修改
锚点 (N)
“导入”控制点 (I
“导出”控制点 (O
预览 (P)
确定
取消

图 6-37

6.3.3　扭转

“扭转”命令沿选择图形的中心位置将图形进行扭转变形。选择要扭转的图形后，执行菜单栏中的“效果 / 扭曲和变换 / 扭转”命令，将打开“扭转”对话框，在“角度”文本框中输入一个扭转的角度值，然后单击“确定”按钮，即可将选择的图形扭转。值越大，表示扭转的程度越大。如果输入的角度值为正值，图形沿顺时针扭转；如果输入的角度值为负值，图形沿逆时针扭转。取值范围为 -3600~3600°。图形扭转的操作效果如图 6-38 所示。

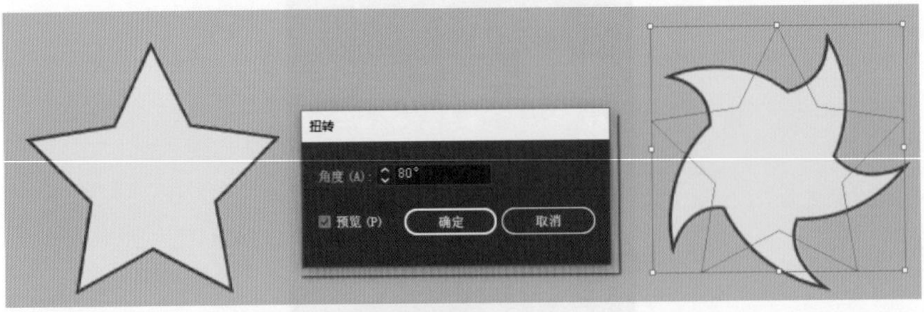
扭转
角度 (A): 80°
预览 (P)
确定
取消

图 6-38

6.3.4 收缩和膨胀

“收缩和膨胀”命令可以使选择的图形以它的描点为基础，向内或向外发生扭曲变形。选择要收缩和膨胀的图形对象，然后执行菜单栏中的“效果 / 扭曲和变换 / 收缩和膨胀”命令，打开如图 6-39 所示的“收缩和膨胀”对话框，对图形进行详细的扭曲设置。

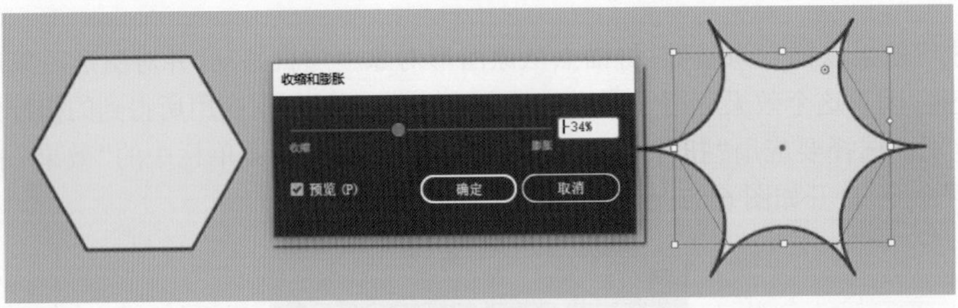
收缩和膨胀
-34%
预览 (P)
确定
取消

图 6-39

6.3.5 波纹效果

“波纹效果”是在图形对象的路径上均匀添加若干锚点，然后按照一定的规律移动锚点的位置，形成规则的锯齿波纹效果。首先选择要应用“波纹效果”的图形对象，然后执行菜单栏中的“效果 / 扭曲和变换 / 波纹效果”命令，打开如图 6-40 所示的“波纹效果”对话框，对图形进行详细的扭曲设置。

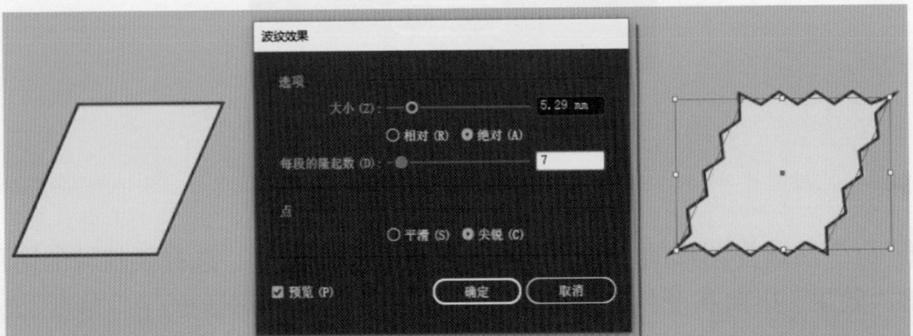
波纹效果
选项
大小 (Z):
5.29 mm
相对 (R)
绝对 (A)
每段的隆起数 (D):
7
点
平滑 (S)
尖锐 (C)
预览 (P)
确定
取消

图 6-40

6.3.6　粗糙化

“粗糙化”是效果在图形对象的路径上添加若干锚点，然后随机将这些锚点移动到一定的位置，以制作出随机粗糙的锯齿状效果。要应用“粗糙化”效果，首先选择要应用该效果的图形对象，然后执行菜单栏中的“效果 / 扭曲和变换 / 粗糙化”命令，打开如图 6-41 所示的“粗糙化”对话框。在该对话框中设置合适的参数，然后单击“确定”按钮，即可对选择的图形应用粗糙化。粗糙化图形操作效果如图 6-41 所示。

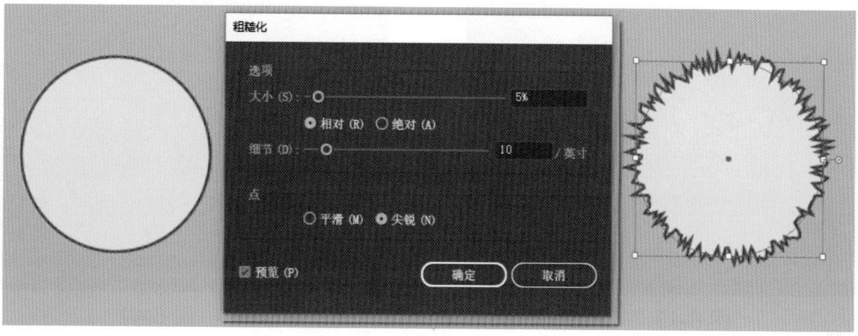
粗糙化
选项
大小 (S)：
5%
相对 (R)
绝对 (A)
细节 (D)：
10
/ 英寸
点
平滑 (M)
尖锐 (N)
预览 (P)
确定
取消

图 6-41

6.3.7　自由扭曲

“自由扭曲”工具与工具栏中的“自由变换工具”用法很相似，可以对图形进行自由扭曲变形。选择要自由扭曲的图形对象，然后执行菜单栏中的“效果 / 扭曲和变换 / 自由扭曲”命令，打开“自由扭曲”对话框。在该对话框中，可以使用鼠标拖动控制框上的 4 个控制柄来调节图形的扭曲效果。如果对调整的效果不满意，想恢复默认效果，可以单击“重置”按钮，将其恢复到初始效果。扭曲完成后单击“确定”按钮，即可提交扭曲变形效果。自由扭曲图形的操作效果如图 6-42 所示。

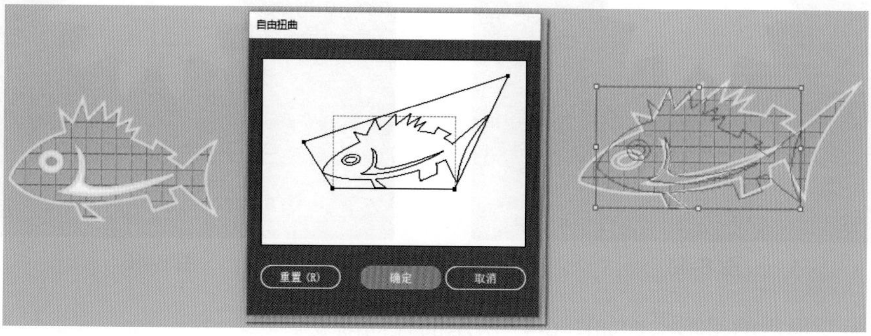
自由扭曲
重置 (R)
确定
取消

图 6-42

案例演练——用“3D 效果”制作书籍封面

（1）案例效果如图 6-43 所示。

（2）打开 Illustrator CC，使用快捷键 Ctrl+N 新建 500 px×500 px 的空白文档，使用工具

栏中的“矩形工具”创建与画布相同大小的矩形作为背景；为其设置填色 #010741，最后按下快捷键“Ctrl+2”将对象锁定，如图 6-44 所示。

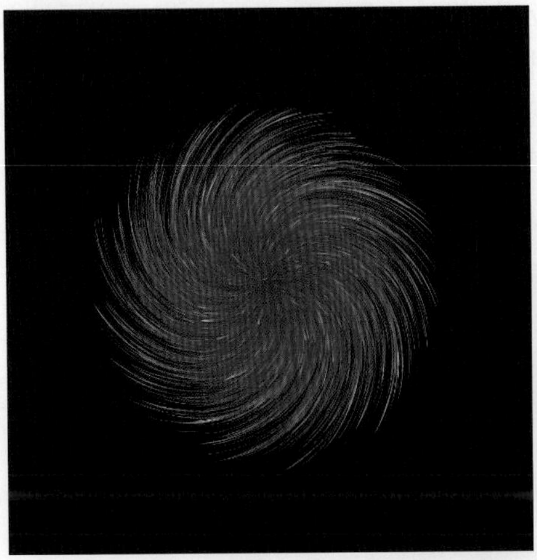

图 6-43

图 6-44

（3）选择“星形工具”创建一个多角星形，大小不限，角点数为 12，如图 6-45 所示。

（4）选择“直接选择工具”，将星形的角点全部选中，在属性栏中单击“平滑锚点”按钮，将所有角点转化为平滑角点，如图 6-46 所示。

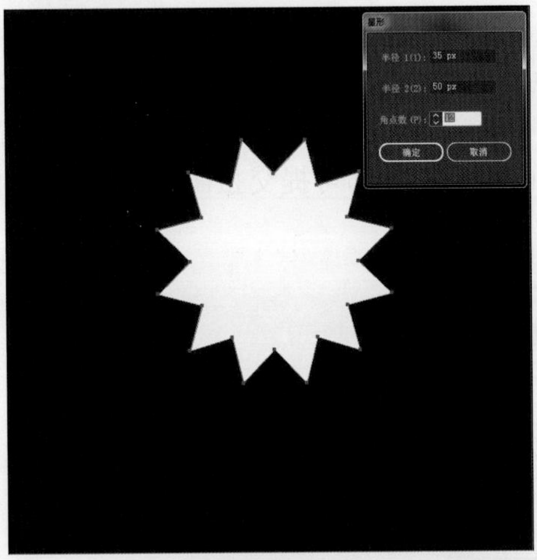
半径 1(1)：35 px
半径 2(2)：50 px
角点数(P)：
确定
取消

图 6-45

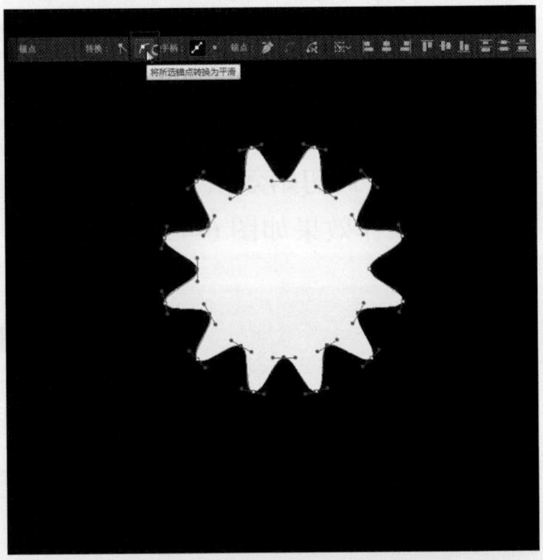
将所选锚点转换为平滑

图 6-46

（5）为变形后的星形添加如图 6-47 所示的径向渐变。

（6）将渐变星形按快捷键“Ctrl+F”，在其上面复制粘贴一个，并且将副本对象缩到很小，如图 6-48 所示。

（7）将两个星形一同选中，按下快捷键“Ctrl+Alt+B”，建立混合，如图 6-49 所示。

（8）在保持对象被选中的状态下，双击“混合工具”打开“混合选项”对话框，“间距”选项选择“指定的距离”，效果如图 6-50 所示。

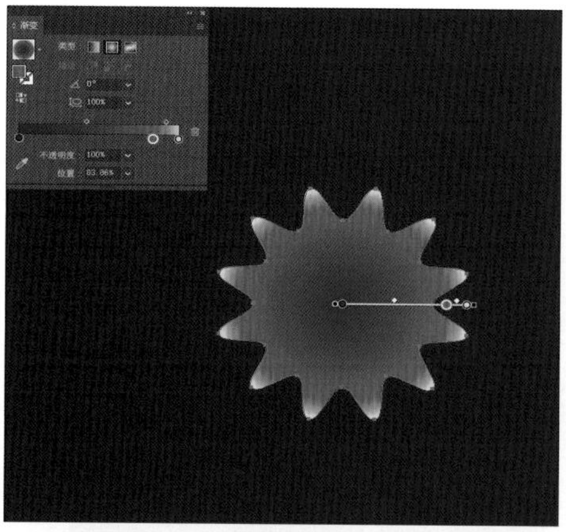

图 6-47

图 6-48

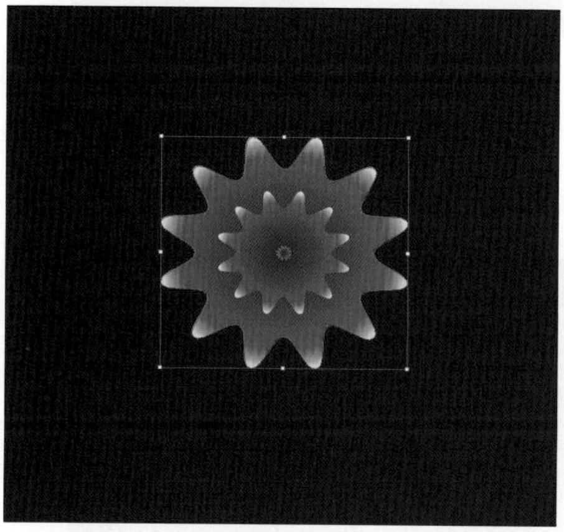

图 6-49

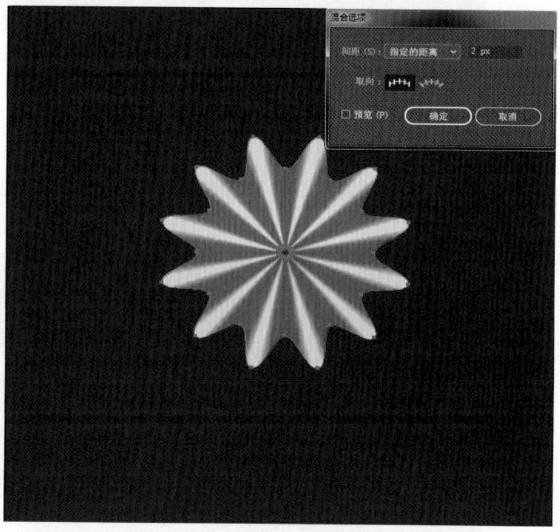

图 6-50

（9）保持对象在选中的状态下，执行“效果 / 扭曲和变换 / 收缩和膨胀”命令，参数如图 6-51 所示。

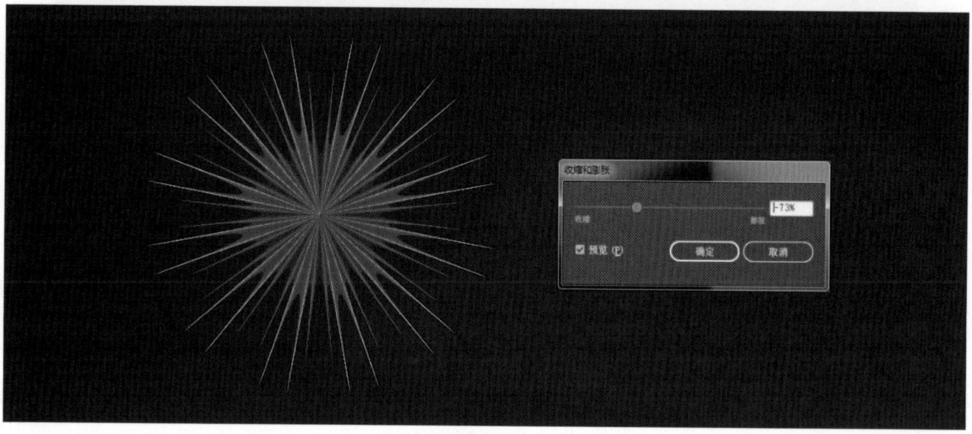
收缩和膨胀
-73%
预览 (P)
确定
取消

图 6-51

（10）继续执行“效果 / 扭曲和变换 / 粗糙化”命令，参数如图 6-52 所示。

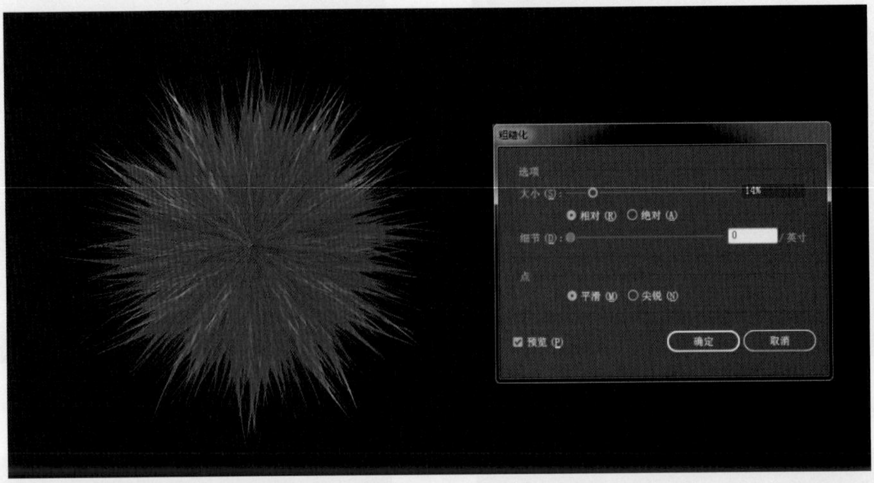
粗糙化
选项
大小 (S)：
14%
相对 (R)
绝对 (A)
细节 (D)：
0
/ 英寸
点
平滑 (M)
尖锐 (N)
预览 (P)
确定
取消

图 6-52

（11）对对象执行“对象 / 扩展外观”命令，在工具栏选择“旋转扭曲工具”，在对象的中心点区域上单击鼠标左键，达到满意效果即可，最终结果如图 6-53 所示。

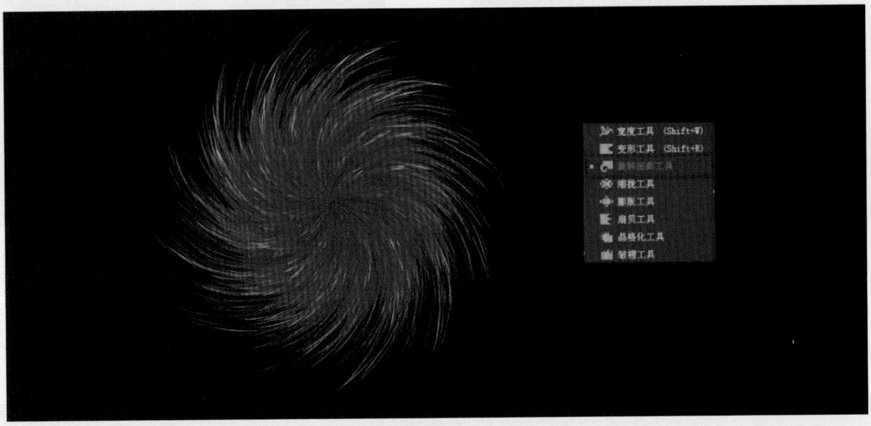
宽度工具 (Shift+W)
变形工具 (Shift+R)
缩拢工具
膨胀工具
扇贝工具
晶格化工具
皱褶工具

图 6-53

6.4 风格化效果

“风格化”效果主要对图形对象添加特殊的图形效果。比如内发光、圆角、外发光、投影和添加箭头等效果。这些特效的应用可以为图形增添更加生动的艺术氛围。

6.4.1 内发光

“内发光”命令可以在选定图形的内部添加光晕效果，与“外发光”效果正好相反。选择要添加内发光的图形对象，然后执行菜单栏中的“效果 / 风格化 / 内发光”命令，打开如图 6-54 所示的“内发光”对话框，对内发光进行详细的设置。

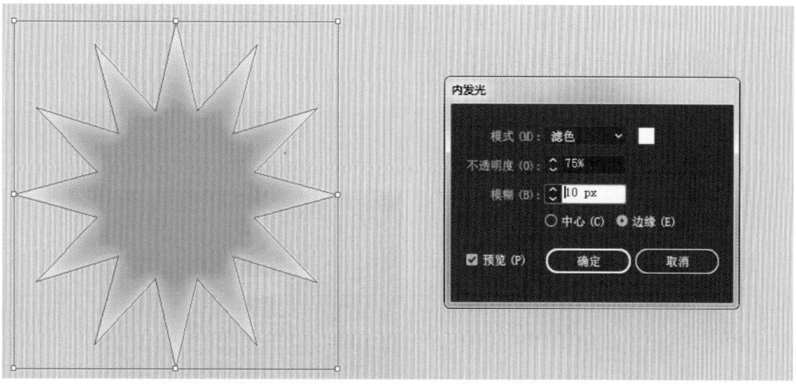
内发光
模式 (M)：滤色
不透明度 (O)：75%
模糊 (B)：10 px
中心 (C)　边缘 (E)
预览 (P)
确定
取消

图 6-54

- 【模式】：从右侧的下拉菜单中，设置内发光颜色的混合模式。
- 【颜色块】：控制内发光的颜色。单击颜色块区域，可以打开“拾色器”对话框，用来设置发光的颜色。
- 【不透明度】：控制内发光颜色的不透明度。可以从右侧的下拉菜单中选择个不透明度值，也可以直接在文本框中输入一个需要的值。取值范围为 0~100%，值越大，发光的颜色越不透明。
- 【模糊】：设置内发光颜色的边缘柔和程度。值越大，边缘柔和的程度也越大。
- 【中心和边缘】：控制发光的位置。选中“中心”按钮，表示发光的位置为图形的中心位置。选中“边缘”按钮，表示发光的位置为图形的边缘位置。

6.4.2　圆角

“圆角”命令可以将图形对象的尖角变成为圆角效果。选择要应用“圆角”效果的图形对象，然后执行菜单栏中的“效果 / 风格化 / 圆角”命令，打开“圆角”对话框，通过修改“半径”的值，来确定图形圆角的大小。输入的值越大，图形对象的圆角程度也就越大，如图 6-55 所示。

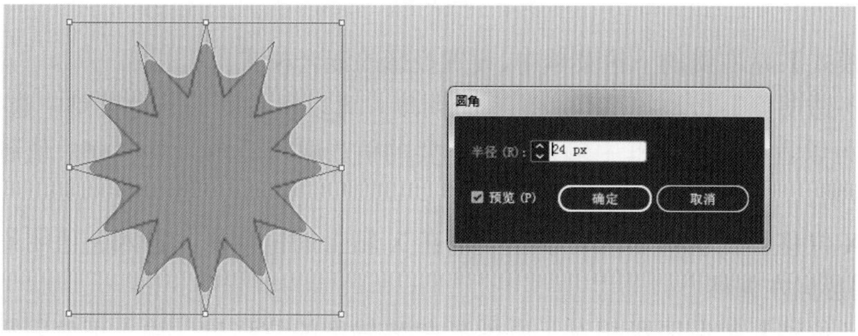
圆角
半径 (R)：24 px
预览 (P)
确定
取消

图 6-55

6.4.3　外发光

“外发光”与“内发光”效果相似，只是“外发光”在选定图形的外部添加光晕效果。要使用外发光，首先选择一个图形对象，然后执行菜单栏中的“效果 / 风格化 / 外发光”命令，打开“外发光”对话框，在该对话框中设置外发光的相关参数，单击“确定”按钮，即可为选定的图形添加外发光效果，如图 6-56 所示。

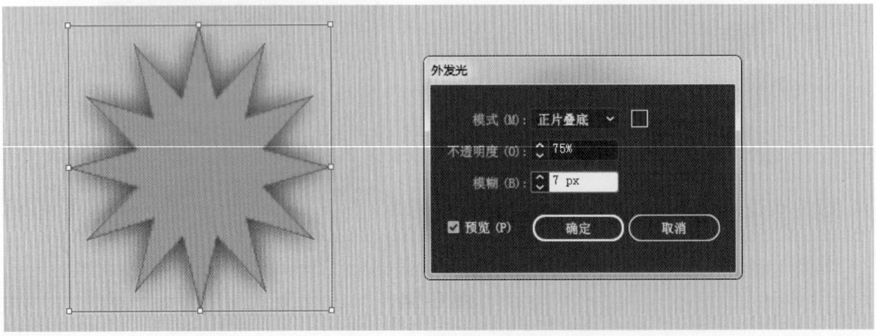
外发光
模式 (M)： 正片叠底
不透明度 (O)： 75%
模糊 (B)： 7 px
预览 (P)
确定
取消

图 6-56

6.4.4 投影

“投影”命令可以为选择的图形对象添加一个阴影，以增加图形的立体效果。要为图形对象添加投影效果，首先选择该图形对象，然后执行菜单栏中的“效果 / 风格化 / 投影”命令，打开如图 6-57 所示的“投影”对话框，对图形的投影参数进行设置。

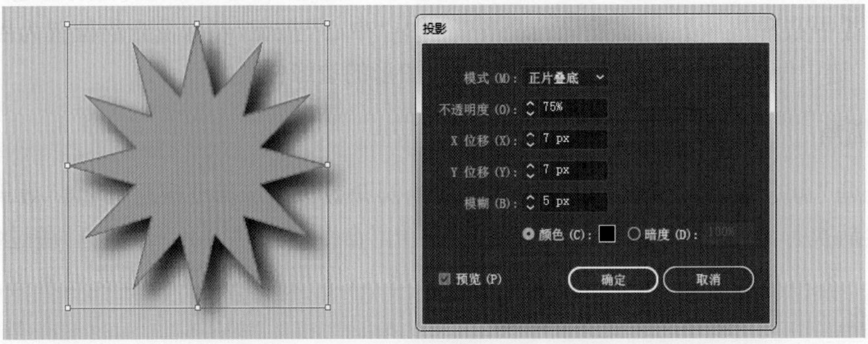
投影
模式 (M)： 正片叠底
不透明度 (O)： 75%
X 位移 (X)： 7 px
Y 位移 (Y)： 7 px
模糊 (B)： 5 px
颜色 (C)：
暗度 (D)：
预览 (P)
确定
取消

图 6-57

- 【模式】：从右侧的下拉菜单中，设置投影的混合模式。
- 【不透明度】：控制投影颜色的不透明度。可以从右侧的下拉菜单中选择一个不透明度值，也可以直接在文本框中输入一个需要的值。取值范围为 0~100%，值越大，投影的颜色越不透明。
- 【X 位移】：控制阴影相对于原图形在 X 轴上的位移量。输入正值阴影向右偏移；输入负值阴影向左偏移。
- 【Y 位移】：控制阴影相对于原图形在 Y 轴上的位移量。输入正值阴影向下偏移；输入负值阴影向上偏移。
- 【模糊】：设置阴影颜色的边缘柔和程度。值越大，边缘柔和的程度也就越大。
- 【颜色和暗度】：控制阴影的颜色。选中“颜色”单选按钮，可以单击右侧的颜色块，打开“拾色器”对话框来设置阴影的颜色。选中“暗度”单选按钮，可以在右侧的文本框中设置阴影的明暗程度。

6.4.5　涂抹

“涂抹”命令可以将选定的图形对象转换成类似手动涂抹的手绘效果。选择要应用“涂抹”的图形对象，然后执行菜单栏中的“效果 / 风格化 / 涂抹”命令，打开如图 6-58 所示的“涂抹选项”对话框，对图形进行详细的涂抹设置。

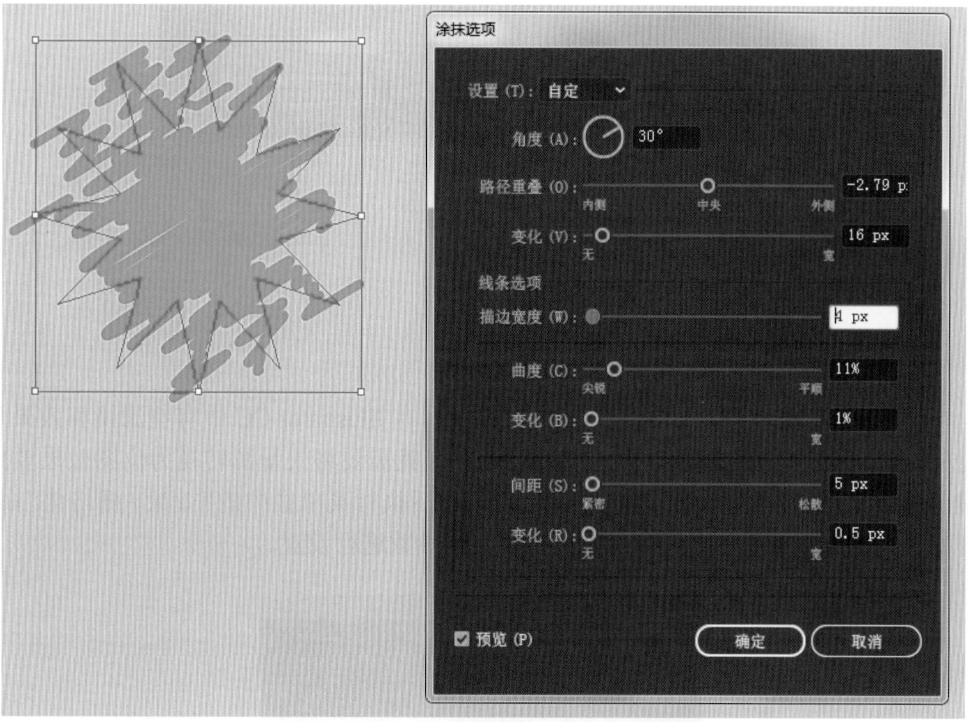
涂抹选项
设置 (T)：自定
角度 (A)：30°
路径重叠 (O)：-2.79 p
内侧
中央
外侧
变化 (V)：16 px
无
宽
线条选项
描边宽度 (W)：4 px
曲度 (C)：11%
尖锐
平顺
变化 (B)：1%
无
宽
间距 (S)：5 px
紧密
松散
变化 (R)：0.5 px
无
宽
预览 (P)
确定
取消

图 6-58

● 【设置】：从右侧的下拉菜单中，可以选择预设的涂抹效果。包括涂鸦、密集、松散、锐利、素描、缠结和紧密等多个选项。

● 【角度】：指定涂抹效果的角度。

● 【路径重叠】：设置涂抹线条在图形对象的内侧、中央或是外侧。当值小于 0 时，涂抹线条在图形对象的内侧；当值大于 0 时，涂抹线条在图形对象的外侧。如果想让涂抹线条重叠产生随机的变化效果，可以修改“变化”参数，值越大，重叠效果越明显。

● 【描边宽度】：指定涂抹线条的粗细。

● 【曲度】：指定涂抹线条的弯曲程度。如果想让涂抹线条的弯曲度产生随机的弯曲效果，可以修改“变化”参数，值越大，弯曲的随机化程度越明显。

● 【间距】：指定涂抹线条之间的间距。如果想让涂抹线条之间的间距产生随机效果，可以修改“变化”参数，值越大，涂抹线条的间距变化越明显。

6.4.6　羽化

“羽化”命令主要为选定的图形对象创建柔和的边缘效果。选择要应用“羽化”命令的图形对象，然后执行菜单栏中的“效果 / 风格化 / 羽化”命令，打开“羽化”对话框，在“羽化半径”文本框中输入一个羽化的数值,“羽化半径”的值越大,图形的羽化程度也越大。设置完成后,单击“确定”按钮,即可完成图形的羽化操作。羽化图形的操作效果如图 6-59 所示。

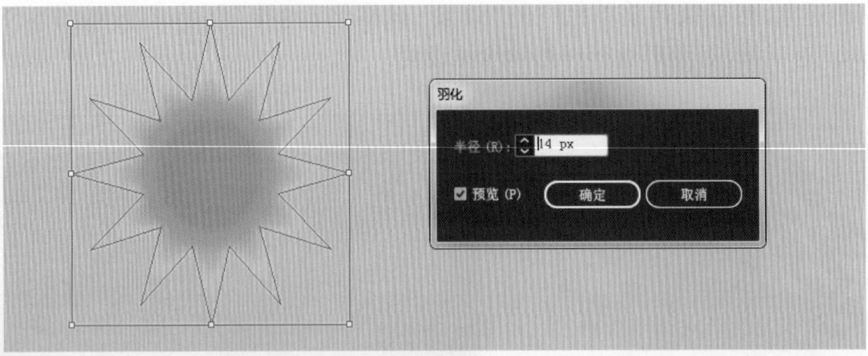
羽化
半径 (R): 14 px
预览 (P)
确定
取消

图 6-59

6.5 栅格化效果

“栅格化”命令主要是将矢量图形转化为位图,在 Illustrator CC 中有些滤镜和效果是不能对矢量图应用的。如果想应用这些滤镜和效果,就需要将矢量图转换为位图效果要想将矢量图转换位置,首先选择要转换的矢量图形,然后执行菜单栏中的“效果 / 栅格化”命令,打开如图 6-60 所示的“栅格化”对话框,对转换的参数进行设置。

栅格化
颜色模型 (C): RGB
分辨率 (R): 屏幕 (72 ppi)
背景
白色 (W)
透明 (T)
选项
消除锯齿 (A): 无
创建剪切蒙版 (M)
添加 (D): 36 px 环绕对象
确定
取消

图 6-60

● 【颜色模式】:指定光栅化处理图形使用的颜色模式。包括 RGB、CMYK 和位图 3 种模式。

● 【分辨率】:指定光栅化图形中,第一寸图形中的像素数目。一般来说,网页的图像的分辨率为 72 ppi;一般的打印效果的图像分辨率为 150 ppi;精美画册的打印分辨率为 300 ppi;根据使用的不同,可以选择不同的分辨率,也可以直接在“其他”文本框中输入一个需要的分辨率值。

● 【背景】:指定矢量图形转换时空白区域的转换形式。选中“白色”单选按钮,用白色来填充图形的空白区域,选中“透明”单选按钮,将图形的空白区域转换为透明效果,并制作出一个 Alpha 通道，如果将图形转存到 Photoshop 软件中，这个 Alpha 通道将被保留下来。

● 【消除锯齿】：指定在光栅化图形时，使用哪种方式来消除锯齿效果，包括“无”“优化图稿（超像素取样）和“优化文字（提示）”3 个选项。选择“无”选项，表示不使用任何清除锯齿的方法；选择“优化图稿（超像素取样）”选项，表示以最优化线条图的形式消除锯齿现象；选择“优化文字（提示）”选项，表示以最适合文字优化的形式消除锯齿效果。

● 【创建剪切蒙版】：勾选该复选框，将创建一个光栅化图像为透明的背景蒙版。

● 【添加】：在右侧的文本框中输入数值，指定在光栅化后图形周围出现的环绕对象的范围大小。